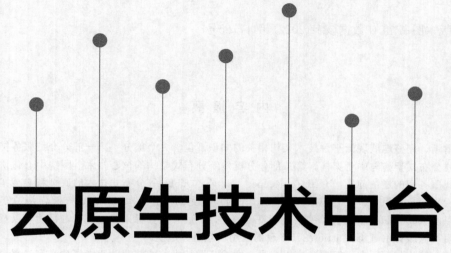

云原生技术中台
从分布式到云平台设计

陈 涛 索海燕◎著

人民邮电出版社

北京

图书在版编目（CIP）数据

云原生技术中台：从分布式到云平台设计 / 陈涛，索海燕著. -- 北京：人民邮电出版社，2022.10
ISBN 978-7-115-59623-9

Ⅰ．①云… Ⅱ．①陈… ②索… Ⅲ．①云计算 Ⅳ．①TP393.027

中国版本图书馆CIP数据核字(2022)第117755号

内 容 提 要

本书清晰、完整地展现云平台技术架构相关的知识，包含3个部分：第一部分介绍服务扩容的发展历程，概述分布式架构与中台架构。第二部分分析传统分布式架构的核心技术，围绕中心化协同工作机制和分布式服务间的通信问题，介绍 ZooKeeper、Netty、Dubbo 等分布式技术的原理和实战案例。第三部分分析云平台技术组件，主要包括构建 PaaS 平台所用到的核心技术组件。这一部分首先分析 Docker 容器技术以及 Kubernetes 编排引擎的搭建和基础原理，然后介绍指标采集功能、告警功能以及日志管理框架，最后对微服务治理框架 Istio 在云平台的应用场景进行展望。

本书结合算法与源码展示云原生应用全景，阐述开源技术，能够帮助读者搭建私有云平台，适合高校计算机及相关专业学生、容器云初学者，以及对 Docker 有一定了解并希望深入研究和探索云技术的工程师阅读。

◆ 著　　陈　涛　索海燕
　责任编辑　刘雅思
　责任印制　王　郁　胡　南

◆ 人民邮电出版社出版发行　北京市丰台区成寿寺路 11 号
　邮编 100164　电子邮件 315@ptpress.com.cn
　网址　https://www.ptpress.com.cn
　固安县铭成印刷有限公司印刷

◆ 开本：800×1000　1/16
　印张：15.75　　　　　　　　2022 年 10 月第 1 版
　字数：366 千字　　　　　　　2022 年 10 月河北第 1 次印刷

定价：79.80 元

读者服务热线：(010)81055410　印装质量热线：(010)81055316
反盗版热线：(010)81055315
广告经营许可证：京东市监广登字 20170147 号

前 言

早期的互联网产品用户量少、并发量低、数据量小，系统服务只需要部署单个服务器即可满足吞吐量需求。随着用户规模和业务量的不断上涨，单个应用服务器会到达性能瓶颈，分布式系统帮助企业用多台廉价机器完成了复杂计算或存储任务。

近年来，随着微服务技术、容器集群管理技术和工具的不断发展，各大互联网公司纷纷效仿"大中台战略"，建设适应自家组织架构的"云平台"，以应对市场变化，灵活、快速地做出策略调整。架构演进的主要推动因素就是互联网产品面临的庞大用户量问题。总体来说，云原生是分布式架构的扩展。

本书系统介绍云原生技术，从安装入门到应用部署，展示云原生应用全景，采用大量的源码及图表进行分析，让读者知其然并知其所以然，达到深度学习和理解技术组件的目标。本书"零基础"起步，深入浅出，抽丝剥茧，清晰透彻地阐述复杂的知识，帮助读者建立云原生技术知识体系。

本书的技术选型主要源自 Apache 软件基金会和云原生计算基金会（Cloud Native Computing Foundation，CNCF）的核心项目，这两个基金会主持的技术社区比较成熟，技术的更新频率高且应用广泛。

内容框架

本书首先介绍分布式架构设计，阐述分布式中心化协同框架、微服务通信框架的原理与应用。然后在分布式架构的基础上，结合企业大中台战略，进一步分析云平台常用的核心技术模块，包括容器编排、运维监控告警、服务治理等，从而清晰、完整地展现云平台技术架构。

本书共分为 3 个部分，包含 8 章，下面详细介绍本书的组成结构。

第一部分（第 1 章）主要介绍计算机服务扩容的发展历程。早期的互联网信息系统通常为单节点架构，随着用户数量的增多，系统逐渐发展为分布式架构。

第二部分（第 2 章和第 3 章）主要介绍传统分布式架构的核心技术。在分布式领域，围绕中心化协同工作机制，产生了一批优秀的分布式开源框架，分布式中心化集群框架 Apache ZooKeeper（简称 ZooKeeper）是其中的典型代表。

第 2 章介绍 ZooKeeper 分布式协同技术的原理与应用。ZooKeeper 实现了中心化的管理方式，提供了注册中心和配置中心，解决了分布式系统需要从一个中心地址获取配置的问题。当然仅有 ZooKeeper 是不够的，分布式架构还需要解决高并发通信问题。

第 3 章介绍 Netty 与 Apache Dubbo（简称 Dubbo）技术的原理与应用。Netty 是一个基于 Java

NIO 类库的异步通信框架，可以实现高并发通信，并维持大规模的 TCP 通信连接。它具有异步非阻塞、基于事件驱动、高性能、高可靠性和高可定制性等特点。Netty 框架结合 RPC 框架 Dubbo，可实现高可用的服务器调用、负载均衡和自定义路由策略功能。

第二部分介绍的分布式架构设计图如图 1 所示。

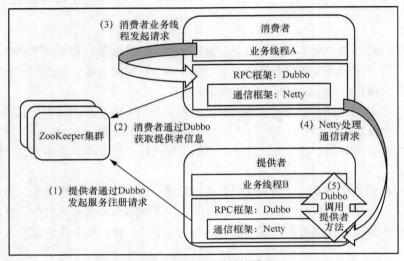

图 1　分布式架构设计图

图 1 展示了分布式架构下服务消费者（简称消费者）调用服务提供者（简称提供者）的流程。

（1）提供者通过 Dubbo 发起服务注册请求。提供者业务线程在启动过程中通过通信框架 Netty 发起服务注册请求。

（2）消费者通过 Dubbo 获取提供者信息。Dubbo 在启动时会从 ZooKeeper 拉取提供者信息并缓存在本地。这些提供者信息包括提供者实例 IP 地址、版本号、接口信息、序列化算法、参数校验规则、返回值类型等。

（3）消费者业务线程发起请求。消费者通过业务线程向 Dubbo 发起请求。这个请求可以是同步的，也可以是异步的。如果该请求是同步的，那么业务线程将会被阻塞挂起，由 Dubbo 统一管理请求。Dubbo 遍历本地缓存的提供者列表，协调负载均衡策略和容错策略，筛选出符合条件的提供者实例，最终通过通信框架 Netty 发出该请求。

（4）Netty 处理通信请求。通信框架 Netty 负责发送和接收实际请求，消费者和提供者是直接建立连接的，整个请求报文不会再通过注册中心代理发送。

（5）Dubbo 调用提供者方法。Dubbo 在接收到 Netty 的请求报文时，先序列化和组装参数，然后调用提供者业务线程的具体方法。之后 Dubbo 拿到提供者方法的调用结果时，会再次序列化返回值，最后传递给通信框架 Netty，由 Netty 负责回传给消费者。

第三部分（第 4 章至第 8 章）的重点是构建 PaaS 层。这一部分首先会分析平台底座，主要阐述如何将 IaaS 层提供的相对分散的虚拟机组成一个集群环境，涉及的主要技术包括 Docker 容器和 Kubernetes 编排引擎。

第 4 章介绍 Docker 容器技术的原理与应用。Docker 是目前最流行的 Linux 容器解决方案之一，它是基于 Go 语言开发的开源应用容器技术，集成了开发、打包、发布应用等功能，是 PaaS 中台的基石。

第 5 章介绍 Kubernetes 编排引擎的原理与应用。Kubernetes 是开源的容器编排（orchestration）系统，简称 K8s，是用于自动部署、扩展和管理容器化应用程序的开源系统。它将应用程序的容器组合成逻辑单元，以便于管理和服务发现。

大中台战略背景下涌现了很多优秀的 PaaS 中台架构设计，本书给出的是一种通用的 PaaS 中台架构设计，它融合了运维层的集群日志管理和指标监控告警功能，被统称为云平台架构设计。云平台架构设计图如图 2 所示。

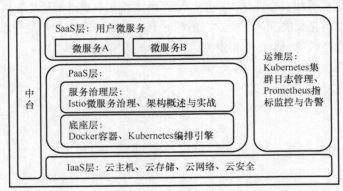

图 2　云平台架构设计图

在图 2 中，云平台架构设计围绕着 PaaS 层展开，PaaS 层需要依赖 IaaS 层提供的各种支持，包括云主机、云存储、云网络、云安全。IaaS 层最终把不同规格的硬件组装或拆分，提供统一规格的虚拟机给 PaaS 层使用。PaaS 层为 SaaS 层提供服务。

PaaS 层、SaaS 层和 IaaS 层都会用到运维层，运维层提供日志管理、指标监控与告警等功能。这些功能也是 PaaS 层的基本能力。本书参考 Kubernetes 开源社区，挑选了两个经典的框架来阐述运维层的实现方式。

第 6 章介绍 Prometheus 框架指标监控与告警的原理与应用，该框架支持通过拉取被监控目标上的 HTTP 端点来收集指标，还支持自定义告警功能和可视化查询界面。

第 7 章介绍 Kubernetes 集群日志管理的功能，重点分析 Elastic Stack 框架，该框架依赖分布式搜索引擎，实现了日志采集和可视化查询界面。

如果说 PaaS 层的基本功能是为微服务提供运行环境，那么服务治理能力则是它的加分项。第 8 章对微服务治理框架 Istio 在云平台的应用场景进行展望。Istio 是由谷歌、IBM 与 Lyft 共同开发的开源项目。Istio 是服务网格，能够为微服务提供流量管理机制，同时提供其他增值功能，包括安全性、监控、路由、连接管理与策略等。

读者可以依据本书介绍的技术，快速搭建分布式架构环境或云平台架构环境，为企业微服务的稳定运行保驾护航。

目标读者

本书适合对 Docker 有一定了解并希望探索和深入研究云技术的工程师阅读。本书注重剖析技术原理，采用大量的源码及图表进行分析，让读者知其然并知其所以然，达到深度学习和理解技术组件的目标。

本书适合容器云初学者阅读。本书简明、清晰地讲解云平台核心组件技术的基本知识，同时在讲解过程中穿插实战演练，使读者对云平台技术有较为全面的理解，是一本快速入门容器云的图书。

本书也适合计算机等相关专业学生阅读，可帮助高校学生提升云原生技能。当前互联网企业大多处于应用服务规模化发展阶段，企业在招聘时普遍会考察应聘者开发分布式或云平台微服务的能力，因此应聘者需要对云平台有初步的认识和基本的实践能力。

作者简介

陈涛，毕业于浙江大学（软件工程硕士）和浙江师范大学（软件工程硕士），现就职于毕马威信息技术服务（南京）有限公司，主要从事与Docker、Kubernetes相关的研究工作。拥有丰富的系统架构设计经验，曾参与多个大型分布式网站的架构设计与开发工作，指导过多个互联网系统的微服务改造工作，擅长Java多线程、分布式框架和PaaS平台设计，对云原生有深入的研究。曾就职于华为南京研究所，从事华为云研究工作，擅长运营商私有云服务治理解决方案，其负责的华为微服务引擎CSE（Cloud Service Engine）项目已在全球广泛部署。此外，还曾就职于南京焦点科技股份有限公司，从事分布式即时通信系统的设计和开发工作。

索海燕，毕业于苏州大学（通信与信息工程硕士），现就职于江苏省人民医院信息处，从事医疗信息系统的建设和管理工作，拥有丰富的系统建设和运维管理经验。重点关注云计算、大数据、人工智能、区块链等技术领域，对云计算、网络技术、网络存储有深刻认识，致力于将医疗信息化建设工作与各类新技术结合。参与了《健康数据分析》（*Healthcare Data Analytics*）一书的翻译工作。

资源与支持

本书由异步社区出品，社区（https://www.epubit.com/）为您提供相关资源和后续服务。

配套资源

本书提供配套源码。要获得相关配套资源，请在异步社区本书页面中单击 ，跳转到下载界面，按提示进行操作即可。注意：为保证购书读者的权益，该操作会给出相关提示，要求输入提取码进行验证。

提交勘误

作者和编辑尽最大努力来确保书中内容的准确性，但难免会存在疏漏。欢迎您将发现的问题反馈给我们，帮助我们提升图书的质量。

当您发现错误时，请登录异步社区，按书名搜索，进入本书页面，单击"提交勘误"，输入勘误信息，单击"提交"按钮即可。本书的作者和编辑会对您提交的勘误进行审核，确认并接受后，您将获赠异步社区的 100 积分。积分可用于在异步社区兑换优惠券、样书或奖品等。

扫码关注本书

扫描下方二维码，您将会在异步社区微信服务号中看到本书信息及相关的服务提示。

与我们联系

我们的联系邮箱是 contact@epubit.com.cn。

如果您对本书有任何疑问或建议，请您发邮件给我们，并请在邮件标题中注明本书书名，以便我们更高效地做出反馈。

如果您有兴趣出版图书、录制教学视频，或者参与图书技术审校等工作，可以发邮件给本书的责任编辑（liuyasi@ptpress.com.cn）。

如果您来自学校、培训机构或企业，想批量购买本书或异步社区出版的其他图书，也可以发邮件给我们。

如果您在网上发现有针对异步社区出版图书的各种形式的盗版行为，包括对图书全部或部分内容的非授权传播，请您将怀疑有侵权行为的链接通过邮件发给我们。您的这一举动是对作者权益的保护，也是我们持续为您提供有价值的内容的动力之源。

关于异步社区和异步图书

"异步社区"是人民邮电出版社旗下IT专业图书社区，致力于出版精品IT图书和相关学习产品，为作者、译者提供优质出版服务。异步社区创办于2015年8月，提供大量精品IT图书和电子书，以及高品质技术文章和视频课程。更多详情请访问异步社区官网 https://www.epubit.com。

"异步图书"是由异步社区编辑团队策划出版的精品IT专业图书的品牌，依托于人民邮电出版社的计算机图书出版积累和专业编辑团队，相关图书在封面上印有异步图书的LOGO。异步图书的出版领域包括软件开发、大数据、AI、测试、前端、网络技术等。

异步社区

微信公众号

目 录

第一部分 分布式架构与中台架构

第1章 分布式架构与中台架构简介 ……… 3
1.1 计算机服务扩容的发展历程 ……… 3
    1.1.1 从单一应用架构到集群架构… 3
    1.1.2 从集群架构到垂直应用架构… 4
    1.1.3 微服务与分布式架构 ……… 5

1.2 分布式架构概述 ……………………… 7
    1.2.1 分布式架构设计理念 ……… 7
    1.2.2 分布式架构核心功能 ……… 8
    1.2.3 分布式架构设计难点 ……… 8

1.3 大中台架构概述 ……………………… 9

第二部分 传统分布式架构的核心技术

第2章 分布式中心化集群：ZooKeeper 原理与实战 ……………………… 15
2.1 ZooKeeper 基础 …………………… 15
    2.1.1 ZooKeeper 应用场景 ……… 15
    2.1.2 ZooKeeper 设计理念 ……… 16
    2.1.3 ZooKeeper 源码和安装 …… 18
2.2 ZooKeeper 内核原理 ……………… 19
    2.2.1 Znode 类型 ………………… 20
    2.2.2 ZnodeAPI …………………… 21
    2.2.3 Znode 状态信息 …………… 23
    2.2.4 监听点与通知 ……………… 23
    2.2.5 ACL 权限控制 ……………… 25
    2.2.6 序列化 ……………………… 27
    2.2.7 通信协议 …………………… 28
    2.2.8 事务 ………………………… 31
    2.2.9 事务日志 …………………… 32
    2.2.10 内存数据模型 ……………… 33
    2.2.11 磁盘数据模型 ……………… 35
    2.2.12 会话模型 …………………… 37

2.3 ZooKeeper 集群原理 ……………… 39
    2.3.1 集群角色 …………………… 39
    2.3.2 Paxos 算法 ………………… 40
    2.3.3 ZAB 协议 …………………… 40
    2.3.4 群首选举 …………………… 42
    2.3.5 集群启动流程 ……………… 45
2.4 Apache Curator 客户端实战 ……… 48
    2.4.1 抢购系统实战 ……………… 48
    2.4.2 分布式锁和分布式信号量 ……………………… 61
    2.4.3 分布式线程同步 …………… 64

第3章 分布式通信框架：Netty 和 Dubbo 原理与实战 ……………………… 66
3.1 分布式通信框架基础 ……………… 66
    3.1.1 Netty 特性 ………………… 67
    3.1.2 Dubbo 特性 ………………… 69
    3.1.3 Netty、Dubbo 和 ZooKeeper 的关系 ……………………… 70
    3.1.4 Netty 服务端启动流程 …… 71

3.1.5　Dubbo SPI 和服务导出……… 75
　3.2　Netty 和 Dubbo 实战………………80

　　3.2.1　抢购系统监控功能需求分析… 80
　　3.2.2　抢购系统监控功能实战……81

第三部分　构建 PaaS 平台的核心云平台技术组件

第 4 章　Docker 容器技术原理与实战……… 89
　4.1　Docker 基础………………………… 89
　　4.1.1　Docker 背景与关键词………… 89
　　4.1.2　Linux Docker 运行环境……… 92
　　4.1.3　macOS 和 Windows Docker
　　　　　运行环境………………………… 94
　　4.1.4　运行第一个 Docker 容器…… 94
　4.2　Docker 核心原理…………………… 95
　　4.2.1　镜像分层概述………………… 95
　　4.2.2　镜像存储……………………… 97
　　4.2.3　镜像命名和构建……………… 98
　　4.2.4　容器进程……………………… 99
　　4.2.5　容器生命周期和重启策略… 101
　　4.2.6　容器资源限制……………… 102
　4.3　Docker 容器实战………………… 103
　　4.3.1　制作抢购系统监控功能的
　　　　　镜像……………………………103
　　4.3.2　运行抢购系统监控功能的
　　　　　容器……………………………107

第 5 章　Kubernetes 编排引擎…………112
　5.1　Kubernetes 基础………………… 112
　　5.1.1　Kubernetes 特性……………… 112
　　5.1.2　Kubernetes 核心关键词…… 113
　　5.1.3　Kubernetes 和 PaaS 的关系… 114
　5.2　Kubernetes 集群部署…………… 115
　　5.2.1　准备虚拟机………………… 115
　　5.2.2　必要环境配置……………… 117
　　5.2.3　安装 Docker………………… 118
　　5.2.4　安装 kubeadm、kubelet 和
　　　　　kubectl……………………… 118

　　5.2.5　部署首个 Master…………… 120
　　5.2.6　加入其他 Master…………… 121
　　5.2.7　加入 Node………………… 122
　　5.2.8　部署网络插件……………… 122
　5.3　Kubernetes 集群管理…………… 124
　　5.3.1　Node 信息…………………… 124
　　5.3.2　Master 信息………………… 126
　　5.3.3　可视化管理界面…………… 127
　　5.3.4　集群安全策略……………… 129
　　5.3.5　理解 Namespace…………… 130
　　5.3.6　理解 ConfigMap 和 Secret… 131
　　5.3.7　理解 Service………………… 134
　　5.3.8　理解 API Server…………… 137
　5.4　深入理解 Pod 组件原理………… 143
　　5.4.1　理解 Pod 核心概念………… 143
　　5.4.2　理解 Pod 生命周期………… 144
　　5.4.3　理解 Pod 资源限制………… 146
　　5.4.4　理解 QoS…………………… 149
　5.5　深入理解 Pod 调度原理………… 151
　　5.5.1　理解标签和选择器定向
　　　　　调度…………………………… 151
　　5.5.2　理解 Pod 亲和性和互斥
　　　　　调度…………………………… 152
　　5.5.3　理解 Taints 和 Tolerations… 155
　　5.5.4　理解 Pod 优先级与抢占
　　　　　调度…………………………… 157
　　5.5.5　理解 Deployment………… 158
　　5.5.6　理解 HPA………………… 159
　　5.5.7　理解 StatefulSet 和 Job…… 161
　　5.5.8　理解调度器原理…………… 162
　5.6　深入理解驱逐机制……………… 164

- 5.6.1 理解 kubelet 垃圾回收策略 164
- 5.6.2 理解驱逐信号和驱逐阈值 165
- 5.6.3 理解驱逐策略对 Node 的影响 167
- 5.6.4 理解驱逐策略对 Pod 的影响 167
- 5.6.5 理解节点 OOM 内存不足 169
- 5.6.6 实践驱逐机制 169
- 5.7 深入理解 Pod 滚动升级 170
  - 5.7.1 滚动升级产生的背景 170
  - 5.7.2 理解 Pod 滚动升级过程 171
  - 5.7.3 理解 Rollout 回滚 173
- 5.8 深入理解 PV 存储 174
  - 5.8.1 理解 PV 174
  - 5.8.2 理解 PVC 176
- 5.9 Kubernetes 实战 178
  - 5.9.1 部署抢购系统运维功能的准备工作 178
  - 5.9.2 在 Kubernetes 集群上运行抢购系统运维功能 184
  - 5.9.3 滚动升级实战 190

第 6 章 Prometheus 指标监控与告警 194
- 6.1 Prometheus 基础 194
  - 6.1.1 Prometheus 特性 194
  - 6.1.2 Prometheus 使用方式 197
  - 6.1.3 Prometheus 部署在 Docker 198
  - 6.1.4 Prometheus 部署在 Kubernetes 199
- 6.2 Prometheus 指标概念 201
  - 6.2.1 Prometheus 指标名称 201
  - 6.2.2 Prometheus 指标类型 203
- 6.3 Prometheus 监控 204
  - 6.3.1 监控 Kubernetes 集群节点 204
  - 6.3.2 第三方厂商提供的 Exporter 207

第 7 章 Kubernetes 集群日志管理 209
- 7.1 Kubernetes 集群日志架构 209
  - 7.1.1 基本日志记录 209
  - 7.1.2 节点级别日志记录 210
  - 7.1.3 集群级别日志记录 210
- 7.2 Elastic Stack 211
  - 7.2.1 Elasticsearch 概述 212
  - 7.2.2 Elastic Stack 应用场景 214
  - 7.2.3 Elastic Stack 和 Prometheus 对比 216
- 7.3 Elastic Stack 安装方式 218
  - 7.3.1 使用 Docker 安装 218
  - 7.3.2 使用 Helm Chart 安装 218
  - 7.3.3 使用 Elastic Cloud 方式安装 218
  - 7.3.4 创建 Kibana 实例 221
  - 7.3.5 使用 Elastic Stack 检索日志 224
- 7.4 Elastic Beats 225
  - 7.4.1 Beats 组件 225
  - 7.4.2 Filebeat 分析 226

第 8 章 Istio 服务治理 229
- 8.1 Istio 概念 229
  - 8.1.1 Istio 是什么 229
  - 8.1.2 Istio 核心组件 231
- 8.2 环境准备：在 Kubernetes 上安装 Istio 233
  - 8.2.1 下载 Istio 234
  - 8.2.2 安装 Istio 234
  - 8.2.3 部署 Bookinfo 示例 235
  - 8.2.4 部署 Bookinfo 步骤 236

第一部分

分布式架构与中台架构

第一部分主要介绍计算机服务扩容的发展历程。早期的互联网信息系统相对简单,通常为单节点架构,随着用户数量的增多,系统逐渐发展为分布式架构。随着企业业务的不断扩大,传统的分布式架构已经不能满足日益增长的需求,大中台战略的概念逐渐被企业重视起来。

第 1 章

分布式架构与中台架构简介

在过去的几十年里，互联网改变了我们的生活方式。通过互联网提供的服务通常是由复杂的软件系统提供支持的，这些软件系统跨越大量服务器并且通常在地理位置上相距很远。这种系统在计算机科学术语中被称为分布式系统。为了正确、高效地运行大型系统，系统内的进程应能够以容错方式正确实现任务调度，进程间遵守的协议被称为分布式协议。为了更好地理解分布式系统中进程协作的原理，我们先来介绍计算机服务扩容的发展历程。

1.1　计算机服务扩容的发展历程

早期的互联网信息系统通常为单节点架构，随着用户数量的增多，系统逐渐发展为分布式架构。

1.1.1　从单一应用架构到集群架构

早期的互联网信息系统业务相对简单，应用访问量较少，软件服务提供商通常将所有功能都部署在单一服务中，以减少部署节点的成本。在这个阶段，数据库性能优化是系统优化的关键。这种单一服务部署的模式被称为单一应用架构方式，如图 1-1 所示。

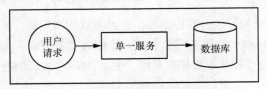

图 1-1　单一应用架构方式

采用单一应用架构方式时，用户请求直接发送到单一服务，然后由单一服务处理请求并对数据库进行操作。这里的数据库也可以部署在独立服务器上面。

当信息系统业务成熟、应用访问量增多时，在单一应用架构方式下服务器很快会遇到性能瓶颈。这个时候，增加服务器是解决问题最高效的方式之一。例如，可以将应用和数据库分别部署在专用服务器上，该方式不仅能提高单机负载，也能增加系统的稳健性，减少系统宕机风险。

当应用访问量继续增加时，可以通过再次增加应用服务器的方式，将应用分别部署在不同的服务器上，从而提升前端应用的访问效率。在这个阶段，各个应用服务器相互隔离，依赖唯一的数据库统一提供服务，如图 1-2 所示。

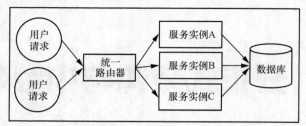

图 1-2 集群架构方式

采用集群架构方式时，用户请求经过统一路由器后，按照负载均衡策略，被分发给集群中相对空闲的服务实例进行处理。这些集群中的服务实例负责处理请求，但仍将访问同一个数据库。

应用被集群化管理后，数据库的短板逐渐显现，单节点部署的数据库无法完全承担集群化应用的数据处理请求。为了优化单节点数据库负载，系统引入数据库缓存机制，把常用数据提前加载到内存当中；引入读写分离机制来缓解数据库的压力，把查询操作放到一个数据库实例上进行，把新增、删除和修改（简称增删改）操作放到另一个数据库实例上进行，并在两个数据库之间建立同步机制。所以，当单节点数据库不能解决性能问题时，多实例部署数据库逐渐成为趋势。多实例部署数据库的架构如图 1-3 所示。

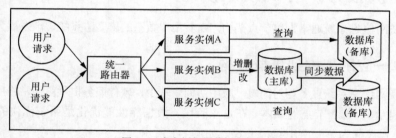

图 1-3 多实例部署数据库的架构

在图 1-3 中，用户请求经过统一路由器后，按照负载均衡策略，被分发给集群中相对空闲的服务实例进行处理。这些集群中的服务实例会进一步细分业务逻辑，增删改操作会直接请求数据库主库，纯粹的查询操作会直接请求数据库备库。主库将依据同步策略将变化的数据同步给备库。

1.1.2 从集群架构到垂直应用架构

随着企业互联网业务应用的不断发展延伸，企业建立业务生态圈后，业务应用数据量不断增加和规模不断扩大。此时，可以分别将应用、数据库拆分成几个互相独立的应用和数据库，部署在不同的服务器节点上，从而提升系统性能和吞吐量，这种模式通常被称为垂直应用架构方式。

例如，电商系统在垂直应用架构方式下，根据业务的类型大体上可以分为 4 个集群，即客户管理系统集群、商品管理系统集群、订单管理系统集群和物流管理系统集群，每个集群都拥有自己的数据库集群，如图 1-4 所示。从运维层面来说，应用与数据库彼此相对独立，不管是业务实例集群还是数据库集群，通常都部署在独立服务器上面。例如，订单管理系统需要访问其他 3 个系统时，可通过点对点直接建立连接，实现数据互通。

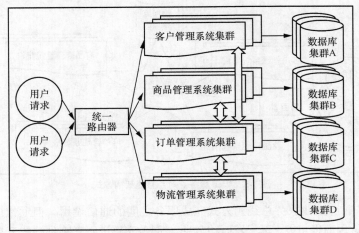

图 1-4　垂直应用架构方式

当然，垂直应用架构方式也存在一些弊端。系统管理员难以监控上下游应用的状态，例如，某些提供者已经失效了，而消费者只有在发起请求并捕捉到异常后，才能够判断出提供者的状态。此外，在高并发的场景下，如果系统没有设计熔断或流量管理机制，那么消费者将无法均匀地分发请求，只能使用轮询或者随机的负载均衡策略。

1.1.3　微服务与分布式架构

分布式系统最重要的特性之一就是解决服务与服务之间的通信问题。当单一服务被拆分后，各个服务之间的通信与交互复杂度增加。为使业务应用程序灵活地适应外界环境的变化，实现服务之间的松耦合，分布式架构设计的重点就转变为微服务设计。分布式架构将单一进程的应用做了拆分，形成独立对外提供服务的组件，每个组件通过网络协议对外提供服务。

在分布式架构下，服务之间的通信方式主要有 3 种。

第一种方式是通过 Web 服务基于简单对象访问协议（simple object access protocol，SOAP）实现，其本质是发送 HTTP 或 HTTPS 的扩展模块（extended module，XM）格式文本数据，缺点是通信协议比较"笨重"，难以管理。使用 SOAP 发送 HTTP 或 HTTPS 的可扩展标记语言（extensible markup language，XML）格式文本数据时，消费者与提供者是直连的，如果消费者类型和提供者类型比较多，那么管理起来就很棘手。例如，一个消费者要调用不同提供者的接口实现访问，假设该访问还有顺序要求，当其中一个提供者接口不可用时，将会造成本次访问失败。消费者需要对每个提供者实现容错机制和负载均衡。Web 服务点对点直连架构方式如图 1-5 所示。

在图 1-5 中，所有服务都采用点对点直连的通信方式，拓扑图看起来像一个五角星的结构，消费者将直接向提供者发起请求。这里的通信协议不局限于 SOAP、HTTP，报文格式也不局限于 XML、JSON 格式。在这种架构下，每个集群需要配置其他集群的实例地址信息。如果这些实例地址经常变动，那么管理起来将会非常麻烦。

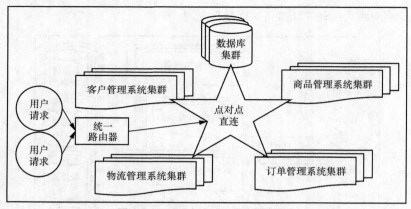

图 1-5　Web 服务点对点直连架构方式

第二种方式是通过企业服务总线的方式完成服务之间的通信调用。但通常情况下，企业服务总线没有注册中心，因而很可能"牵一发而动全身"，服务变更进而影响到总线变更。企业服务总线架构方式如图 1-6 所示。

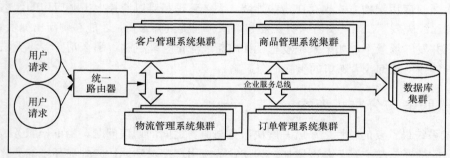

图 1-6　企业服务总线架构方式

在图 1-6 中，服务与服务之间的请求是通过企业服务总线进行派发的，企业服务总线配置了每个集群的实例地址，当某一实例地址发生变动时，只需要在企业服务总线统一维护。企业服务总线扮演的角色是代理者，消费者的所有请求都通过企业服务总线进行代理，转发给提供者。由于通信过程中可能产生报文堆积，企业服务总线需要依赖消息队列机制保障即时通信能力。例如，在 Apache Kafka 分布式消息队列系统中，企业服务总线统一维护负载均衡策略，并监控每个实例的运行状态。

第三种方式是建立注册中心，服务之间的寻址由注册中心协同完成，服务之间使用轻量级的通信协议直接通信。消费者可以从注册中心订阅提供者的状态，及时获取变更通知。该通信方式也是本书重点介绍的对象。注册中心架构方式如图 1-7 所示。

在图 1-7 中，集群启动时，商品管理系统、客户管理系统和物流管理系统需要向注册中心注册自己的服务和角色。订单管理系统需要从注册中心获取对应服务实例信息，然后由订单管理系统直连提供者实例，发起请求并完成调用。注册中心还负责监控集群的运行状态，保存统一配置。因为订单管理系统直连提供者，所以实际上负载均衡策略需要订单管理系统自己实现。

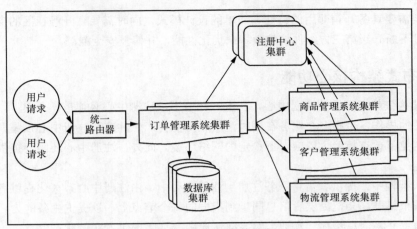

图 1-7 注册中心架构方式

纵观计算机服务扩容的发展历程,我们可以看出计算机服务扩容经历了从单一应用架构到集群架构,从集群架构到垂直应用架构,最后到微服务与分布式架构的发展过程。

1.2 分布式架构概述

分布式架构通过建立注册中心来管理服务之间的通信,服务之间的寻址由注册中心协助完成,服务之间使用轻量级的通信协议直接通信。对于单个独立的大型业务,软件服务商需要将核心业务抽取出来作为独立服务,这些服务逐渐形成稳定的服务中心,能够更快速地响应多变的市场需求。

1.2.1 分布式架构设计理念

分布式架构的设计理念是将核心业务抽取出来作为独立的服务,这些服务逐渐形成稳定的服务中心,然后拆分这些核心服务来提升服务中心的性能,达到更快速的需求响应。

以电商系统为例,其中很多核心业务是公共模块(如会员中心、购物车和商品管理)。不管是在微信小程序还是在移动端,这些模块的后台系统都是相同的。可以将这些模块拆分成单独的服务,对外提供统一的接口,从而提高模块的复用效率。分布式架构的核心思想是性能优化,主要有两个指标:吞吐量和系统容错性。对吞吐量而言,不同种类的服务的吞吐量需求是不一样的。为了实现高吞吐量,需要一个健壮的通信框架,该框架能够同时保持大量的连接并及时处理请求,如基于 Java NIO 多路复用技术的通信框架 Netty。对系统容错性而言,通信框架需要支持自定义容错策略配置,如失败以后重试、失败以后抛出异常、失败以后忽略异常信息等。

分布式架构的实现依赖高并发的通信框架。在分布式架构场景下,最重要的问题之一是解决分布式服务之间的通信问题,然后才进入设计服务集群方式的环节,这个问题很有挑战性。在分布式场景下编写高并发、高可用的应用,需要相当丰富的编程经验,这对于一些中小型团队是一个巨大的挑战。对大型团队来说,提供一个高并发的框架也需要投入大量的研发人员。因而,良好的通信框架需要具备开箱即用的特性和简单的设计模式,同时需要有开源社区的支持。活跃的社区能够通过不断升级第三方组件依赖版本来优化性能,并修复安全漏洞。

1.2.2　分布式架构核心功能

分布式架构依赖高可用的注册中心,在生产环境下,注册中心必须是一个集群。注册中心需要提供原子性的操作,否则多个服务在同时注册时可能会产生冲突。注册中心以集群的方式对外提供接口,避免了单点故障,以应对不稳定的网络环境。此外,注册中心还需要提供分布式锁等集群通用功能。

在分布式架构中,提供者需将服务注册到注册中心中,由注册中心持久化提供者信息。注册中心本身是一个集群,会把提供者信息同步到集群的每个节点上,以提供主备能力。消费者从注册中心拉取信息并将信息缓存到本地,然后向注册中心订阅提供者实例状态信息。当提供者失去和注册中心的连接或者提供者主动注销时,注册中心向订阅提供者实例状态信息的消费者发送通知。消费者将不可用的提供者信息从本地缓存中删除。注册中心集群工作方式如图1-8所示。

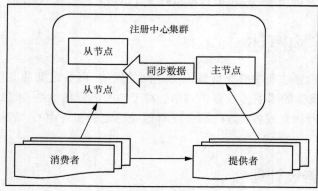

图1-8　注册中心集群工作方式

注册中心还提供对服务治理功能进行统一配置的功能。注册中心需要对消费者和提供者做统一的配置,当消费者和提供者实例启动时,消费者和提供者将从配置中心获取动态配置信息。这些动态配置信息包括负载均衡策略、路由策略、重试策略、访问限制、黑白名单、鉴权方式、令牌验证、黏滞连接、服务降级和发布模式等。

在分布式场景下,具有相同服务能力的提供者会被分组管理。消费者调用提供者时,实际上是调用这一组服务。这种消费者按组调用服务的功能依赖于注册中心的能力,消费者从注册中心订阅一种服务接口,该接口的实现方式对应一组提供者实例。同时,消费者能及时从注册中心获取提供者的变化信息,这是一种经典的观察者设计模式。

1.2.3　分布式架构设计难点

分布式应用发生故障的情况无法避免且很难预测,如应用崩溃、网络突发故障等情况。正是这些不得不面对的情况，要求我们在构建分布式系统时，要综合考虑系统的一致性、可用性、吞吐量。

一致性要求在分布式系统中的任意一个节点都会查询到相同的信息。解决一致性的问题要求分布式框架能够提供中心化协同工作机制，提供服务注册和订阅功能，即注册中心。此外，通信框架需要设计统一的控制中心来分发服务配置，或者把调整的配置通知到各个服务应用实例，以支持服务配置热加载的功能。中心化协同工作机制需要提供安全策略、加解密的算法、序列化消息等通用功能。

服务的可用性指的是当部分提供者失效时，整个分布式系统服务依然可用的特性。例如，各种原因导致的网络或硬件故障，甚至是软件自身的故障，都可能会使提供者不可用，在这种情况下，消费者需要能够及时发现并排除这些不可用的提供者，避免整个系统瘫痪。系统的通信框架需要支持自定义容错策略配置，如失败以后重试、失败以后抛出异常、失败以后忽略异常信息等。

分布式框架在设计上需要考虑服务之间调用的吞吐量。在解决了可用性的问题后，接下来需要解决稳定性的问题。由于网络请求不稳定，因此需要建立完备的负载均衡策略，把流量分散开来，以降低部分节点的突发负荷。也就是说，这是如何增大吞吐量的问题。

吞吐量问题本质上是分布式框架性能的问题。通信框架需要在支持业内主流负载均衡策略的同时，支持动态配置自定义路由机制，以适应复杂的业务调用关系。

1.3 大中台架构概述

随着企业业务的不断扩大，传统的分布式架构已经不能满足日益增长的需求，企业技术架构转型被提上日程，大中台战略的概念逐渐被企业重视起来。在中台概念出现之前，信息系统被分为前台和后台两部分。前台通常是指用户直接使用的终端业务系统，是企业服务与用户的交互平台，如日常使用的邮箱、即时通信工具、购物软件、手机银行等应用软件。前台需要保持良好的用户响应能力，能够及时满足企业扩展生态链的需求，同时要求其更迭速度越快越好。

相比之下，后台通常指由企业各个后端管理系统组成的平台，主要分为两类系统：一类是用于管理企业核心资源的系统，如财务管理系统、仓库物流追溯系统、企业资源计划系统等；另一类是为前台应用提供算力和数据支撑（如通信并发管理、数据压缩能力等）的基础平台。这些系统往往庞大而复杂，甚至还受到法律、法规、审计等相关合规性的约束，要求其稳定至上，更迭速度自然是越慢越好。

随着企业业务的不断发展壮大，用户的业务需求也逐年增长。在保证后台稳定的前提下，大量的业务逻辑被强加至前台系统中，使得前台系统不断膨胀，这种"野蛮"发展导致前台系统的维护和开发效率越来越低，成本投入却越来越高。

为了提高用户响应效率，避免新业务不断重复"造轮子"，降低前台业务创新更迭的成本，衍生出中台概念。中台是将前台中稳定且通用的业务沉降到中台层，恢复前台的响应效率，以及将后台系统中需要频繁变化或前台直接使用的业务提取到中台层，提高这一部分业务的响应效率，降低后台维护更迭的成本，为前台提供高效、可靠的支撑服务。中台的产生解决了前台创新更迭速度快与后台稳定发展更迭速度缓慢之间的矛盾，最大限度地提升了前台和后台的协作效率。

国内首先尝试应用大中台战略的公司是阿里巴巴集团（简称阿里巴巴）。在 2015 年考察芬兰的游戏公司后，阿里巴巴提出"大中台，小前台"的战略，将集团相关的可复用业务"下沉"，形成中台业务中心，以灵活、迅速地响应前台需求。在享受到使用中台的"红利"后，阿里巴巴坚定地应用大中台战略。在 2018 年，阿里巴巴又提出"业务-数据"双中台策略。在 2020 年阿里云线上峰会上，阿里巴巴提出"做厚中台"的战略。此外，华为提出"大平台炮火支撑精兵作战"的发展战略，将中台规划为战略指挥平台，科学、高效地为前台"精兵"提供支撑物资和方案。

近年来，随着微服务技术和架构、容器集群管理技术和工具的不断发展，各大互联网公司纷纷效仿大中台战略，建设适应自家组织架构的"中台"，用以应对市场变化，灵活、快速地做出策略调整。随着中台模式的不断发展和演变，中台的建设初衷由快速响应用户需求，逐渐演变为为集团提供运营数据能力、技术能力、支撑能力、产品能力等。这时，企业大中台战略的应用不再只着力于建设平台即服务（platform as a service，PaaS）中台，还包括数据中台、算法中台、业务中台等的建设与应用。

PaaS 中台作为软件开发和维护人员的工具与组件，可为其他业务提供基础设施的重用功能，帮助其他系统快速搭建、部署和上线。PaaS 中台主要包括服务器基础设施和项目开发管理工具。为了满足各应用在各种操作环境中快速上线的需求，PaaS 中台引入了 Docker 容器技术，实现了应用、操作系统、系统资源的有效隔离，保证各个应用互不干扰。此外，PaaS 中台利用 Kubernetes 技术对 PaaS 中台中的容器进行编排、调度、治理，最终实现了诸如自动部署、自动重启、自动扩容、微服务治理等基础服务功能，实现了对服务资源的自动管理和调度，提升了前台业务应对大并发的能力，也提升了资源的利用效率。

PaaS 中台还包括开发管理模块，该模块为开发、数据分析、算法、测试、维护、管理等人员提供了一系列集成工具，可实现代码发布、运维、系统监控、日志查询、流量监控、链路分析和追踪、告警等功能，方便技术人员使用，提升工作效率。

随着企业信息化建设的不断深入，要想实现多个业务线业务过程的规范化、便捷化管理，并同时满足不同部门的生产和管理需求，势必要引入公众号、小程序、移动 App 等适配于客户端、PC 端的各类软件产品。传统的信息化建设忽略了业务数据的价值，每个业务系统自主发展。当企业高层需要实时关注生产数据及企业效能时，这些分散在不同网络环境、不同存储平台的数据，并不能及时响应，提供的数据会出现无效甚至相互矛盾的情况，不能满足企业管理要求。为了能够将这些分散的业务数据可靠地收集起来，转化为有价值且能够给企业高层提供辅助决策的数据，企业需要构建数据平台来实现信息系统由便捷化到智能化的转变。

数据中台的目的是让数据持续用起来，最终实现企业的智能化管理，通过数据中台提供的工具、方法、运行机制，把数据转变为一种服务能力，最终反馈给业务，引导业务朝着更高效、更规范的方向发展。数据中台不仅包括对业务数据的治理，还包括对不同业务数据进行汇聚、传输、建模/存储、统计分析/挖掘、可视化等。

数据汇聚是数据中台的核心工具，数据中台本身并不生产数据，必须通过数据库同步、埋点、消息队列等方式，将分散在各个系统中结构化或半结构化的数据收集到一起，这是数据治理及建模的基础。数据汇聚完成后，经过开发人员及算法建模人员对数据加工、建模后，就可以建设企业的数据体系。数据治理是指通过数据治理清理脏数据，保证所需数据的一致性、准确性、完整性。在完成数据治理后，系统将数据抽取或分发至计算平台，然后通过不同的分析手段根据业务板块、主题进行多维度分析、加工处理，得到有价值的数据并将其用于展现、辅助决策分析。

算法中台又称 AI 中台。算法中台提供算法能力，帮助业务提供更加个性化的服务。一方面，算法中台为业务部门提供通用功能，开发人员在设计通用功能时更加重视重复使用的场景，如日志数据挖掘分析、CPU 内存的峰值预测、业务请求量和服务器吞吐量的统计、通用预警模型等；另一方面，算法中台为业务部门提供定制功能，定制功能有复用率低和业务价值大的特点，能提供更好的用户体验，如在线客服系统的智能机器人客服，这里的客服需要针对每个行业做单独的定制化处理。如果是保险行业，可能需要对保险种类以及理赔方式做特别的算法优化。千篇一律的售前模式和售后模式不可能适用每一个细分领域。

通常情况下，算法中台需要深度结合数据中台，因为算法模块开发完成后，需要数据中台提供数据进行模型训练。在企业中台构建初期，可以考虑将数据中台和算法中台合并为一个中台。但从长久的发展考虑，大数据技术和机器学习技术必然不是一个发展方向。

PaaS 中台从项目基础设施的角度出发，数据中台从业务数据的角度出发，业务中台则从企业全局角度出发，从整体战略、业务支撑、连接用户、业务创新等方面进行统筹规划。

业务中台需要按当前企业所处的行业进行规划。以电商行业为例，可以将支付系统、会员系统、广告系统等比较通用的模块作为业务中台。这些通用的功能在由业务中台统一开发和管理后，前端就可以非常便捷地进行调整了。

例如，对于一个母婴垂直电商销售网站和一个体育用品电商销售网站，它们只是在页面上销售的商品不一样，以及少数展示的定制型网站页面不一样，而支付系统、会员系统以及广告系统通常是相同的。通过搭建业务中台，可以最大化地提高通用业务系统的复用性。

第二部分

传统分布式架构的核心技术

早期的互联网信息系统相对简单，通常为单节点架构，随着用户数量的增多，系统逐渐发展为分布式架构。在分布式领域，围绕中心化协同工作机制，产生了一批优秀的分布式开源框架，分布式中心化集群框架 ZooKeeper 是其中的典型代表。ZooKeeper 实现了中心化的管理方式，提供了注册中心和配置中心，解决了分布式系统需要从一个中心地址获取配置的问题。

当然仅有 ZooKeeper 是不够的，分布式架构还需要解决高并发通信问题。Netty 是一个基于 Java NIO 类库的异步通信框架，可以实现高并发通信，并维持大规模的 TCP 通信连接。它具有异步非阻塞、基于事件驱动、高性能、高可靠性和高可定制性等特点。Netty 框架结合远程过程调用（remote procedure call，RPC）框架 Dubbo，实现了高可用的服务器调用、负载均衡和自定义路由策略功能。

第 2 章

分布式中心化集群：
ZooKeeper 原理与实战

在传统的计算机行业中，开发人员通常擅长开发单机程序，却很难高效地开发出多个独立程序协同工作的功能。开发这种协同功能是非常困难的，这是因为开发人员很可能会投入大量的时间来考虑协同工作的逻辑，没有时间更好地处理并实现应用程序的业务逻辑。

ZooKeeper 最初由知名互联网公司雅虎创建，该项目最早起源于雅虎研究院的一个研究小组。当时雅虎研究人员发现，雅虎内部很多大型系统都需要依赖一个分布式协调系统，但是这些系统存在分布式单点故障问题。雅虎开发人员尝试开发了一个无单点故障问题的通用分布式协调框架，使用该框架后业务开发人员可以将精力全部集中在业务逻辑的处理上。

ZooKeeper 是基于分布式计算的核心概念设计的，以中心化的管理方式，提供了注册中心和配置中心，旨在解决分布式框架数据一致性的难题。分布式系统的核心要素就是构建中心化平台，集群中每个子节点都需要通过中心化平台保障数据的最终一致性。ZooKeeper 一词的来源是"动物园管理者"，原因是 Apache 软件基金会有多个以动物名称命名的框架，这些框架都需要中心化服务。当然，ZooKeeper 遵守 Apache 协议，代码开源且可免费商用。

本章先介绍 ZooKeeper 应用场景和设计理念，给出 ZooKeeper 源码的下载地址。然后分别从数据结构、通信协议、事务、内存数据模型、磁盘数据模型、会话模型等方面介绍 ZooKeeper 内核原理。在读者对 ZooKeeper 有一定了解以后，本章后半部分将分析 ZooKeeper 集群原理，涉及集群角色、通信算法和协议、集群管理原理和启动流程等。最后，本章结合开源客户端框架 Apache Curator（简称 Curator）给出实例，涉及数据的增删改查操作和分布式锁等通用功能。

2.1 ZooKeeper 基础

ZooKeeper 是 Apache 软件基金会的一个软件项目，它为大型分布式计算提供开源的分布式配置服务和同步服务。

2.1.1 ZooKeeper 应用场景

ZooKeeper 技术的发展让开发人员可以更多地关注业务本身的逻辑，而不是关注协同工作的逻辑。ZooKeeper 的应用场景都围绕着分布式协同技术。分布式协同技术能够处理多任务协作，一个协作任务包含多个进程任务。例如，在典型的主-从模式中，主节点负责分配任务给从节点，当主节点发生故障时，每个从节点或许都想成为主节点，此时就需要分布式协同技术来选举最合适的主节点。

ZooKeeper 作为 Apache 软件基金会的一个顶级项目，为分布式应用提供高效、高可用的分布式协调服务，包括数据发布/订阅、负载均衡、命名服务、分布式协调/通知和分布式锁等分布式基础服务。ZooKeeper 凭借其便捷的使用方式、卓越的性能和良好的稳定性，被广泛地应用于 Dubbo、Apache Kafka、Codis、Apache HBase、Apache Storm 和 Apache Solr 等大型分布式系统中。

（1）Dubbo。Dubbo 是分布式 RPC 服务。通常把提供服务端的应用称为提供者，把发起调用请求的客户端称为消费者。对接 Dubbo 框架的提供者需要将服务暴露的接口地址导入 ZooKeeper，这个过程称为服务导出。对接 Dubbo 框架的消费者能够通过 ZooKeeper 获取动态配置信息，如提供者 IP 地址、负载均衡策略、容错策略等。

（2）Apache Kafka。Apache Kafka 是基于提供者-消费者模式的分布式消息中间件。ZooKeeper 用于监控 Kafka 服务端的异常情况，可实现主体和分区的动态感知。

（3）Codis。Codis 是基于代理模式的分布式 Redis 内存缓存框架。Redis 把每个节点的键槽位存储在 ZooKeeper 中。同时 ZooKeeper 还负责感知 Codis 节点服务状态。

（4）Apache HBase。Apache HBase 是 Apache Hadoop 生态圈的分布式大数据仓库，本质上是一种 NoSQL 的数据库，实现了基于 RowKey 行的存储模式。ZooKeeper 负责 Apache HBase 集群的主-从选举，以及对集群每个节点服务状态的感知。

（5）Apache Storm。Apache Storm 是 Apache Hadoop 生态圈的分布式计算框架。Apache Storm 的 Nimbus、Supervisor、Worker 节点通过 ZooKeeper 创建和获取元数据。

（6）Apache Solr。Apache Solr 是一款应用广泛的分布式搜索引擎，ZooKeeper 负责存储集群的元数据和协调更新元数据。

前文提到，ZooKeeper 的广泛应用可以归功于 ZooKeeper 便捷的使用方式、卓越的性能和良好的稳定性。读者需要了解 ZooKeeper 的使用方式，掌握 ZooKeeper 的工作原理，才能实际解决分布式系统的问题。

2.1.2　ZooKeeper 设计理念

分布式领域有一个著名的"拜占庭将军问题"，它是由 Lamport 等人在 1982 年提出的。"拜占庭将军问题"描述了这样一个场景：拜占庭帝国有许多支军队，不同军队的将军需要共同制定一个统一的军事计划，用于做出进攻或者撤退的决定。这些将军因为地理分隔的原因，需要依赖通讯员进行通信。但是，通讯员之中可能会存在叛徒，这些通讯员叛徒可以任意篡改军事信息，从而欺骗将军。

"拜占庭将军问题"在分布式计算领域引发了探讨。从理论上来说，在分布式计算领域，试图在异步系统不可靠通道上达到一致性状态是不可能的。通常在对一致性的研究过程中，都需要一个前提假设：通信通道是可靠的。但在实际应用中，网络波动和硬件故障很容易造成消息不完整，或被恶意程序篡改消息。为了保障消息的最终一致性，学者提出了多个定律或理论。

分布式领域有一个很著名的 CAP 定律：一致性（consistency）、可用性（availability）和分区容忍性（partition-tolerance）。任何一个系统都不能同时满足这 3 个要求。对于网络分区（network-partition），为了避免"脑裂"（split-brain）问题，即从节点无法与群首节点通信时，将与第二个群首节点建立主从关系。ZooKeeper 在脑裂场景下，从节点处于只读状态，从而保证不会产生多个主从关系集群。ZooKeeper 的设计理念可以保证一致性和可用性。

此外，分布式领域还有一个 BASE 理论，它是基本可用（basically available）、软状态（soft state）和最终一致性（eventually consistent）的简写。其核心思想是即使无法做到实时一致性（强一致性），也能够采用一定的同步机制来保证系统最终达到一致性。这也是对 CAP 定律中的一致性和可用性进行权衡的结果。ZooKeeper 巧妙地使用了一种称为 ZooKeeper 原子广播（ZooKeeper atomic broadcast，ZAB）的协议来保障数据的最终一致性，使其成为分布式系统的奠基石。

ZooKeeper 集群采用了中心化设计理念和最终一致性算法，本质上和分布式数据存储系统原理相似。ZooKeeper 的数据结构是模仿文件系统设计的，是一个带有根节点的目录树，其中每个节点被称为 Znode，每个 Znode 都对应着唯一的路径，并默认能够存储大小为 1 MB 的二进制数据。下面以 Dubbo 对接 ZooKeeper 生成的服务提供目录为例来展示中心化设计理念，如图 2-1 所示。

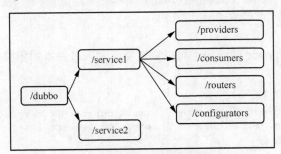

图 2-1 Dubbo 生成的服务提供目录

在图 2-1 中可以看到，Dubbo 在启动时会根据用户配置在 ZooKeeper 注册中心创建 4 个 Znode：/providers、/consumers、/routers 和/configurators。每个 Znode 的路径由父节点和服务名组成，例如，第一行的/providers 对应的路径是/dubbo/service1/providers，关于路径的创建规则将在 2.2 节详细介绍。

采用中心化设计理念的分布式系统可以利用 ZooKeeper 实现如下 5 种功能。

- 为分布式集群提供中心化配置功能，例如，负载均衡配置、异常场景策略配置。此外还支持热更新、监听某条路径的状态，以及在不重启程序的前提下修改配置参数并立即生效。
- 为分布式集群提供节点动态拓展功能与异常监控机制，例如，RPC 提供者向注册中心同步自己的服务状态，注册中心实时监控提供者的异常情况，并及时通知服务消费者。节点动态拓展功能指的是新节点能够获取集群中其他节点的信息。某节点在发生故障宕机后，集群中的其他节点可以获取通知并实现故障恢复。
- 为分布式集群提供主从集的集群管理，支持 Raft 协议群首节点投票选举功能，这是绝大多数分布式系统主从集的核心功能。
- 提供分布式锁（支持公平锁和非公平锁）；提供分布式队列；提供分布式计数器、分布式多线程同步器；支撑客户端实现群首选举设计模式。
- 提供发布/订阅设计模式的实现方案。

2.1.3　ZooKeeper 源码和安装

ZooKeeper 是使用 Java 编写、使用 Apache Ant 编译的一个分布式服务框架，它具有免费且开源的特点，其设计思想源于 Google Chubby。ZooKeeper 的源码可以从 ZooKeeper 官网获取，其官网源码地址页面上指定版本的源码带有 Release-* 字样。本章涉及的 ZooKeeper 包名和类名，均指 ZooKeeper Java 源码。

笔者不推荐直接下载 ZooKeeper 的源码，因为后续官方更新版本后，还需要重新下载。推荐直接新建空项目并添加 Gradle 或 Maven 依赖，这样就可以看到 ZooKeeper 的最新源码。

添加 ZooKeeper Gradle 依赖：

```
compile group: 'org.apache.zookeeper', name: 'zookeeper', version: '3.7.0'
```

添加 ZooKeeper Maven 依赖：

```
<dependency>
    <groupId>org.apache.zookeeper</groupId>
    <artifactId>zookeeper</artifactId>
    <version>3.7.0</version>
</dependency>
```

ZooKeeper 客户端 Curator 的源码也可以通过新建空项目并添加依赖来查阅。注意 Curator 需要两个依赖。

添加 Curator Gradle 依赖：

```
compile group: 'org.apache.curator', name: 'curator-framework', version: '5.2.0'
compile group: 'org.apache.curator', name: 'curator-recipes', version: '5.2.0'
```

添加 Curator Maven 依赖：

```
<dependency>
    <groupId>org.apache.curator</groupId>
    <artifactId>curator-framework</artifactId>
    <version>5.2.0</version>
</dependency>
<dependency>
    <groupId>org.apache.curator</groupId>
    <artifactId>curator-recipes</artifactId>
    <version>5.2.0</version>
</dependency>
```

在安装 ZooKeeper 之前，请确保你的 Linux 操作系统安装了 Java 环境，并下载了 ZooKeeper 软件安装包（如 apache-zookeeper-3.7.0-bin.tar.gz）。ZooKeeper 的安装包括如下 3 个步骤。

（1）执行如下命令，解压缩 tar.gz 文件。

```
$ cd opt
$ tar -zxf apache-zookeeper-3.7.0-bin.tar.gz
$ cd apache-zookeeper-3.7.0-bin
$ ls
LICENSE.txt  NOTICE.txt  README.md  README_packaging.md  bin/  conf/  docs/  lib/
```

（2）创建并配置 zoo.cfg 文件，命令如下。其中 dataDir 参数指定数据存储路径，用户不需要提前创建该路径，ZooKeeper 启动时会自动创建。

```
$ cat>conf/zoo.cfg<<EOF
dataDir = /opt/zookeeper-3.7.0/data
clientPort = 2181
EOF
```

一旦成功存储配置文件，再次返回终端时，就可启动 ZooKeeper 服务端。

（3）执行如下命令，启动 ZooKeeper 服务端。

```
$ bin/zkServer.sh start
ZooKeeper JMX enabled by default
Using config: /opt/apache-zookeeper-3.7.0-bin/conf/zoo.cfg
Starting zookeeper ... STARTED
```

观察启动日志，此时 ZooKeeper 已经成功启动。

在步骤（2）中配置 zoo.cfg 文件时，若在单节点场景下，用户只需要配置 dataDir 和 clientPort 这两个参数。表 2-1 展示了更多的 ZooKeeper 单节点参数。

表 2-1 ZooKeeper 单节点参数详解

参数名称	描述
tickTime	tickTime 的单位是毫秒（ms）。tickTime 是 ZooKeeper 服务端之间或客户端与服务器之间维持心跳的时间间隔。ZooKeeper 每隔 tickTime 时间间隔会发送一次心跳
initLimit	集群中群首节点和其他节点之间初始连接时能容忍的最大心跳数。服务器之间每隔 tickTime 时间间隔会发送一次心跳，所以集群节点初始化通信的超时时间为 initLimit × tickTime
syncLimit	集群中群首节点和其他节点的请求与应答之间能容忍的最大心跳数，所以集群节点每次通信的超时时间为 syncLimit × tickTime
dataDir	ZooKeeper 用于存储数据快照的目录
dataLogDir	用于存储事务日志的磁盘地址，不指定则默认使用 dataDir 地址（建议读者自行配置）
clientPort	客户端连接 ZooKeeper 服务端的端口，ZooKeeper 会监听这个端口，接收客户端的访问请求
maxClientCnxns	最大客户端连接数
Autopurge.snapRetainCount	dataDir 路径中保留的快照数量，超过该数量的快照可能会被删除
Autopurge.purgeInterval	自动清除功能，设置为 1 表示开启自动清除功能，设置为 0 表示禁用自动清除功能
metricsProvider.className	用于 Prometheus 格式的指标采集，表示采集方法入口，例如可配置为 org.apache.zookeeper.metrics.prometheus.PrometheusMetricsProvider
metricsProvider.httpPort	用于 Prometheus 格式的指标采集，表示对外暴露的采集端口，例如可配置为 7000
metricsProvider.exportJvmInfo	用于 Prometheus 格式的指标采集，表示是否提供 JVM 指标信息，例如可配置为 true

在集群场景下，ZooKeeper 的参数配置方式和启动细节请参考 2.3.5 节。

2.2 ZooKeeper 内核原理

本节介绍 ZooKeeper 的组成要素和内核原理。本节从 Znode 切入，分析 Znode 类型、Znode

应用编程接口（application programming interface，API）、Znode 状态信息、访问控制列表（access control list，ACL）权限控制等属性，并介绍 Znode 通信机制。介绍 Znode 通信机制时，先介绍序列化和通信协议，然后分析事务和事务日志，最后阐述内存数据模型、磁盘数据模型和会话模型。

2.2.1 Znode 类型

ZooKeeper 命名空间内部拥有一个树状的内存模型，其中各节点被称为 Znode。每个 Znode 包含一条路径和与之相关的元数据，以及该 Znode 下关联的子节点列表。ZooKeeper 内核设计原理都是围绕着 Znode 展开的，在详细列举 Znode 类型之前，先来了解 Znode 在 ZooKeeper 中所起的作用，如图 2-2 所示。

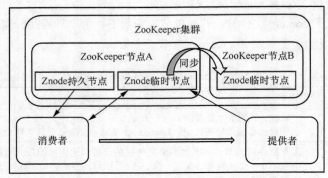

图 2-2 Znode 实例

如图 2-2 所示，服务提供者向 ZooKeeper 节点 A 创建了 Znode 临时节点，用来存储其地址和接口等信息。服务消费者从 Znode 临时节点获取对应的地址等信息，从 Znode 持久节点获取负载均衡、路由策略等信息，最后直连服务提供者发起请求。同时服务消费者监控 Znode 临时节点，及时获取服务提供者在线状态信息。ZooKeeper 节点 A 通过 ZAB 协议同步 Znode 临时节点数据到 ZooKeeper 节点 B。

Znode 根据生命周期的特性分类，常见的有如下 7 类。

（1）持久节点（persistent Znode）。持久节点创建以后会被永久存储到磁盘上，且在重启服务后数据依旧存在，只有主动删除节点才能够删除数据。该节点比较适合持久化存储集群配置数据，例如提供持久化业务应用配置，并在配置变更时通知监听该配置的应用及时更新。

（2）临时节点（ephemeral Znode）。临时节点的生命周期与会话的生命周期保持一致。也就是说，创建临时节点的应用必须与 ZooKeeper 保持会话连接，如果会话失效，临时节点将会自动删除。需要注意的是，这里的会话失效并不是指 TCP 连接断开，因为 TCP 连接断开以后 ZooKeeper 还需要等待超时时间，等待超时后会话才会失效。当然，应用也可以通过主动调用 API 来删除临时节点。

临时节点适合为分布式集群提供节点的动态拓展与异常监控机制，即服务感知的功能。例如，提供者创建临时节点，在服务状态正常时保持会话，维持临时节点；在服务不可用时切断会话，临时节点自动删除,新的服务消费者不会再获取临时节点信息。此外,当有新的节点加入集群时,ZooKeeper 会把该事件广播给所有监听的客户端。临时节点的应用场景非常丰富,例如,临时节点可以用于分布式锁非公平模式的场景,获取分布式锁的过程本质上就是创建临时节点的操作。

(3)持久时序节点(persistent-sequential Znode)。持久时序节点除可以存储持久化数据之外,每个时序节点会被分配唯一一个单调递增的整数。创建时序节点时,一个整数序号会被追加到路径末尾。例如,创建路径是/dubbo/service/providers-,ZooKeeper 会为该请求分配一个序号并追加到路径之后,持久时序节点可能为/dubbo/service/providers-1。

持久时序节点的子节点的序列信息是存储在父节点上面的。也就是说,父节点会维护它第一层级子节点的顺序,并且该数字后缀的极限是整型的最大值。由于持久时序节点在使用过程中需要依赖业务应用自身缓存节点序列,因此业务应用应当谨慎使用持久时序节点。

(4)临时时序节点(ephemeral-sequential Znode)。临时时序节点在临时节点的基础上增加了末尾序号,这种模式比较适合任务排序。例如,实现分布式锁公平模式时,每个请求加锁的线程都会创建一个临时时序节点,通过序列队列来保证公平地获取分布式锁。

(5)容器节点(container Znode)。容器节点是具有特殊用途的节点,当容器中的最后一个子容器被删除时,该容器将成为服务器待删除的候选容器。有了这个属性,在容器节点中创建子节点时,应该准备好捕获 NoNodeException 异常。

(6)持久 TTL 节点(persistent-TTLZnode)。持久 TTL 节点和持久节点不一样,客户端断开连接时,节点不会被立刻删除。只有当该节点没有在给定的 TTL 时间内被修改,且它没有子节点时,才会被删除。

(7)持久时序 TTL 节点(persistent-sequential-TTLZnode)。持久时序 TTL 节点在持久 TTL 节点的基础上增加了序号(可以参考持久时序节点的工作机制)。

每个 Znode 都对应着一个唯一的路径,并存储默认 1 MB 的二进制数据,格式为字节数组(byte array)。ZooKeeper 不直接提供序列化和反序列化的功能,通常使用客户端序列化工具进行解析操作。

Znode 可以通过配置增大存储数据容量,但通常不建议这么做,因为如果存储的数据容量比较大,客户端拉取时会面临网络带宽的压力,ZooKeeper 主从集同步数据也会有带宽压力。如果真有这方面的需求,可以考虑把数据存储在支持事务的数据库里,例如,MySQL 把数据的主键更新在 Znode 上,以实现大容量数据的实时同步。

此外,因为临时节点在创建者会话失效时会被删除,所以 ZooKeeper 不允许临时节点拥有子节点,临时时序节点同理。如果需要创建子节点,可以考虑父节点采用持久节点或者持久时序节点来实现。

这里强调一点,ZooKeeper 将全量 Znode 数据存储在内存中,以此来增加服务器的吞吐量。这种机制使 ZooKeeper 特别适合以读操作为主,不涉及事务的请求处理。

2.2.2 ZnodeAPI

原语操作列表在扩展操作列表时需要新增 API,频繁更新 API 将会降低服务的灵活性。为了保障服务的灵活性,ZooKeeper 提供给客户端可调用的 API,用于文件系统的操作,这既实现了对

Znode 的操作，又保障了 API 的长期稳定运行。

ZooKeeper 并没有直接的原语操作列表，它提供的所有业务逻辑功能都是通过操作节点来实现的。

ZooKeeper 常用的 6 种 API 如下。

（1）Create [Path] [Data]。创建一个路径为[Path]的 Znode，并且包含数据[Data]。数据[Data]可以为空字符串。如果创建的是时序节点，那么最终创建成功的路径不等于[Path]，因为路径末尾还包含序号。重复创建会抛出 NodeExistsException 异常。

（2）Delete [Path]。删除路径为[Path]的 Znode，子节点也会一起删除。对于持久节点，只能通过该方式删除。如果是临时节点，除通过该方式删除之外，会话过期后也会自动触发 Znode 删除操作。

（3）Exists [Path]。校验是否存在路径为[Path]的 Znode，返回值为 boolean 类型。

（4）SetData [Path] [Data]。设置或更新路径为[Path]的 Znode，数据为[Data]。这里需要注意的是，Znode 不支持按照偏移量修改局部数据，所有 Znode 的数据[Data]都为全量替换。

（5）GetData [Path]。用以获取路径为[Path]的 Znode 数据。

（6）GetChildren [Path]。用以获取路径为[Path]的 Znode 所有子节点列表。

每个 Znode 都有一个版本号，当对 Znode 执行修改或删除操作时，会导致版本号增加。所以对 Znode 的并发修改可以保证有顺序地执行，因为每次调用 API 传入的参数都包含版本号，只有当参数版本号与 ZooKeeper 服务端上的版本号一致时，修改或删除操作才会执行成功。当多个线程同时对一个 Znode 进行操作时，版本号就能保证操作的原子性和可见性。ZooKeeper API 支持用户设置成禁用版本号检查。版本号的设计和 JDK 的 AtomicStampedReference 采用 long 类型时间戳控制版本号保障比较并交换（Compare-and-swap，CAS）原子操作的原理相似。图 2-3 为 Znode 使用版本号来控制并发操作的示意图。

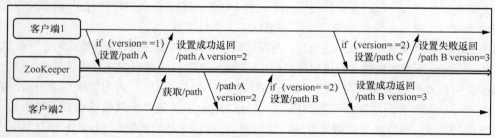

图 2-3　Znode 版本号控制并发操作的机制

如图 2-3 所示，客户端 1 发起修改请求，把版本号 1 当作参数，如果版本号等于 1，就设置/path 路径 Znode 的值为 A。ZooKeeper 服务端接收到请求后，设置 Znode 的值为 A，并把版本号加 1，此时 ZooKeeper 服务端版本号为 2。客户端 2 获取版本号为 2 的 Znode 值，然后向 ZooKeeper 服务端发起请求，把版本号等于 2 当作参数。ZooKeeper 服务端通过版本号校验，把 Znode 值设置成了 B，并把版本号加 1，ZooKeeper 此时服务端的 Znode 版本号为 3。客户端 1 发起修改请求，把版本号 2 当作参数，但是此时 ZooKeeper 服务端的 Znode 版本号为 3，所以版本校验不通过。ZooKeeper 服务端直接返回操作失败异常。通过图 2-3 可以看出版本号机制可以有效地解决并发修改问题，保证操作的原子性。

Znode 上存储的版本号本质上是 Stat 类型的对象属性，该对象存储了节点的属性信息。Stat 对象主要包含上次更新的时间戳（zxid）以及拥有的子节点数量。在实际业务中，ZooKeeper 在管理版本号时，并不是使用单纯加 1 的操作，还要利用事务的机制，将事务中的版本号 zxid 更新为 Znode 的版本号。ZooKeeper 事务 ID（ZooKeeper transaction ID，zxid）是 ZooKeeper 服务端处理事务最重要的组成元素之一，是 64 位 long 类型整数，前 32 位表示时代标识（epoch），后 32 位表示操作序号（counter）。

2.2.3　Znode 状态信息

2.2.2 节提到了 Znode 状态信息（Stat），即 org.apache.zookeeper.data.Stat。每个 Znode 除了存储数据内容，还存储节点本身的状态信息。Stat 对象的主要属性如表 2-2 所示。

表 2-2　Stat 对象的主要属性

属性名称	数据类型	描述
ctime	long	ctime（create time）表示 Znode 创建的时间戳，该时间戳通过 JDK 的 System.currentTimeMillis()方法获取
mtime	long	mtime（modify time）表示 Znode 更新的时间戳
czxid	long	czxid（create ZooKeeper transaction ID）[①]表示 Znode 创建请求的事务 ID
mzxid	long	mzxid（modify ZooKeeper transaction ID）表示 Znode 更新请求的事务 ID。无论 Znode 的值是否变化，只要有更新请求执行成功，就会替换 mzxidr 的值
pzxid	long	表示当前 Znode 子节点列表更新请求的事务 ID。因为有可能存在多个子节点，所以 pzxid 记录的是最后一次修改子节点列表请求的事务 ID。需要注意的是，pzxid 数值反映的是子节点列表的修改，即子节点创建和删除操作，所以修改子节点内容并不会影响 pzxid 数值
version	long	表示 Znode 修改版本号次数。当节点被创建时，默认值为 0，之后每次对 Znode 数据内容进行修改时就会加 1。当然，对子节点列表或 ACL 进行修改也会加 1。对于 version，就算更新请求未导致节点数值发生变化，依旧会加 1
cversion	long	表示当前 Znode 子节点的版本号
numChildren	int	表示当前 Znode 子节点的数量
aversion	long	表示当前 Znode ACL 的版本号
ephemeralOwner	long	表示创建当前临时 Znode 的会话 ID。对于持久节点和持久时序节点，该值为 0
dataLength	int	表示当前 Znode 存储的二进制数据大小

当 Znode 被删除时，节点版本号会重置。

2.2.4　监听点与通知

客户端可以对 Znode 设置监听点（watcher），当 Znode 状态发生变化时，ZooKeeper 向客户端发出对应的事件通知（这又称基于通知（notification）的事件消息机制）。简而言之，就是为 Znode 绑定了一个状态监视机制。监听点是单次触发的操作，一个监听点只能触发一个通知。

---

① ZooKeeper 官网把 transaction 简写成 x。

针对一个 Znode 操作，ZooKeeper 先向客户端发送事件通知，然后对该节点进行变更操作。当然，这里的 Znode 操作是一个事务，客户端不需要担心接收到通知后再获取的数据有问题。ZooKeeper 管理的 API 均可通过在 Znode 上设置监听点，监听其读写操作，如 Exists()、GetData()、GetChildren()。

客户端常用的监听点机制，需要实现 Watcher 接口类及 process()方法，具体方法如下：
```
abstract public void process (WatchedEvent event)
```
WatchedEvent 对象结构包括客户端与 ZooKeeper 的会话状态（keeperState）、事件类型（eventType）、Znode 路径信息。其中，事件类型共有 5 种：NodeCreated、NodeDeleted、NodeDataChanged、NodeChildrenChanged、None。None 类型表示无事件发生，除 None 类型之外，其他 4 种类型均为监听点支持的类型。

（1）NodeCreated。该监听点通过调用 Exists API 进行设置。调用 Exists()方法时，ZooKeeper 如果不存在 Znode，或表述为不存在该路径，就会创建监听点，直到其他客户端调用创建 Znode API（create [Path] [Data]）时，ZooKeeper 才触发 NodeCreated 通知事件，之后再创建 Znode。

（2）NodeDeleted。该监听点通过调用 Exists API 或 GetData API 进行设置。在创建监听点之后，如果其他客户端调用删除 Znode API（delete [Path]）时，就会触发 NodeDeleted 通知事件，之后再删除 Znode。

例如，GetData API 提供两种方式创建监听点，一种方式如下：
```
public byte[] getData(String path, boolean watch, Stat stat);
```
客户端调用该方法时，如果 boolean watch 参数设置为 true，就可以使用 ZooKeeper 默认的监听点。该方法比较便捷，不需要读者实现 Watcher 接口，也不需要考虑异常情况。Stat 对象记录了上次更新的时间戳（zxid）以及拥有的子节点数量。

另一种方式如下：
```
public byte[] getData(final String path, Watcher watch, Stat stat);
```
客户端调用该方法时，需要实现 Watcher 接口，即第二个参数为 Watcher 对象。该方法具备很高的灵活性，客户端可以扩展额外的功能。

（3）NodeDataChanged。该监听点通过调用 Exists API 或 GetData API 进行设置。原理同上。

（4）NodeChildrenChanged。该监听点通过调用 GetChildren API 进行设置，主要用于监控 Znode 子节点的变化。这里需要注意一点，该监听点指的是一级子节点变更，如果是二级子节点变更，即子节点的子节点变更，并不会触发通知。

ZooKeeper 移除监听点的方法有两个：一是触发这个监听点事件通知；二是客户端会话关闭或超时，监听点通知无法发送，导致监听点被移除。监听点触发的事件通知不包含变更的 Znode 数据。客户端在获取事件通知以后，仍然需要主动调用 GetData API 获取变更的数据。当然这个操作并不是原子性的，在获得通知和拉取数据的过程中 Znode 数据可能会被再次修改。监听点事件通知的详细过程如图 2-4 所示。

在图 2-4 中，客户端 1 创建 Znode 数据为 A，并设置监听点。客户端 2 更新 Znode 数据为 B，并触发监听点 NodeDataChanged。此时，ZooKeeper 先通知客户端 1 数据变更，再通过 ZAB 协议通知集群数据为 B，并修改群首持久化数据。客户端 1 接收到的只是变更通知，仍需发起 GetData

请求获取 Znode 数据，客户端 1 在获取数据的过程中，客户端 2 又更新 Znode 数据为 A。结果客户端 1 获取的 Znode 数据仍然为 A。客户端 1 再次对 Znode 设置监听点。虽然客户端 1 使用监听点没有获取到数据 B，出现了 ABA 的问题，但是监听点机制能够保证数据的最终一致性。这里获取 Znode 数据和设置监听点是同一个 API 请求（GetData API）。

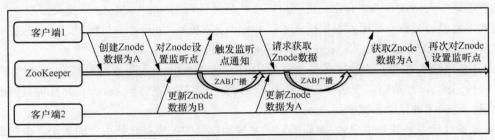

图 2-4 监听点事件通知的详细过程

服务端监听点的信息全部存储在内存中，每个监听点大约占用 0.3 KB 内存。监听点不会存储到硬盘上，因为当服务端发现客户端连接断开时，判断出无法给客户端发送监听点通知，就会把内存中失效的监听点删除。之所以客户端重连后监听点仍旧生效，是因为客户端本地存储了监听点数据，重连后同步服务端，启用对应的监听点。

在客户端重连成功后，会将全部未触发的监听点列表发送给服务端。服务端接收并检查该列表，如果部分 Znode 在客户端上一个会话注册监听点之后就已经更新了，那么服务端将直接把对应的监听点通知事件发送给客户端，其余监听点重新在服务端上注册。服务端通过对比 Znode 修改 zxid 包含的时间戳，就能判断未触发监听点列表的 Znode 是否已经更新。

除此之外，还有一种可能导致 ABA 问题的场景。假设 Path 路径的 Znode 不存在，客户端 A 调用 Exists API 监听该路径是否存在，不巧的是，此时客户端 A 突然断线。在客户端 A 断线期间，客户端 B 创建了 Path 路径的 Znode，很快 Path 路径的 Znode 又被删除了。Path 删除后，客户端 A 重新连上了，但是此时客户端 A 无法感知 Znode 是否存在过。客户端 A 没有接收到对应监听点通知，仍然会将全部未触发的监听点列表发送给服务端。这种 ABA 问题无法避免，所以业务上应尽量规避这种场景。

2.2.5 ACL 权限控制

ZooKeeper 提供的安全机制是通过 ACL 来实现访问权限控制的。ACL 绑定在每个 Znode 上，且子节点不会继承父节点的权限，父、子节点的权限相对独立。如果客户端没有父节点的权限，在子节点没有设置权限的情况下，客户端可以直接访问子节点，所以需要分别设置父、子节点权限，建议读者每次创建 Znode 时设置访问权限。ACL 权限控制方式也被应用在 Linux 和 Unix 文件系统中。

ACL 定义了 Read、Write、Create、Delete、Admin 共 5 种 Znode 操作权限。Read 权限用于获取当前 Znode 数据权限和子节点列表权限。Write 权限用于更新当前 Znode 权限。Create 权限用于创建子节点权限。Delete 权限用于删除子节点权限。Admin 权限用于设置 Znode ACL 权限。

访问权限的检查是基于每一个 Znode 的，ACL 权限控制包含两个方面：一是 ZooKeeper 服务端内置的 ACL 鉴权模式；二是客户端请求服务器提交的鉴权信息。客户端请求携带的鉴权信息数据结构是根据 ZooKeeper 服务端采用的鉴权模式来匹配的，格式是 scheme:auth-info，即 "鉴权模式：鉴权信息" 的格式。通常客户端进程可以在任何时候调用 addAuthInfo 来提交鉴权，只有 IP 鉴权模式不需要该操作。常用的鉴权模式包括 world 鉴权模式、digest 鉴权模式、IP 鉴权模式、自定义鉴权模式、SASL 鉴权模式、super 鉴权模式共 6 种。

world 鉴权模式是默认的鉴权模式，格式固定为 world:anyone，是通过 OPEN_ACL_UNSAFE 常量隐式传递的 ACL 策略。在这种鉴权模式下任何客户端都能够访问 Znode，并且拥有修改和删除的权限，建议读者只做测试使用。

digest 鉴权模式是基于用户名-密码的方式来控制权限的，更符合使用者的认知，也是最常用的鉴权模式之一。格式可以写成 digest:[username]:[password], READ|WRITE| CREATE|DELETE|ADMIN。[username]参数是明文，多个权限使用|符号隔开。这里的[password]可以使用 Java 客户端的 org.apache.zookeeper.server.auth 包中的 DigestAuthenticationProvider 类实现加密。加密过程中，[password]先被 SHA-1 算法加密，然后被 BASE64 编码，得到加密摘要。[password]实际包含两部分信息，一个是[username]，另一个是[password-key]，[password-key]才是真正需要用户记住的密码本体。算法的伪代码为[username]:BASE64(SHA-1([username]:[password-key]))。具体实现的类是 DigestAuthenticationProvider，建议读者自行学习。

IP 鉴权模式下，客户端进程不需要向 ZooKeeper 服务端提交鉴权信息，客户端 IP 地址是自动获取的。格式可以写成 ip:xxx.xxx.x.x/xx，由 IP 地址和掩码构成，例如 ip:192.168.1.1/24,WRITE 表示 192.168.1.* 的 IP 网段连接的客户端都具有 Znode 的修改权限；ip:192.168.2.1,READ 表示 192.168.2.1 的 IP 网段连接的客户端都具有 Znode 的读取权限和子节点列表读取权限，其中 WRITE 和 READ 就是前文介绍的 ACL 定义的 Znode 操作权限。因此，IP 鉴权模式的权限控制粒度是单个 IP 地址或 IP 网段，具体实现的类是 IPAuthenticationProvider。

如果用户对 ZooKeeper 内置的鉴权模式不满意，可以自行扩展鉴权模式的实现方式，即自定义鉴权模式，需要实现 org.apache.zookeeper.server.auth 包中的 AuthenticationProvider 接口类。实现该接口类时，需要实现 5 个方法，读者可以参考之前提到的两个类：digest 鉴权模式下的 DigestAuthenticationProvider、IP 鉴权模式下的 IPAuthenticationProvider。实现自定义鉴权类后需要将该类注册到 ZooKeeper 服务端中，ZooKeeper 服务端支持两种注册操作。

（1）配置启动参数。在 ZooKeeper 服务端启动参数中配置属性：-Dzookeeper.authProvider.1 = com.test.MyTestAuthenticationProvider。

（2）修改配置文件。在 zooo.cfg 这一配置文件里增加参数：authProvider.1 = com.test.MyTestAuthenticationProvider。

注意，authProvider.1 本质上是 authProvider.[number]，里面的[number]一般配置为不重复的数字，可以是任意数字，不过为了便于管理，建议采用递增的正整数。这里需要注意的是，ZooKeeper 采用延时加载权限控制器策略。也就是说，只有在第一次处理包含权限控制的客户端请求时才会进行权限机制的初始化。鉴权模式加载的顺序也很讲究，首先会加载 digest 鉴权模式和 IP 鉴权模式并初始化，然后通过扫描启动参数和 zoo.cfg 配置文件的自定义权限控制器，再完成其初始化。

简单认证与安全层（Simple Authentication and Security Layer，SASL）鉴权模式需要配置对应的校验协议。SASL 支持多种协议，如 Kerberos 协议，该协议也是 Apache Hadoop 生态圈最常见的协议之一。当使用 Apache Ambari 部署 Hadoop 发行版时，集群安全机制采用 Kerberos 协议进行校验。格式可以写成 sasl:[KerberosID]。SASL 是额外的鉴权模式，所以激活该模式需要额外的配置。和自定义鉴权模式相似，SASL 鉴权模式有两种配置方式。

（1）配置启动参数。在 ZooKeeper 服务端启动参数中配置属性：-Dzookeeper.authProvider.1=org.apache.zookeeper.server.auth.SASLAuthenticationProvider。

（2）修改配置文件。在 zoo.cfg 这一配置文件里增加参数：authProvider.1=org.apache.zookeeper.server.auth.SASLAuthenticationProvider。

super 鉴权模式是超级管理员的鉴权模式。super 鉴权模式认证的客户端会跳过所有的 ACL 策略检查，格式为 super:[password]。与 digest 鉴权模式相似，[password]可以使用 Java 客户端工具生成加密文本。通常不建议使用这种模式，因为客户端与 ZooKeeper 服务端之间的连接并未加密，使用 super 鉴权模式传输的加密摘要信息是明文的，容易被他人截取，建议只在 ZooKeeper 服务端本机上做测试使用。具体使用方式是在 ZooKeeper 服务端启动参数中配置用户名和加密摘要：-Dzookeeper.DigestAuthenticationProvider.superDigest=myUserName:XXXXXX。

配置鉴权模式是对 ZooKeeper 服务端做安全加固最有效的方案之一，因而读者需要掌握 Znode 设置鉴权模式的方法。对 Znode 设置鉴权的操作本质上是配置 ACL，常见的有两种方法。

（1）创建 Znode 时同步设置 ACL 权限，可使用 ZooKeeper 自带的脚本 zkCli，格式为：create [-s][-e][path][data]acl。例如，create -e /test-path myTestData digest:testName:XXXXXX:cdrwa。格式末尾的 cdrwa 是 5 种 Znode 权限类型的简写。

（2）对已存在的 Znode 设置 ACL 权限，格式为：setAcl[path]acl。例如，setAcl /test-path digest:testName:XXXXXX:cdrwa。一个客户端可以有多个 ACL 权限身份，多个身份之间是不冲突的，因为每个 Znode 操作时会单独判断权限，只要有一个身份通过 Znode 权限校验就可以操作。

2.2.6　序列化

ZooKeeper 默认使用 Jute 模块（org.apache.jute）处理序列化和反序列化任务。Jute 模块可处理客户端与服务端、服务端与服务端的通信序列化任务。此外，Jute 模块还可处理事务日志序列化任务。Jute 是一个旧版本的序列化组件，之前在 Hadoop 工程中使用，目前 Hadoop 已经采用 Apache Avro 框架代替了 Jute。虽然目前 Jute 是一个小众化的序列化组件，但是 ZooKeeper 团队并没有替换该组件。因为替换 Jute 需要考虑旧版本和新版本的兼容性，而 ZooKeeper 的性能瓶颈并不在序列化这个模块上，所以 ZooKeeper 团队需要把更多的精力放在开发新需求和修复 bug 上，Jute 的升级就被搁置了。

使用 Jute 需要实现 Record 接口，如代码清单 2-1 所示。

代码清单 2-1　Record()

```
package org.apache.jute;
import org.apache.yetus.audience.InterfaceAudience;
import java.io.IOException;
@InterfaceAudience.Public
public interface Record {
  public void serialize(OutputArchive archive, String tag) throws IOException;
  public void deserialize(InputArchive archive, String tag) throws IOException;
}
```

通过分析 Record 接口代码可知，读者需要实现 Record 接口，重写 serialize()方法和 deserialize()方法。当然，在实际使用时，还需要构建一个序列化容器 BinaryOutputArchive 或反序列化容器 BinaryInputArchive。

构建序列化容器实例，如代码清单 2-2 所示。

代码清单 2-2　serialize()

```
public class User implements Record {
private String username;
private Long userId;
public void serialize(OutputArchive archive, String tag) throws IOException {
  archive.startRecord(this, tag);
  archive.writeString(username,"username");
  archive.writeLong(userId, "userId");
  archive.endRecord(this, tag);
}
public void deserialize(InputArchive archive, String tag) throws IOException {
  archive.startRecord(tag);
  username = archive.readString("username");
  userId = archive.readLong("userId");
  archive.endRecord(tag);
}
…
}
```

通过代码清单 2-2 可以看出，serialize()方法能够将当前实体对象的每一个成员属性，根据数据类型分别序列化处理，写入序列容器 archive 并指定 tag。deserialize()方法与之相反。

2.2.7　通信协议

ZooKeeper 客户端与服务端、服务端与服务端的通信均基于 TCP/IP。请求报文包含请求头和请求体，回执报文包含回执头和回执体。建议读者到 org.apache.zookeeper.proto 包下面查看具体请求报文和回执报文相关类的结构。请求报文和回执报文都会被封装成 Packet 对象来发送，Packet 对象是 ZooKeeper 最小的网络传输通信单元，是 ClientCnxn 的内部类。所有 Packet 对象都会被放入发送队列中，等待客户端或服务器发送，Packet 对象的主要属性如表 2-3 所示。

Packet 中的 watchRegistration 对象存储了 Znode 路径和注册的监听点的对应关系。以请求报文为例，ZooKeeper 客户端会将请求头 requestHeader 和请求体 request 这两个属性序列化到字节数组并发送出去，watchRegistration 信息虽然在 Packet 对象里面，但不会发送出去。

表 2-3　Packet 对象的主要属性

属性名称	数据类型	描述
requestHeader	RequestHeader	请求头
request	Record	请求体
readOnly	boolean	是否创建只读连接
serverPath	String	服务端路径
watchRegistration	WatchRegistration	监听点的注册信息对象
watchDeregistration	WatchDeregistration	监听点的注销信息对象
bb	ByteBuffer	序列化的数据
cb	AsyncCallback	异步回调函数，需要实现 StringCallback 接口
ctx	Object	异步回调函数运行时当作参数使用
replyHeader	ReplyHeader	回执头
response	Record	回执体
clientPath	String	客户端路径
finished	boolean	Packet 处理结束标志

Packet 对象请求报文序列化核心方法如下：

```
requestHeader.serialize(boa, "header");
request.serialize(boa, "request");
```

对于不同的请求类型，请求报文和回执报文的数据结构是不相同的。下面我们分别从获取节点数据请求（GetDataRequest）、更新节点数据请求（SetDataRequest）和会话连接创建请求（ConnectRequest）这 3 个典型操作分析具体的请求报文和回执报文数据结构。获取节点数据请求（GetDataRequest）报文底层协议格式如表 2-4 所示。

表 2-4　GetDataRequest 报文底层协议格式

名称	包的长度	请求头		请求体（其中 n 表示最后一个字节位置）		
字节偏移	0～3	4～7	8～11	12～15	16 ～(n−1)	n
协议内容	len	xid	type	len	path	watch
数据类型	int	int	int	int	ustring	boolean

表 2-4 展现了一个完整的 GetDataRequest，该请求包含 3 个部分：包的长度、请求头和请求体。包的长度包含 len 一个模块，是 int 类型的；请求头包含 xid 和 type 两个模块，是 int 类型的；请求体包含 len、path 和 watch 3 个模块。协议内容具体的含义如下。

（1）len：int 类型数据，表示整个请求的数据包长度数值。

（2）xid：int 类型数据，表示客户端发起该请求的序号。

（3）type：int 类型数据，表示客户端请求枚举类型。这里的枚举类型是在 org.apache.zookeeper.

ZooDefs.OpCode 中定义的。例如，OpCode.create = 1 表示创建节点，OpCode.Delete = 2 表示删除节点，OpCode.getData = 4 表示获取节点数据。

（4）len：int 类型数据，请求体中的 len 表示下一个参数节点路径 path 转化成十六进制后的长度数值。注意，这里要和"包的长度"数值 len 区分开来，两者的字节偏移不一样。

（5）path：ustring 类型数据，表示节点路径。

（6）watch：boolean 类型数据，表示是否注册监听点，数值为 1 代表注册监听点。

获取节点数据的方法是 GetDataRequest()，该方法返回的运行结果就是获取节点数据回执（GetDataResponse）报文，回执报文底层协议格式如表 2-5 所示。

表 2-5　GetDataResponse 报文底层协议格式

名称	包的长度	回执头			回执体		
字节偏移	0~3	4~7	8~15	16~19	20~23	24~(24+len)	共 56 位
协议内容	len	xid	zxid	err	len	data	Stat
数据类型	int	int	long	int	int	buffer	属性有 11 个

对照表 2-5 分析回执头和回执体各字段的含义。

（1）xid 是客户端请求报文的 xid，即客户端请求序号，这里原样返回。

（2）zxid 是 ZooKeeper 服务端最新的事务 ID。

（3）err 是错误码枚举值。这里的枚举类型是在 org.apache.zookeeper.KeeperException.Code 中定义的。例如，Code.OK = 1 表示处理成功，Code.NONODE = 101 表示不存在节点，Code.NOAUTH = 102 表示没有 ACL 权限。

（4）len 表示下一个参数节点数据 data 转化成十六进制后的长度数值。

（5）data 是节点数据内容。

（6）Stat 是 Znode 状态信息。

更新节点数据请求（SetDataRequest）报文底层协议格式如表 2-6 所示。

表 2-6　SetDataRequest 报文底层协议格式

名称	包的长度	请求头		请求体（其中 n 表示最后一个字节位置，x 表示 data 参数序列化后的字节长度）			
字节偏移	0~3	4~7	8~11	12~15	16~(n-x-5)	(n-x-4)~(n-4)	(n-3)~n
协议内容	len	xid	type	len	path	data	version
数据类型	int	int	int	int	ustring	buffer	int

这里 SetDataRequest 比 GetDataRequest 少了一个参数，因为更新节点数据的请求不能注册监听点，所以没有 watch 参数。更新节点需要 buffer 类型的 data 参数（表示更新的数据内容）和 int 类型的 version 参数（期望节点的版本号），具体原理可以参考 2.2.3 节对 Stat 对象的分析。SetDataResponse 报文是 SetDataRequest 返回的执行结果，回执体主要包括 Stat 对象。

会话连接创建请求（ConnectRequest）报文底层协议格式与 GetDataRequest 和 SetDataRequest 相似，这里只列出请求体，如表 2-7 所示。

表 2-7 ConnectRequest 报文底层协议的请求体格式

协议内容	数据类型	描述
protocolVersion	int	请求协议的版本号
lastZxidSeen	long	客户端缓存的最后一次接收的 zxid
timeOut	int	会话超时时间
sessionId	long	会话标识
passwd	buffer	密码文本

ConnectResponse 报文是 ConnectRequest 返回的执行结果，回执体主要包括 4 个属性：请求协议的版本号 protocolVersion、会话超时时间 timeOut、会话标识 sessionId 和密码文本 passwd。

服务端通信模块 ServerCnxn 的实现对象有两种实现类：基于 NIO 的 NIOServerCnxn 类和基于 Netty 的 NettyServerCnxn 类。默认实现的是 NIOServerCnxn 类，可通过配置系统属性 zookeeper.serverCnxnFactory 来使用 NettyServerCnxn 类。

2.2.8 事务

事务（transaction）是 ZooKeeper 原理中的核心概念，了解 Znode 和内存数据模型之后，才能更好地理解事务机制。ZooKeeper 服务端提供 7 个节点操作的 API，这 7 个 API 可以分成两类。

一类是只读请求，包含 exists、getData、getChildren。只读请求不会造成 ZooKeeper 服务端的状态改变。通常服务端节点接收到该请求后直接查询，并返回给客户端，所以不会产生事务（即本地处理机制）。

另一类是状态更新和创建会话请求，包含 create、delete、setData 和 creatSession。更新请求会造成 ZooKeeper 服务端的状态改变，这种请求只能由群首节点执行，会形成状态更新（这里把它称为事务）。如果集群其他节点接收到该更新请求，会转发给群首节点执行，后文分析集群原理时会详细阐述其逻辑原理。zxid 是 64 位 long 类型的整数，前 32 位表示时代标识 epoch，后 32 位表示操作序号 counter。服务端 DataNode 数据结构每次会更新 zxid 属性。群首节点是 ZooKeeper 服务端集群的群首节点。zxid 是由群首节点产生的，在向集群中其他节点广播时需要用到该标识。

时代标识是当前群首节点管理 ZooKeeper 集群期间的标识，在整个群首生命周期里都不会改变，直到选举产生新的群首，才会生成新的时代标识。通常情况下，新的群首当选以后时代标识便会递增 1。所以集群中节点之间相互通信时，都会带上时代标识，用于统一和校验所处的集群时代版本。一个时代标识生命周期也可以理解成群首行使管理权的时间范围，在一个时代标识生效时间段里，集群其他节点通过操作序号 counter 识别群首广播的消息。操作序号 counter 是单调递增的，群首每产生一个事务，counter 就会加 1，新的群首当选后，counter 将重置为 0。

2.2.3 节分析 Stat 时，提到更新请求无论是否改变 Znode 数据信息，都会增加该节点的版本号

version。也就是说，如果客户端请求期望的版本号和服务端存储的版本号不一致，那么该请求就不会执行。这里体现了 ZooKeeper 通过事务的方式保障所有的更新操作都是原子性的。当然事务不止更新这两个参数，还会更新节点 Stat 的其他属性（前文已经介绍过 Stat 属性了，这里不赘述）。

ZooKeeper 事务是通过多线程执行的，和数据库不一样的是，ZooKeeper 没有回滚机制。细心的读者可能会发现，ZooKeeper 提供的节点操作 API 所提交的事务都是幂等的（idempotent）。也就是说，可以多次执行同一个事务，结果依然保持一致。事务幂等的特性可以让 ZooKeeper 只需要关心多个事务的执行顺序，简化了数据一致性的实现过程。当然，和关系数据库相似的是，事务处理需要维护事务日志。

2.2.9 事务日志

ZooKeeper 支持额外配置事务日志存储路径 dataLogDir，如果不配置，默认的存储路径是 dataDir。路径 dataDir 下面还会存储其他的文件，如内存数据快照。如果不额外定义 dataLogDir，ZooKeeper 会把内存数据快照和事务日志都存储在默认路径 dataDir 下。这样会带来一个问题，当 ZooKeeper 运行一段时间后，你会发现默认路径下面混杂着数据快照（snapshot）和事务日志（log），虽然它们两个的命名方式不一样，但是还是建议分开处理。

dataLogDir 的路径下还会建一个 version-2 的文件夹，名称指的是日志格式版本。这个机制有点像 Apache Kafka 记录日志文件，每个日志文件的名字格式为 log.***，扩展名为 zxid 的十六进制数，之前提到过 zxid 是事务 ID，所以这里的 zxid 是该日志文件第一条事务日志的事务 ID。因为 zxid 前 32 位表示时代标识，所以通过日志文件名称也能确认日志所处的集群群首时代版本。把文件存在 version-2 文件目录下，是为了更好地根据版本迁移数据。

每个日志文件的大小为 64 MB，这里的大小指的是文件创建时就是 64 MB，这个机制被称为磁盘空间预分配机制。当日志文件剩余空间不足 4 KB 时就会进行扩容操作，扩容操作就是提前分配一个 64 MB 的日志文件，然后用 "\0" 填充扩容文件，即补白（padding）。可以通过修改配置 zookeeper.preAllocSize 修改预分配文件大小。

多个事务日志会被 ZooKeeper 进程一次性写入磁盘当中，这个机制被称为组提交（group commit）。这样能减少磁盘 I/O 开销。组提交是通过文件流 streamsToFlush 实现的。每行事务日志通过 Jute 组件序列化成字节数组。文件流 streamsToFlush 写入的数据包含序列化的事务头 txnHeader、序列化的事务体 record 和校验和 checksum。

（1）事务头 txnHeader 是事务日志文件头信息，包含魔数 magic、日志格式版本 version-2 和 dbid 信息。

（2）事务体 record 可以分成 4 类：节点创建事务 createTxn、节点删除事务 deleteTxn、节点更新事务 setDataTxn 和创建会话事务 createSessionTxn。

（3）校验和 checksum 是使用 Adler32 算法计算出来的值，用于校验事务日志文件的完整性和准确性。

日志文件是二进制格式的，ZooKeeper 官方提供了日志格式化工具 org.apache.zookeeper.Server.LogFormatter。这里以节点操作日志为例，一行日志分别记录了事务操作时间、客户端 sessionID、 cxid、zxid、操作类型、节点路径、节点数据内容、ACL、是否是临时节点、父节点的子节点版本号等。事务日志文件不包含 3 种读操作（exists、getData 和 getChildren），因为读操作不会变更任何数据，读操作失败也不需要回滚数据，所以没有记录日志的意义。事务日志文件记录的只有 4 种操作：create、delete、setData 和 createSession。

2.2.10 内存数据模型

ZooKeeper 将全量 Znode 数据存储在内存中，以增加服务器的吞吐量，避免频繁地访问磁盘占用 I/O 资源。为了理解其具体实现原理，本节先来分析 ZooKeeper 内存数据模型。

ZooKeeper 使用内存数据库 ZKDatabase 存储 SessionsTimeouts 会话信息、DataTree 全量数据信息、FileTxnSnapLog 日志信息。ZKDatabase 会周期性地向磁盘写入快照数据，当 ZooKeeper 服务端启动时，ZKDatabase 从磁盘上读取快照数据和事务日志，恢复成一个完整的内存数据库。ZKDatabase 架构如图 2-5 所示。

图 2-5 ZKDatabase 架构

ZKDatabase 架构中的 FileTxnSnapLog 是文件管理模块，主要分为两部分：一是 FileSnap，负责生成数据快照，持久化到磁盘上（2.2.11 节会分析实现方法）；二是 FileTxnLog，负责管理事务日志。FileTxnSnapLog 的主要作用是提供磁盘文件的操作接口，它依赖于 dataDir 和 dataLogDir 系统配置。SessionsTimeouts 和服务器会话管理模块 SessionTracker 相通，用来管理会话超时时间。

ZKDatabase 架构中的 DataTree 是 ZooKeeper 里的核心数据结构，它并不是一个树的结构。DataTree 数据结构有 4 个重要属性，如表 2-8 所示。

表 2-8 DataTree 数据结构

属性名称	数据结构	描述
nodes	ConcurrentHashMap<String,DataNode>	所有节点数据
ephemerals	ConcurrentHashMap<Long,HashSet<String>>	临时节点数据
dataWatches	WatchManager	数据变更监听点的管理者
childWatches	WatchManager	子节点变更监听点的管理者

DataTree 的 nodes 属性存储所有节点数据，键是 String 类型，表示节点路径 path，值采用 DataNode 数据结构存储节点数据内容对象。Znode API 操作本质上就是对该 ConcurrentHashMap

进行操作。DataNode 是节点数据实际存储单元，实现了 Record 接口，并支持序列化。DataNode 数据结构有 5 个重要的节点属性，如表 2-9 所示。

表 2-9 DataNode 数据结构

属性名称	数据结构	描述
data	byte[]	节点数据内容
stat	StatPersisted	节点状态
acl	Long	ACL
parent	DataNode	父节点的引用
children	Set<String>	子节点路径 HashSet 集合

DataTree 的 ephemerals 属性存储的是临时节点数据，把所有临时节点单独存储到该 ConcurrentHashMap 中，是为了便于实时访问和清理。键是 sessionID，所以根据 sessionID 可以方便地清理对应的 Znode，不需要遍历全部节点。

DataTree 的 dataWatches 属性表示的是数据变更监听点的管理者，其数据结构是 WatchManager。DataTree 的 childWatches 属性表示的是子节点变更监听点的管理者，原理与 dataWatches 的相似。为了更好地理解 WatchManager 数据结构，下面先分析监听点构建流程，再分析监听点的管理者 WatchManager 实例对象。

2.2.6 节介绍了客户端使用 Jute 模块处理序列化，客户端并没有将 Packet 对象里面的 watchRegistration 信息序列化发送到服务端，只是将请求头 requestHeader 和请求体 request 两个属性进行序列化发送。服务端接收到客户端请求时，构建监听点进行管理的流程如图 2-6 所示。

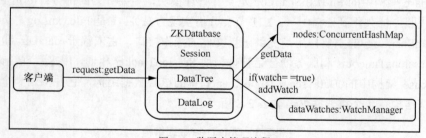

图 2-6 监听点管理流程

如图 2-6 所示，客户端发起 getData API 请求，ZKDatabase 内存数据库接收到该请求后，将该请求传给 DataTree 数据模块处理。DataTree 先把路径 Path 当作键查找 nodes:ConcurrentHashMap，得到节点数据实际存储单元 DataNode，DataNode 对象包含此次请求的所需数据。如果 getData API 的 watch 属性设置为了 true，这里就会进行监听点注册。

在服务端 getData() 方法里，ZooKeeper 根据客户端和服务端连接的接口和 Znode 参数，构建 ServerCnxn 的实现对象。ServerCnxn 有两种实现类：基于 NIO 的 NIOServerCnxn 类和基于 Netty 的 NettyServerCnxn 类。这两种实现类都实现了 Watcher 接口的 process() 方法，并且 WatchManager

对象最终把 Znode 路径和 ServerCnxn 实例存储在 HashMap 结构的属性里。

举个例子，Watcher 默认的实现类是 NIOServerCnxn，NIOServerCnxn 继承 ServerCnxn 实现 process()和 sendResponse()等方法，如代码清单 2-3 所示。

代码清单 2-3　process()和 sendResponse()

```
public class NIOServerCnxn extends ServerCnxn {
  public void process(WatchedEvent event){
     ......
     sendResponse(h, e, "notification");
  }
}
```

WatchManager 有两个 HashMap 结构的属性，如表 2-10 所示。

表 2-10　WatchManager 数据结构

属性名称	数据结构	描述
watchTable	HashMap<String, HashSet<Watcher>>	Znode 路径映射 Watcher 集合
watch2Paths	HashMap<Watcher, HashSet<String>>	Watcher 映射需要触发的 Znode 路径集合

WatchManager 的两个属性本质上都是对 Znode 路径和 Watcher 接口的管理，区别在于它们是从不同的角度来管理的，前者是通过 Znode 路径来寻找监听点，后者是触发监听点后寻找需要通知的 Znode 路径。WatchManager 负责触发监听点后，会将监听点移出 HashMap。当然这个删除操作需要把两个属性里对应的监听点删除，这里也能间接体现出监听点事件是一次性的。

WatchManager 的 triggerWatch()方法用来触发具体的事件通知。triggerWatch()方法内部是采用 syschronized 监视器锁来保障操作的原子性的，先维护 watchTable，移除对应的 Znode 路径；再维护 watch2Paths，移除对应 HashSet 集合里的节点路径；最后调用 Watcher 接口的 process()方法，并且 Watcher 接口默认的实现类是 NIOServerCnxn。

2.2.11　磁盘数据模型

在分析 ZKDatabase 内存数据库原理时，读者可能会有疑问，这些存储在内存里的数据是否需要持久化到磁盘上？和事务日志机制相似，ZooKeeper 在进行若干次日志记录后，最终会将内存中的全量数据快照存储到磁盘上。接下来从存储数据快照的时间点、数据快照的存储格式和数据快照再次加载到内存的机制这 3 个角度阐述磁盘数据模型。

每一次事务操作都会更新 ZKDatabase 内存数据，但并不会频繁地修改磁盘上的文件。存储数据快照的时间点会根据 "过半随机" 判断机制来计算，其逻辑表达式为 if (logCount)> (zookeeper. snapCount / 2 + random){ save()}。这里 zookeeper.snapCount 参数是系统配置，默认值是 100000，这个参数用于配置两次相邻持久化数据快照之间允许事务操作的最大次数。注意这里配置的是最大次数，因为计算公式里的随机数 random 范围小于 snapCount 的二分之一。也就是说，事务计数 logCount 大于过半的一个随机数，就会触发持久化数据快照。如果不修改默认值的话，那么触发持久化数据快照的随机数范围是 50000～100000。例如，把 zookeeper.snapCount 系统参数修改为 150000，那么触发持久化数据快照的随机数范围是 750000～150000。

2.2.9 节讨论过事务日志的存储路径，这里数据快照存储在 dataDir 参数配置的路径中。dataDir 的路径下还会建一个 version-2 的文件夹，名称指的是日志格式版本，这个机制和事务日志一样。

每个数据快照文件的名字格式为 snapshot.***，扩展名为 zxid 的十六进制数。这里的 zxid 指的是开始持久化数据快照的时刻，服务器执行成功的最后一条事务对应的 ID，一定要和事务日志文件区别开来，事务日志文件的 zxid 是该日志文件第一条事务日志的事务 ID。

数据快照没有采用磁盘空间预分配机制，因此数据快照文件的大小等于生成时刻内存中全量数据二进制压缩包大小。当然，数据快照也需要序列化以后才能存储，而且，为了不影响核心功能，处理数据快照的是一个单独的线程，处理时并不会锁定内存数据库，此时依旧会产生新的事务日志。数据快照的文件是二进制格式的，ZooKeeper 官方提供了格式化工具 org.apache.zookeeper.Server.LogFormatter。数据快照主要包含 ZKDatabase 里的会话信息、DataTree 全量数据信息。数据快照文件和事务日志相似，也包含序列化的文件头、序列化的会话信息、DataTree、校验等。

数据快照不包含节点的监听点信息。服务端监听点信息全部存储在内存中，不会存到硬盘上。因为服务端发现客户端连接断开时，判断此时无法给客户端发送监听点通知，就会把内存中失效的监听点删除。之所以客户端重连后监听点仍旧生效，是因为客户端本地存储了监听点数据，重连后会同步服务端启用对应的监听点。

ZooKeeper 启动时会将内存数据初始化，该过程将把磁盘上的数据快照文件加载到内存中，加载过程中还需要处理事务日志，该设计思路与 Redis 恢复数据快照时加载附加日志文件（append only file，AOF）的原理相似。ZooKeeper 的附加日志文件机制会存储服务器执行的所有写操作到日志文件中，在服务重启以后，会执行这些命令来恢复数据。初始化流程具体分为如下 3 个步骤。

（1）初始化数据结构。初始化数据快照管理对象 FileSnap 和事务日志管理对象 FileTxnLog。初始化内存数据库 ZKDatabase 和 DataTree 数据信息容器，创建 3 个默认节点：/、/zookeeper、/zookeeper/quota。初始化会话超时时间记录集合 sessionsWithTimeouts。创建 PlayBackListener 监听器，用于辅助集群其他节点同步增量事务日志。

（2）解析数据快照。加载磁盘上最新的数据快照二进制格式文件，反序列化后生成 DataTree 数据信息和 sessionsWithTimeouts 集合，校验数据快照 checkSum 的值。如果数据快照文件解析失败或者校验失败，那么 ZooKeeper 会加载磁盘上第二新的数据快照并进行解析，如果还是解析失败，再加载第三新的快照。依次类推，最多加载到第 100 新的快照文件，如果仍然解析失败，那么就认为无法从磁盘加载数据快照。

（3）解析增量事务日志。由于数据快照采用过半随机机制，通常情况下数据快照并不能存储最新的全量数据，因此恢复日志时还需要解析增量事务日志。数据快照文件名是该快照最后一个 zxid，所以解析增量事务日志时，需要 ZooKeeper 查询事务日志获取所有 zxid 之后的日志，并依次执行记录的事务操作来更新 ZKDatabase 内存数据，将 ZKDatabase 恢复到最新的 zxid 结果。

2.2.12 会话模型

会话（session）指的是使用客户端和 ZooKeeper 服务端连接时创建的句柄。客户端与服务端之间的任何交互操作都与会话息息相关，如临时节点的生命周期、客户端请求的顺序执行、监听点通知机制等。ZooKeeper 的连接与会话就是客户端通过实例化 ZooKeeper 对象来实现客户端与服务端创建并保持 TCP 连接的过程。

本节要讨论的"会话"，需要从两个角度看：从客户端角度看会话和从服务端角度看会话。客户端创建会话分为如下 4 个步骤。

（1）客户端构建 ZooKeeper 句柄，包括初始化属性，构建监听点管理对象 ClientWatchManager 和默认的监听点，构建服务地址管理对象 StaticHostProvider 并设置服务端地址，创建通信模块 ClientCnxn。其中通信模块 ClientCnxn 初始化两个线程和两个队列：一个 I/O 线程 SendThread 和一个事件处理线程 EventThread，一个客户端请求发送队列 outgoingQueue 和一个等待服务端响应队列 pendingQueue。初始化 ZooKeeper 句柄需要 6 个参数，如表 2-11 所示。

表 2-11 初始化 ZooKeeper 句柄的参数

参数	数据结构	描述
connectString	String	服务器节点地址端口号列表，用","号隔开
sessionTimeout	int	传递给服务端的会话期望超时时间，单位为毫秒（ms），例如 Dubbo 中该参数默认配置是 5000 ms
watcher	Watcher	用于监控会话状态和句柄数据变化，处理连接成功或断开连接的事件，需要提前实例化 Watcher 接口
canBeReadOnly	boolean	是否限制为只读。如果集群中正常状态节点不能达到仲裁人数，也就是说集群此时并不能提供事务操作，只能提供读请求，而客户端依旧希望获得读请求服务，就可以采用该模式
sessionId	long	上次会话的 sessionId，这个参数用来达到恢复会话的效果。也就是说，第一次连上以前是没有这个参数的
sessionPasswd	byte[]	上次会话的加密摘要，配合 sessionId 用来恢复会话

（2）通过 HostProvider 接口获取服务器地址，使用通信模块 ClientCnxn 底层 I/O 处理器 ClientCnxnSocket 创建 TCP 连接。地址调度对象 StaticHostProvider 是 HostProvider 接口的默认实现类，使用 JDK Collections 类的 shuffle()方法随机化 ArrayList 地址列表。客户端默认使用无权重顺序调用的负载均衡策略（Round Robin），顺序获取 ArrayList 里的地址，使用两个指针实现环形数组遍历，指针 lastIndex 表示使用中的地址，指针 currentIndex 表示当前遍历到的地址。

当用户传入多个服务器地址列表时，若地址包含 Znode 路径（如/dubbo），就会启用 Chroot 根目录隔离特性。例如，用户配置的 connectString 服务器地址为 192.168.1.1:2181、192.168.1.2:2181、192.168.1.3:2181/dubbo，该地址首先被解析后封装在 ArrayList<InetSocketAddress>集合里。其中 192.168.1.3:2181/dubbo 表示客户端将通过这个地址连接服务端，由于该地址包含节点路径，因此客户端只能操作/dubbo 根目录下的节点。Chroot 根目录隔离特性可以有效屏蔽多个应用共用同一个 ZooKeeper 集群产生的干扰。

（3）SendThread 线程构造 ConnectRequest 请求体，封装成 Packet 数据包对象，将 Packet 放入客户端请求发送队列 outgoingQueue 里面。步骤（2）中 ClientCnxnSocket 已经创建 TCP 连接，在这个步骤 ClientCnxnSocket 将依次从客户端请求发送队列 outgoingQueue 获取 Packet，将其序列化成 ByteBuffer 发送出去。发送后，把该 Packet 放入等待服务端响应队列 pendingQueue 里面。

需要注意的是，这里序列化发送的不是完整的 Packet。创建会话时 Packet 参与序列化的属性有 3 个：请求头 requestHeader、请求体 request 和是否创建只读连接 readOnly。

（4）ClientCnxnSocket 接收到服务器回执后，解析 ConnectResponse 对象得到关键参数 sessionID，此时会话创建完成。还需要通知其他模块处理业务，包括发送会话超时时间配置 sessionTimeout 给服务器、更新客户端状态、处理消息队列和管理监听点事件等。

客户端的 I/O 线程 SendThread 负责维护客户端与服务器之间的会话，通过心跳检测方法，周期性地向服务端发送通信（PING）请求，并且负责 TCP 断线重连的任务。这里需要强调一点，不仅仅是 PING 请求，SendThread 的其他任何请求都会延长会话的存活时间（保活）。客户端会话状态如表 2-12 所示。

表 2-12　客户端会话状态

会话状态	描述
NOT_CONNECTED	客户端初始状态
CONNECTING	客户端获取节点地址以后，实例化 ZooKeeper 句柄，依次选取 IP 地址和端口来连接，此时状态变成 CONNECTING
CONNECTED	客户端和节点连接成功以后状态变成 CONNECTED。如果掉线，那么就重连或尝试其他端口，状态变成 CONNECTING，连接成功以后状态又变成 CONNECTED
CLOSE	表示会话已经关闭，如会话过期、客户端主动退出、权限校验失败等

服务器 NIOServerCnxn 或 NettyServerCnxn 接收到客户端创建会话请求时，会为每一个客户端会话创建一个会话实体对象，会话对象最重要的属性是会话 ID（sessionID），sessionID 是服务端创建会话的唯一标识。在客户端创建会话时，该 sessionID 也会回传给客户端。sessionID 是 64 位 long 类型的值，高 8 位表示 myid 位移计算出的机器编码，低 56 位表示以时间为种子计算出的随机数，时间通过 JDK 的 System.currentTimeMillis()方法获取。

服务器通过会话管理模块 SessionTracker 管理会话对象。该模块主要负责管理客户端的会话，注意该模块不会和其他服务端节点产生通信。SessionTracker 数据结构如表 2-13 所示。

服务端 SessionTracker 有独立线程检测会话超时，本质上是定时器，服务器接收到客户端发送的 sessionTimeout，校验范围后，设置会话超时时间。SessionTracker 采用分桶排序的算法归类会话，工作机制是遍历单个"桶"里的会话并清理掉超时会话。采用分桶排序可以有效地减少遍历的元素数量。当然，下一次会话超时时间点 expirationTime 是根据每个客户端请求配置的超时时间计算出来的，客户端的每次心跳检测 PING 或读写请求都会重新激活会话（touchSession）、延长超时时间点 expirationTime，也有可能导致会话分桶排序的桶改变。

表 2-13 SessionTracker 数据结构

属性名称	数据结构	描述
sessionsById	HashMap<Long,SessionImpl>	采用经典的 HashMap 存储会话对象，键为 sessionID
sessionsWithTimeout	ConcurrentHashMap<Long,Integer>	用来管理会话超时时间，键为 sessionID。该属性存储在内存数据库 ZKDatabase 当中，同时也是数据快照的一部分，会持久化到磁盘上
sessionSets	HashMap<Long,SessionSet>	采用分桶排序的算法，根据下一次会话超时时间点归类

客户端发现达到 sessionTimeout 三分之一时，若未和服务器做任何通信，就会主动发起心跳检测 PING 请求，触发服务器的会话重新激活并延长超时时间点 expirationTime。如果达到 sessionTimeout 三分之二仍然没有重连成功，客户端开始尝试连接其他服务器，只有达到 sessionTimeout 完整时间时，客户端才认为连接超时。

对一个服务端节点来说，会话的超时时间本质上是 sessionTimeout 的三分之二。客户端重连时，并不是所有节点都可以使用，因为客户端重连会带上最新 zxid，只有与最新 zxid 相同或有更新的节点才能够支持重连的客户端。

如果会话关闭导致会话被清理掉，那么还需要删除对应临时节点，触发对应监听点通知。内存数据库 ZKDatabase 维护了 ConcurrentHashMap 结构的临时节点数据，键是 sessionID，因而可以根据 sessionID 清理对应 Znode，不需要遍历全部节点。

在集群模式下，服务端的所有会话都由群首节点来维护，群首节点负责运行 SessionTracker 来管理所有会话。当客户端连上追随者节点时，追随者节点中运行的 LearnerSessionTracker 会把客户端会话转发给群首节点。群首节点定时广播一个 PING 报文给追随者节点，默认时间是 tickTime 的一半，即 1500 ms，追随者节点返回会话列表给群首节点。

服务端对客户端的并发请求数量有限制，请求队列里最大默认值为 1000 个，这个设置主要是为了防止服务端内存溢出。此外，服务端允许每个 IP 地址并发的客户端连接数量最大为 60 个，这两个限制都可以通过配置修改。

2.3 ZooKeeper 集群原理

很多情况下单个 ZooKeeper 服务端不能满足系统稳定性和容错的需求，因而 ZooKeeper 提供了健壮的集群模式。本节详细分析 ZooKeeper 集群中服务器与客户端之间的通信原理和算法。

2.3.1 集群角色

ZooKeeper 集群中有 3 种角色：群首（leader）、追随者（follower）、观察者（observer），集群中每一个节点都是一个 ZooKeeper 服务，接下来分别描述这 3 种角色。

（1）群首。群首节点又称主节点，是集群中的服务器选举出来的一个服务器。事务请求只能由群首节点执行，如果是集群其他节点接收到事务请求，会转发给群首节点执行。群首产生

zxid 和时代标识 epoch，保障事务处理的顺序性。通常情况下，一个集群只能有一个群首节点。

（2）追随者。追随者节点是集群中追随群首的服务器，通常和群首构成主从集，即一主多从。追随者节点不涉及事务处理，但可以直接处理客户端的查询请求。追随者节点会将事务请求转发给群首，等待群首执行后的广播通知。追随者从群首节点同步数据，在事务机制和 ZAB 协议下，追随者可以保障和群首的节点数据一致性。如果群首节点失效了，追随者还要肩负重新选举群首的责任，因此参加仲裁的追随者节点需要分别配置集群全部 ZooKeeper 服务端地址端口清单：

```
server.1=192.168.0.1:2888:3888
server.2=192.168.0.2:2888:3888
server.3=192.168.0.3:2888:3888
```

（3）观察者。观察者节点和追随者节点功能很相似，主要负责直接处理客户端的查询请求，以及转发事务请求给群首。但是观察者不参与群首选举，不需要配合 ZAB 协议发送回执，也不需要存储事务日志到磁盘。观察者最大的价值是提升集群读请求的吞吐量。

观察者需要节点本身增加配置 peerType=observer，所有节点在配置观察者服务器地址端口时，需在末尾增加标识，例如，server.2=192.168.0.2:2888:3888:observer。

还有一种节点叫作学习者（learner），学习者不是一个最终的节点状态。例如，群首选举完成以后，其他节点尚未和群首完成消息同步，不能转换成追随者节点或观察者节点，此时这些节点就是学习者节点。学习者节点并不能承担集群中的任何一种角色。

2.3.2 Paxos 算法

为了解决集群服务器间消息传递的一致性及实现高容错性，ZooKeeper 集群采用与著名的分布式一致性算法 Paxos 算法相似的设计模式。这里首先介绍 Paxos 算法的设计规则。Paxos 算法引用了少数服从多数的原则，超过一半成员批准提案就认为该提案生效，即过半生效。Paxos 算法实现逻辑可以概括为两阶段提交。

第一阶段，提案人（proposer）产生第 N 个提案 Proposal[N]，然后广播给一半以上的批准人（acceptor）。如果批准人接收到的 Proposal[N]编号是最新的，那么就将前一个 Proposal[N-1]作为反馈返回。

第二阶段，当提案人收到一半以上的批准人回执时，提案人就会发送提交 Proposal[N,N-1]请求给批准人。如果批准人此时存储的最新提案序号是 N，那就认可通过提案 Proposal[N]。

Paxos 算法两阶段提交的优点是允许批准人丢弃一部分提案，提案议会（集群）依旧能够达到提案（数据）最终一致，并且 Paxos 算法还支持节点角色的转换，避免了单点故障问题。

2.3.3 ZAB 协议

ZooKeeper 没有直接使用 Paxos 算法，而是设计了 ZooKeeper 原子广播（ZooKeeper atomic broadcast，ZAB）协议，而该协议也采用了少数服从多数原则和两阶段提交的设计思想。

群首节点和追随者节点参与 ZAB，观察者节点不参与。这里，先要明确仲裁人数（quorum），其定义为一半的追随者数量加 1。追随者对每个提案（proposal）都需要投票，但并不是全部追随者节点都投票通过，该提案才能生效，而是追随者投票数达到仲裁人数，提案就能生效。ZAB 协议中的提案生效机制与 Paxos 的过半生效机制类似，仲裁人数为一半的追随者数量加 1。

ZAB 协议采用两阶段提交机制。

第一阶段，群首接收到客户端事务请求，如果集群其他角色接收到事务请求，将会转发给群首。这里体现为 ZooKeeper 通过一个主线程来接收并处理客户端所有事务请求，产生 zxid，保障事务处理的顺序性。

如果群首执行事务成功，群首会把该事务需要执行的命令和数据封装成提案，广播发给全部追随者节点，然后群首等待追随者节点反馈回执。这里补充解释消息广播的具体操作步骤：群首为每个追随者节点配备单独的先进先出（first in first out，FIFO）消息队列，将需要广播的提案依次放到这些队列中，最后这些队列会采用 TCP 进行发送。这里广播的提案只包含数据内容，并不包含 zxid。

> **注意**
> （1）广播不会通知观察者节点。
> （2）并不是所有的追随者节点都能成功接收到提案。
> （3）群首此时执行事务成功，并不代表该事务已经提交。也就是说，事务导致的数据更新没有生效，此时如果客户端并发查询内存数据库 ZKDatabase，得到的还是之前的结果。
> （4）等待追随者回执期间，群首同时发起向本地磁盘写入事务日志的操作。

第二阶段，当成功接收到提案的追随者预处理（持久化事务日志）完成后，将发送 ACK 回执给群首。群首接收 ACK 回执数量达到仲裁人数，且磁盘事务日志写入成功后，群首向全部追随者节点广播提交（commit）提案，包括群首自己完成事务提交，也包括向未返回预处理回执的追随者发送提交报文。这里广播的提交报文只包含 zxid，并不包含提案数据内容。

> **注意**
> （1）仲裁人数=int(追随者数量/2 + 1)。
> （2）仲裁模式下，如果条件允许，建议节点数量为奇数个，这样更容易实现少数服从多数。
> （3）群首接收 ACK 回执数量达到仲裁人数这个环节，并不需要等待集群全部追随者都有 ACK 回执。
> （4）追随者在预处理后，发送 ACK 回执给群首之前，需要执行检查操作。例如，检查该提案是否来自同一时代标识的有效群首，每个提案消息是否保持合理的操作序号 counter 顺序，是否跳过其他提案事务。

群首两阶段协议完成之后，还需要通知观察者修改数据。这时群首只需要广播一个 INFORM 报文，该报文同时包含提案内容和 zxid。

ZAB 协议的运行机制分为两种状态：消息广播状态和服务恢复状态。在服务恢复状态下，集群主要进行消息广播前的准备工作。集群进入服务恢复状态有很多原因，例如，整个集群服务框架启动时，发生群首节点服务器崩溃或断网等异常情况时，或群首保持正常通信的追随者数量小于仲裁人数时，都会启动服务恢复流程，确保能够可靠且高效地选举出群首服务器。

在服务恢复状态下选举产生新的群首节点后，集群参与选举的其他节点转换成追随者，然后追随者节点向群首同步状态。当同步操作完成的追随者节点数量达到仲裁人数时，ZAB 协议就会退出服务恢复状态，进入消息广播状态。值得注意的是，这个操作不需要全部追随者节点都完成状态同步。但只有完成了状态同步的追随者节点，才能参与集群消息广播。

如果集群已经处于消息广播状态，此时有新节点启动加入集群，新节点发现集群存在群首后会自动进入服务恢复状态，变成追随者节点，和群首进行数据同步，然后转换成消息广播状态。

这里还有一种特殊的异常场景，当 ZAB 协议第一阶段已经完成，即 Leader-1 广播提案 Proposal(N)，Leader-1 接收到的追随者 ACK 回执数量达到仲裁人数时，Leader-1 节点崩溃了，那么 ZAB 协议需要确保丢弃只在 Leader-1 广播但没有提交的提案。如果此时崩溃的 Leader-1 重新进入集群，因为现在的集群一定经过了重新选举，新选举出来的 Leader-2 拥有更高的时代标识 epoch 的 zxid，所以 Leader-1 转换成 Follower-1 节点，Follower-1 需要回退到仲裁人数节点支持的事务版本后才能同步 Leader-2 的数据，例如回退到 Proposal(N-1)。

之前多次提到追随者在同步群首数据时，群首为每个追随者节点配备了单独的 FIFO 消息队列。FIFO 消息队列和 ZAB 协议不一样的地方是，没有被追随者同步的事务会转化成提案逐条发送，并且每个提案都是成对发送的，即一个提案消息和一个提交消息，表示该提案的消息已经提交了。等到群首消息队列发送完毕，且追随者已经处理好内存数据库 ZKDatabase 的数据更新后，群首把追随者加入 ZAB 协议消息广播状态列表中。

ZAB 协议保障了如下 5 个重要特性。

（1）事务的依赖关系。如果一个事务已经被处理，那么所有依赖于该事务之前的变更都应该被提前处理完。

（2）群首在同一时间只广播一个提案。群首在开启一个提案广播以后，不会同时广播其他提案，只有群首确定提交完之前所有的提案，才会开始广播新的提案。

（3）全局只存在唯一群首。在任何时间点都不会出现两个达到仲裁人数支持的群首，这个和脑裂场景并不冲突，在追随者数量恒定的情况下，同一时刻只能有一个群首节点的支持者数量达到仲裁人数。

（4）集群按照群首确定的顺序接受并处理事务。群首消息广播是基于 FIFO 队列和 TCP 来通信的，以保证消息广播过程中保持队列顺序。

（5）丢弃只在群首广播但没有提交的提案，群首重新进入集群需要回退到仲裁人数节点支持的事务版本。

2.3.4 群首选举

群首是由集群中所有服务器投票选出的一台服务器，并会一直被集群认可。设置群首是为了处理客户端所发起的 ZooKeeper 状态变更请求，群首将每一个请求转变为一个事务，并对事务进行排序，以确保集群服务器能够按照群首确定的顺序执行客户端的请求。

群首选举具体指的是，当集群节点数量超过或等于 2 时，每个节点向其他节点广播投票（vote）信息，通常情况下选举 zxid 最大的节点作为群首。群首选举流程比较抽象，接下来结合实例详细分析其各个步骤。假设集群有 3 个 Service 节点，第一个节点 Service-1 的服务器配置 myid 为 1，最后事务日志 ID（lastLoggedZxid）为 4（即 zxid=4）。假设 3 个节点时代标识 epoch 都为 N，群首选举流程如图 2-7 所示。

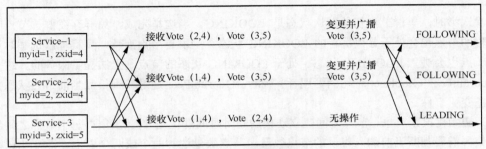

图 2-7　群首选举流程

群首选举流程包含如下 6 个步骤。

（1）初始化选举算法和端口连接。首先，每个 ZooKeeper 节点会根据配置文件 zoo.cfg 里的 zookeeper.electionAlg 配置确定选举算法，配置参数为数值型，默认算法实现类是 org.apache.zookeeper.server.quorum.FastLeaderElection。

然后，ZooKeeper 创建节点选举所需的通信端口，同时对该端口进行监听，等待其他节点创建连接，实现类是 org.apache.zookeeper.server.quorum.QuorumCnxManager。服务器启动时 QuorumCnxManager 就创建完成了，它只负责处理选举相关的通信事务，按照节点 myid 分类，为集群每个节点单独维护一组消息队列。也就是说，每个 myid 都有私有的消息发送队列和消息接收队列。

QuorumCnxManager 数据结构如表 2-14 所示。

表 2-14　QuorumCnxManager 数据结构

属性名称	数据结构	描述
recvQueue	ArrayBlockingQueue<Message>	消息接收队列
queueSendMap	ConcurrentHashMap<Long, ArrayBlockingQueue<ByteBuffer>>	消息发送队列，该 Map 结构键是 myid，所以每个节点都有私有的消息发送队列
senderWorkerMap	ConcurrentHashMap<Long, SendWorker>	消息发送器集合，该 Map 结构键是 myid，配合消息发送器 SendWorker 发送消息
lastMessageSent	ConcurrentHashMap<Long, ByteBuffer>	发送给每个 myid 的最后一条消息

集群节点共有 4 种状态，使用枚举类 org.apache.zookeeper.server.quorum.QuorumPeer.ServerState 表示，如表 2-15 所示。

表 2-15　集群节点的状态

状态	描述
LOOKING	节点角色是寻找群首或选举状态，同时也是初始默认状态
FOLLOWING	节点角色是追随者状态
LEADING	节点角色是群首状态
OBSERVING	节点角色是观察者状态

首次选举时，集群节点初始默认状态是 LOOKING。当选举完成，集群存在群首节点时，新加入集群的节点也会处于寻找群首的 LOOKING 状态。当群首节点崩溃，集群重新选举时，所有追随者节点也会进入 LOOKING 状态。处于 LOOKING 状态的节点是无法提供服务的。这 4 种状态由 QuorumPeer（ZooKeeper 句柄管理者）判断，QuorumPeer 通过轮询检测当前节点状态并触发节点状态变更事件。

（2）初始化投票对象。节点之间建立连接的超时时间默认是 5 s。当集群每个节点之间创建连接后，集群需要判断当前加入集群的节点数量，节点数量达到两个或两个以上才能开始选举。在选举状态下，每个节点根据自身的 myid、zxid 和 epoch 来构造投票对象 Vote。Org.apache.zookeeper.server.quorum.Vote 对象的主要属性如表 2-16 所示。

表 2-16　Vote 对象的主要属性

属性名称	数据结构	描述
id	long	被选举群首服务器的 SID 值
zxid	long	被选举群首的事务 ID
electionEpoch	long	自增序列，每经过一轮投票就会加 1，用于校验多个投票是否在同一轮选举周期
peerEpoch	long	被选举群首的时代标识
state	ServerState	自身节点状态，可为上述 4 种状态
version	int	通知的版本，通知的目的是让其他对等点知道某个给定对等点已经更改了投票消息

Vote 对象的 id 属性，本质上为服务器 ID，是唯一且不重复的数字，用于唯一标识一台 ZooKeeper 服务端。服务器 ID 是 myid 配置文件数值，通常需要在 dataDir 路径下面手动创建。

（3）首轮选举。在首次投票环节，每个节点只会投票给自己，把包含自身信息的 Vote 对象广播给其他节点。如图 2-7 所示，Service-1 节点构造了 Vote(id=1, zxid=4, electionEpoch=1)并广播给 Service-2 和 Service-3，其他节点同理。图 2-7 中使用 Vote(id, zxid)来简化表示。

（4）接收首轮投票。节点接收到其他服务器的 Vote 对象时，需要校验投票的有效性，包括检查 Vote 的时代标识是否处于同一时代和 Vote 对象是否来自 LOOKING 状态的节点。为了保证在任何时间点都不会出现两个达到仲裁人数支持的群首，节点还需要校验选举广播接收到回执的节点数量是否达到仲裁人数，仲裁人数=int(LOOKING 节点数量/2+1)。

如图 2-7 所示，首轮投票结束时，Service-1 节点分别接收到 Service-2、Service-3 的选票信息 Vote(3,5)、Vote(2,4)，表明 Service-1 节点掌握了其他节点的信息。依次类推，可以看出集群中各节点均能获取其他所有节点的服务器信息，包括 3 个重要的参数：myid、zxid 和 epoch。节点通信的超时时间默认是 200 ms。

（5）第二轮选举。经过首轮选举之后，集群中各节点虽然获取了其他所有节点的服务器信息，但每个节点投票对象 Vote 各不相同，因而还需要进行第二轮选举。为了选出群首，在第二轮投票时，各节点根据修改策略更改投票对象，修改策略为：优先选择 zxid 比较大的节点作为群首，如果 zxid 相同就优先投票给 myid 大的节点。

选择 zxid 比较大的节点作为群首，主要是因为 zxid 越大表明该节点处理过最新的事务，该节点选为群首后不会丢消息，也减少了群首选举之后节点同步的问题。前文提到追随者同步群首数据的环节，群首为每个追随者节点配备了单独的 FIFO 消息队列，拥有最新 zxid 的节点当选群首只要处理增量发送，否则还需进行复杂的回退操作。

如图 2-7 所示，根据修改策略，Service-1 发现 Service-3 节点的 zxid=5 是 3 个节点里最新的，所以 Service-1 更改投票给 Service-3，修改后的 Vote(3,5)广播给其他节点，Service-2 同理，Service-3 自身认为投票给自己就不做多余操作。

（6）接收第二轮投票。如果节点校验 Vote 信息通过了，则需要改变节点 LOOKING 状态。Service-3 节点状态改为 LEADING，节点角色是群首。Service-1、Service-2 状态改为 FOLLOWING，节点角色是追随者。群首一旦被选举出来，将会一直保持着 LEADING 状态，就算中途有其他节点加入集群也不会受影响。只有群首发生异常，集群重新选举时，所有追随者节点才会再次进入 LOOKING 状态。

投票环节通常默认节点的权重为 1，当然可以通过配置 weight 增加节点的权重，也就是一次可以投 N 票，weight 需要和 group 分组配置配合使用。Vote 信息里面不包含 weight 权重。

如果用户希望群首节点只做好集群管理工作，可以通过配置参数 zookeeper.leaderServes=no 来指定群首节点不服务客户端请求，让群首节点专注服务 ZAB、数据同步、会话管理等集群业务，提高集群协调处理的速度。因为集群处理事务时，容易造成客户端读请求阻塞，所以群首的所有资源只处理集群业务可以减少阻塞时间。默认情况下，leaderServes 为 yes，表示群首可以直接服务客户端。

2.3.5 集群启动流程

2.3.4 节分析了群首选举，群首选举是集群启动流程的一个重要环节，本节将分析集群启动的完整流程。集群启动流程主要分为 6 个步骤：配置文件解析、初始化内存与线程、群首选举、初始化集群角色、同步数据、初始化会话与请求模块。

（1）配置文件解析。ZooKeeper 的启动入口是 org.apache.zookeeper.server.quorum.QuorumPeerMain，首先需要解析配置文件 zoo.cfg 和 myid，获取配置文件定义的参数，如果没有定义，就采用默认值。ZooKeeper 单节点配置的启动参数同样适用于集群环境，在单节点启动参数基础上，额外的集群启动参数如表 2-17 所示。

表 2-17 常用的集群启动参数

参数名称	必填	描述
Myid	是	通过 myid 文件获取的数字,指定节点全局序号
server.myid	是	配置集群所有节点列表,完整的格式是:server.myid=host:syncPort:votePort。其中,myid 是每个节点配置的 myid 文件中的数字,host 是每个节点的 IP 地址,syncPort 是追随者节点与群首通信和数据同步所使用的端口,votePort 是用于群首选举的投票通信端口,votePort 只会用于投票,不会做其他的通信操作。 例如,两个节点部署在同一台物理机,但是端口号要区别开来: server.1=192.168.0.1:2888:3888 server.2=192.168.0.1:2889:3889 server.3=192.168.0.2:2888:3888 server.4=192.168.0.3:2888:3888:observer 如果结尾配置了 observer,就表示观察者角色

解析配置参数后,创建空间清理定时器 DatadirCleanupManager,主要用于定时清理 dataDir 路径下过期的数据快照和事务日志。清理的功能默认不启用,需要单独开启,有两个关键配置,如表 2-18 所示。

表 2-18 清理数据参数

配置参数	描述
autopurge.purgeInterval	定时器清理磁盘空间的频率,单位为小时,默认值为 0,表示不开启
autopurge.snapRetainCount	清理磁盘空间时,需要保留数据快照的最小数量和关联的事务日志。默认值为 3,表示至少保留 3 个数据快照和关联的日志文件,如果小于 3 可能会造成无法恢复数据。这里的数值 3 指的是数据快照的数量,关联的日志文件数量可能不等于 3 个

根据解析的参数 server.myid 获取集群所有节点列表,ZooKeeper 决定采用集群模式启动。如果采用单机模式,会实例化核心类 org.apache.zookeeper.server.ZooKeeperServer。如果采用集群模式,创建 QuorumPeer,QuorumPeer 代表一个 ZooKeeperServer 实例的节点。

(2)初始化内存与线程。ZooKeeper 集群创建和客户端通信的 NIO 框架 ServerCnxnFactory。读者可以通过配置系统属性 zookeeper.serverCnxnFactory 来使用 NettyServerCnxn,或者是使用自定义的 ServerCnxn 接口实例。初始化通信框架后,客户端只能够访问服务端端口,服务端并不能处理请求。此时,用户可以创建节点信息统计工具 ServerStats,统计客户端请求次数以及延时等信息。

创建内存数据库 ZKDatabase,初始化 SessionsTimeouts 会话信息、DataTree 全量数据信息、FileTxnSnapLog 文件管理模块。FileTxnSnapLog 的主要作用是提供磁盘文件的操作接口,依赖 dataDir 和 dataLogDir 系统配置,将 ZKDatabase 和通信框架等模块注册到 QuorumPeer 中。内存数据库 ZKDatabase 架构如图 2-5 所示。FileTxnSnapLog 恢复内存数据库数据,把磁盘上的数据快照文件加载到内存中,再处理关联的事务日志文件。

(3)群首选举。群首选举过程的详细分析见 2.3.4 节。读者需注意,正常启动的节点数量必须达到仲裁人数,否则会一直阻塞在这个环节。

(4)初始化集群角色。群首选举完成后,每个节点的角色已经确定下来了,此时集群还需要一些交互环节来初始化各集群角色。每个集群节点按照选举结果初始化集群角色。群首节点已经确定，这里把即将成为追随者或观察者的节点统称为学习者节点。

群首与学习者节点建立连接。群首创建 LearnerCnxAcceptor 对象接收学习者发起的会话请求，群首为每个会话创建独立的 LearnerHandler。LearnerHandler 不仅在集群启动流程中使用，之后还会长期负责处理群首和学习者之间的所有消息通信。

学习者向群首注册。学习者把当前节点的 myid、lastZxid 等基本信息包装成 LearnerInfo 对象发送给群首，群首通过解析获取 lastZxid 的时代标识值。这里群首需要收集所有节点的时代标识值，如果群首拥有最大的时代标识值，那么就直接确定了集群的时代标识值；如果学习者拥有最大的时代标识值，那么就把学习者的时代标识值加 1。

时代标识值确定后，群首把确定的时代标识值包装到 LeaderInfo 消息里，广播给学习者。学习者接收到 LearnerInfo 消息以后返回一个 ACKEPOCH 响应报文。

（5）同步数据。群首和每个节点建立连接，完成交互以后，进入同步数据环节。群首需要对比 3 个 zxid 校验值，如表 2-19 所示。

表 2-19 同步数据环节校验清单

校验值	描述
peerLastZxid	请求同步数据的学习者节点最后 zxid
minCommittedLog	群首能接受的最小 zxid
maxCommittedLog	群首能接受的最大 zxid

集群同步的方式可以分为 4 类，如表 2-20 所示。

表 2-20 集群同步的方式

同步方式	适用场景
直接差异化同步（DIFF）	minCommittedLog <= peerLastZxid < maxCommittedLog
先回滚再差异化同步（TRUNC+DIFF）	群首会将差异化的提案发送给学习者。每个提案都是成对发送的，即一个提案消息和一个提交消息，表示该提案的消息已经提交了
仅回滚同步（TRUNC）	该场景和直接差异化同步场景相似，区别是在同步过程中发生异常，重新进行群首选举后，需要先对事务进行回滚，再差异化同步
全量同步（SNAP）	peerLastZxid > maxCommittedLog

整个集群节点同步数量未达到仲裁人数时，不具备对外服务的能力。优先完成数据同步的学习者节点进入等待状态，并向群首发出 ACK 请求，告知群首自身完成数据同步。一旦群首接收到 ACK 的数量达到仲裁人数，群首会向所有发送告知 ACK 的学习者节点广播 UPTODATE 的报文。接收到 UPTODATE 的学习者节点需要发送 ACK 回执，结束数据同步环节。

（6）初始化会话与请求模块。创建会话管理模块 SessionTracker，该模块主要负责管理客户端会话，不会和其他服务端节点产生通信。SessionTracker 同时初始化的模块还包括会话超时检查机制、存储每个会话超时时间的集合、会话 ID。初始化请求处理责任链，注册 JMX 暴露监控入口。

到这里，集群启动完成。

集群启动过程中如果遇到未知问题，需要查看日志寻找原因。ZooKeeper 默认采用 Log4J 记录日志，通常 Log4J 的配置文件 log4j.properties 存储在 conf 目录下。集群启动过程常见的异常和解决方案如表 2-21 所示。

表 2-21 集群启动过程常见的异常及解决方案

异常	解决方案
No space left on device	磁盘没有剩余空间，需要清理磁盘，也可以考虑删除部分旧的数据快照和事务日志，或开启定期清理快照的配置。另外 ZooKeeper 的 Log4J 运行日志也需要定期清理
Invalid config 间隔几行输出 /zookeeper/myid file is missing	没有配置 myid 文件，该文件需要手动配置，节点 myid 要全局唯一
Address already in use	端口被占用，修改 zoo.cfg 的 clientPort

2.4 Apache Curator 客户端实战

随着 ZooKeeper 应用越来越广泛，客户端工具也逐渐丰富起来。起初只能使用官方 Java 客户端，每个细节都需要开发人员设计，每个异常都需要捕捉处理。后来 GitHub 上出现了 ZkClient 客户端，实现了自动超时重连等各种异常场景处理方案，使得开发人员只需要关注业务本身。

但是随着需求越来越复杂，如分布式锁、分布式计数器、多线程同步器等复杂需求的提出，原有的客户端已不能满足这些需求。Curator 应运而生，Curator 是目前使用最广泛的客户端之一，同时也是 Apache 顶级项目之一。当然，Curator 是基于 Java 和 Java 虚拟机（Java virtual machine，JVM）的，Curator 也是 Dubbo 操作 ZooKeeper 的默认客户端。另外，本章的部分代码是采用 JDK8 的 lambda 表达式来写的，写法比较简练，读者如有疑问可以自行学习 lambda 表达式。

2.4.1 抢购系统实战

为了更好地实践 ZooKeeper，本节给出一个完整的实战案例，用于演示多种 ZooKeeper 特性。在实战之前，请参考 2.1.3 节启动 ZooKeeper 服务端。在线抢购系统需要有 3 种角色参与，分别是买家、卖家和监控端。完整的抢购流程应包含如下 3 个服务。

（1）监控端服务，用于监控被抢购商品的数量并管理抢购流程功能。如果商品数量为 0，就通知卖家抢购结束。

（2）买家抢购服务，同一时刻有多个买家进行抢购操作，但只能有一个买家操作数据库。买家抢购成功以后，需要减少库存商品数量。如果库存商品数量为 0，买家抢购失败。

（3）卖家售卖服务，提供设置商品信息、上架商品、配置商品数量功能。卖家发起抢购后通知所有买家，之后等待监控端通知抢购结束。

买家、卖家、监控端和 ZooKeeper 服务端的交互工作流程如图 2-8 所示。

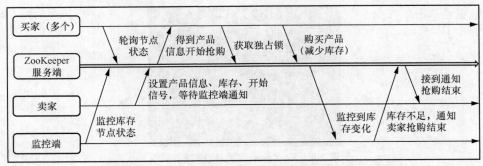

图 2-8 买家、卖家、监控端和 ZooKeeper 服务端的交互工作流程

传统的实现方式是依赖数据库来实现并发控制的,通过数据库事务的机制,保证每次只有一个线程能够抢购成功,这种方式严重限制了数据库的吞吐量。依赖数据库的抢购系统模型如图 2-9 所示。

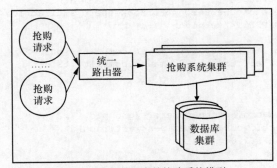

图 2-9 依赖数据库的抢购系统模型

本节采用依赖 ZooKeeper 的抢购系统模型来提升数据库的吞吐量,如图 2-10 所示。

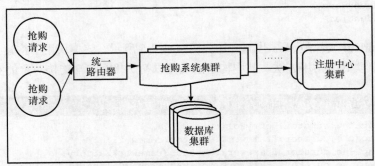

图 2-10 依赖 ZooKeeper 的抢购系统模型

抢购系统是订单管理系统里面的一个模块,本节重点讨论抢购系统的实现方式。实战项目的文件结构如图 2-11 所示,核心模块由 3 个文件组成。

pom.xml 是 Maven 依赖配置文件,如代码清单 2-4 所示。该配置引入了两个核心依赖:curator-recipes、curator-framework,它们负责连接 ZooKeeper 服务端。

图 2-11　ZooKeeper 实战项目的文件结构

代码清单 2-4　ZooKeeper 实战项目的 pom.xml 文件

```xml
<?xml version="1.0" encoding="UTF-8"?>
<project>
    <modelVersion>4.0.0</modelVersion>
    <groupId>Demo</groupId>
    <artifactId>TheSecondChapterDemoForZookeeper</artifactId>
    <version>1.0-SNAPSHOT</version>
    <properties>
        <maven.compiler.source>1.8</maven.compiler.source>
        <maven.compiler.target>1.8</maven.compiler.target>
    </properties>
    <dependencies>
        <dependency>
            <groupId>org.apache.curator</groupId>
            <artifactId>curator-recipes</artifactId>
            <version>5.2.0</version>
        </dependency>
        <dependency>
            <groupId>org.apache.curator</groupId>
            <artifactId>curator-framework</artifactId>
            <version>5.2.0</version>
        </dependency>
    </dependencies>
</project>
```

ApacheCuratorUtil 文件是 Java 代码，如代码清单 2-5 所示。该模块用于构建 ZooKeeper 客户端连接，作为工具类封装常用方法，其中构造函数可以初始化客户端连接对象的实例。

代码清单 2-5　ZooKeeper 实战项目的 ApacheCuratorUtil 文件

```java
import org.apache.curator.RetryPolicy;
import org.apache.curator.framework.CuratorFramework;
import org.apache.curator.framework.CuratorFrameworkFactory;
import org.apache.curator.framework.api.BackgroundCallback;
import org.apache.curator.retry.ExponentialBackoffRetry;
import org.apache.zookeeper.CreateMode;
import org.apache.zookeeper.data.Stat;

/**
 * 构建 ZooKeeper 客户端连接，作为工具类封装常用方法
 * @author ChenTao
 */
```

```java
public class ApacheCuratorUtil {
    // 客户端连接对象
    private CuratorFramework client;

    // 通过构造函数初始化客户端连接对象
    ApacheCuratorUtil() {
        client = getInstance();
    }

    /**
     * 获取客户端实例
     */
    private CuratorFramework getInstance() {
        // 重试策略:重试等待的时间,最大的重试次数
        RetryPolicy retryPolicy = new ExponentialBackoffRetry(1000, 3);
        // 通过工厂建造出客户端实例
        client = CuratorFrameworkFactory.builder()
                // ZooKeeper 服务端地址和端口
                .connectString("127.0.0.1:2181")
                // 会话超时时间
                .sessionTimeoutMs(10000)
                // 连接超时时间
                .connectionTimeoutMs(5000)
                .retryPolicy(retryPolicy)
                .build();
        // 客户端开始建立连接
        client.start();
        return client;
    }

    /**
     * 获取连接
     */
    public void close() {
        if (client != null) {
            client.close();
        }
    }

    /**
     * 获取连接
     */
    public CuratorFramework getClient() {
        return client;
    }

    /**
     * 创建持久节点,Curator 默认直接创建的节点是持久节点
     *
     * @param path 节点路径
     * @param data 节点数据
     */
    public void createPersistent(String path, String data) throws Exception {
        client.create().forPath(path, data.getBytes());
    }
```

```java
/**
 * 创建节点,节点类型如下:
 * <ul>
 * <li>PERSISTENT:持久节点,创建以后会被永久存储到磁盘上,重启服务后数据依旧存在</li>
 * <li>PERSISTENT_SEQUENTIAL:持久时序节点</li>
 * <li>EPHEMERAL:临时节点,如果会话失效,临时节点将会被自动删除</li>
 * <li>EPHEMERAL_SEQUENTIAL:临时时序节点</li>
 * <li>CONTAINER:容器节点。容器节点是具有特殊用途的节点,当容器的最后一个子容器被删除时,它也
 *      将会成为被删除的候选项</li>
 * <li>PERSISTENT_WITH_TTL:持久 TTL 节点。如果会话失效,TTL 节点会存活一段时间</li>
 * <li>PERSISTENT_SEQUENTIAL_WITH_TTL:持久时序 TTL 节点</li>
 * </ul>
 *
 * @param path 节点路径
 * @param data 节点数据
 * @param mode 节点类型为枚举值{@link org.apache.zookeeper.CreateMode}
 */
public String createWithMode(String path, String data, CreateMode mode)
        throws Exception {
    return client.create().withMode(mode).forPath(path, data.getBytes());
}

/**
 * 给指定路径存数据
 *
 * @param path zookeeper 中的路径
 * @param data 数据
 */
public void setData(String path, String data) throws Exception {
    client.setData().forPath(path, data.getBytes());
}

/**
 * 回调设置数据方法
 */
public void setDataAsyncWithCallback(BackgroundCallback callback, String path,
                                    String data) throws Exception {
    client.setData().inBackground(callback).forPath(path, data.getBytes());
}

/**
 * 删除指定节点(文件)
 *
 * @param path zookeeper 中的路径
 */
public void delete(String path) throws Exception {
    client.delete().deletingChildrenIfNeeded().forPath(path);
}

/**
 * 获取数据
 *
 * @param path 指定一个 ZooKeeper 的节点
 * @return 数据
 */
```

```java
    public String getData(String path) throws Exception {
        return new String(client.getData().forPath(path));
    }

    /**
     * 判断节点是否存在
     *
     * @param path 节点所在路径
     * @return 存在目标节点时返回一个{@link Stat}；否则返回null
     */
    public Stat nodeExist(String path) throws Exception {
        return client.checkExists().forPath(path);
    }
}
```

代码清单2-5所示的getInstance()方法提供CuratorFrameworkFactory工具构造连接、配置ZooKeeper服务端地址和端口、设置会话超时时间和重试策略。Curator客户端的主要参数如表2-22所示。

表2-22　Curator客户端的主要参数

客户端参数	描述
connectString	ZooKeeper服务端的地址和端口列表
retryPolicy	会话重试策略，主要分为6种
connectionTimeoutMs	连接服务器创建会话超时时间，单位为毫秒（ms），Curator默认为15000 ms，例如Dubbo配置成5000 ms
sessionTimeoutMs	客户端传给服务端的期望会话超时时间，单位为毫秒（ms），Curator和Dubbo默认为60000 ms
authorization	ACL鉴权模式和密钥，例如Dubbo采用digest鉴权模式
namespace	设置客户端操作的根目录限制，启用Chroot根目录隔离特性

会话重试策略主要分为6种，如表2-23所示。

表2-23　会话重试策略

重试策略	描述
ExponentialBackoffRetry	继承SleepingRetry，在重试之间增加递增的睡眠时间，直到达到最大次数才停止重试，最多重试29次
BoundedExponentialBackoffRetry	继承ExponentialBackoffRetry，在重试之间增加递增的睡眠时间，直到达到最大次数才停止重试，递增的睡眠时间存在最大阈值，最多重试29次
RetryNTimes	继承SleepingRetry，在重试之间增加固定的睡眠时间，重试N次
RetryOneTime	继承RetryNTimes，只重试1次
RetryUntilElapsed	继承SleepingRetry，持续重试直到超时为止
RetryForever	无限循环重试

配置完参数后调用start()方法，启动连接会话。至此，会话创建成功。

ApacheCuratorUtil文件的主要作用是作为工具类，它基于Curator的节点操作封装了一系列的常用方法。Curator 提供了灵活的节点操作方式，本节对增删改查功能逐个进行分析。

（1）创建 Znode：

```
client.create().withMode(CreateMode.EPHEMERAL).forPath("/path", dataBytes);
```

上述代码中的 client 指的是 CuratorFramework 实例，withMode 用于设置 Znode 类型，可以省略，默认是持久节点。forPath()方法的第一个参数必须是 Znode，第二个参数是 byte[]类型的 Znode 数据，第二个参数可以省略。也就是说，创建持久节点且无数据时，可以写成：

```
client.create().forPath("/path");
```

创建节点时，如果当前 path 路径的 Znode 已经存在，就会抛出 NodeExistsException 异常，遇到这种问题，有两种处理方式。一种方式是当创建持久节点时发现节点已经存在，没有 byte[]数据修改就可以静默，否则调用 SetData API 修改数据就行。另一种方式是当创建临时节点时发现节点已存在，那只能把服务端的临时节点删除再重新创建。因为临时节点生命周期是绑定会话的，所以不及时删除临时节点会造成其他的异常，例如，当前客户端离线时，服务端的临时节点依旧存在。Dubbo 创建节点时就是采用这种方式处理异常的。

还有一个异常是 NoNodeException，表示创建节点时它的父节点并不存在。遇到这种异常时，可以增加一个 creatingParentsIfNeeded 接口参数实现自动递归创建父节点。需要注意的是，通过这种接口创建的节点，它的父节点必然为持久节点，这也是 ZooKeeper 的节点机制，具体如下：

```
client.create()
.creatingParentsIfNeeded()
.withMode(CreateMode.EPHEMERAL)
.forPath("/path");
```

（2）删除 Znode 时，同样存在需要自动递归删除子节点的情况，参数 deletingChildrenIfNeeded 就是实现这个功能的，当然这个参数是可选的。此外还可以添加参数 withVersion 来按照指定的版本删除。参数 guaranteed 可以保证客户端在后台不断尝试删除该节点，哪怕是断线重连以后仍继续尝试删除。这 3 个接口参数都是可选的。删除 Znode 的具体代码如下：

```
client.delete()
.deletingChildrenIfNeeded()
.withVersion(version)
.guaranteed()
.forPath("/path");
```

（3）读取 Znode：

```
Stat stat = new Stat();
client.getData().storingStatIn(stat).forPath("/path");
```

读取 Znode 的信息比较简单，获取节点的 Stat 信息需要提前实例化 Stat，storingStatIn 同样也是可选参数。

（4）更新 Znode：

```
client.setData().withVersion(version).forPath("/path", dataBytes);
```

更新 Znode 的信息时，可以添加可选参数 withVersion，实现类似 JDK CAS 的按照指定版本更新的方式。

Curator 客户端默认的方法都是同步调用的方法，但是用户可以通过实现异步接口提供异步调用的方法，异步接口为 org.apache.curator.framework.api.BackgroundCallback。接口的唯一方法为 public void processResult(CuratorFramework client, CuratorEvent event) throws Exception。

在实际使用过程中，配合 JDK8 的 lambda 表达式代码可以非常简练，具体如代码清单 2-6 所示。

代码清单 2-6　Callback ()

```
client.setData().inBackground((client, curatorEvent) ->{
    System.out.println(curatorEvent.getType());
    System.out.println(curatorEvent.getResultCode());
}).forPath("/path");
```

示例中 curatorEvent 有两个比较重要的参数：事件类型 curatorEventType 和响应码 resultCode。curatorEventType 为枚举类，定义了 15 种事件类型，常见的有 CREATE、DELETE、EXISTS、GET_DATA、SET_DATA 等。响应码是 int 类型的数值，大部分枚举值定义在 org.apache.zookeeper.KeeperException.Code 中。常见的响应码如表 2-24 所示。

表 2-24　常见的响应码

响应码	释义	描述
0	Ok	正常，调用成功
−7	OperationTimeout	操作超时
−101	NoNode	不存在 Znode，例如对不存在的节点进行删除或修改
−102	NoAuth	Znode 存在 ACL 权限配置，但是发起请求的客户端没有鉴权信息
−103	BadVersion	制定版本操作失败，版本不符，例如运行代码 client.setData().withVersion(v).forPath(p)的时候版本不符
−110	NodeExists	Znode 已经存在，例如对已经存在的节点进行创建操作
−112	SessionExpired	会话过期
−114	InvalidACL	没有通过 ACL 权限校验
−121	无	没有对应的 Code 枚举，表示没有监听点信息

Curator 默认的异步操作有一个弊端，客户端是用同一个线程 EventThread 来处理所有异步操作的，线程本质上是个单线程阻塞队列，一旦某个线程处理卡顿，会造成后面的所有事件阻塞。Backgroundable 接口提供了线程池的操作，用户可以使用自定义 ExecutorService 线程池来处理事件：

```
ExecutorService pool = Executors.newCachedThreadPool();
client.setData().inBackground((client, curatorEvent) ->{
    System.out.println(curatorEvent.getType());
    System.out.println(curatorEvent.getResultCode());
}, pool).forPath("/path");
```

这里 inBackground()方法的参数可以省略，后台将静默运行，如下：

```
client.setData().inBackground().forPath("/path");
```

分析完 ApacheCuratorUtil 的功能之后，下面分析抢购系统 ApacheCuratorDemo 的业务功能，如代码清单 2-7 所示。

代码清单 2-7　ZooKeeper 实战项目的 ApacheCuratorDemo 文件

```java
import org.apache.curator.framework.recipes.atomic.AtomicValue;
import org.apache.curator.framework.recipes.atomic.DistributedAtomicInteger;
import org.apache.curator.framework.recipes.barriers.DistributedBarrier;
import org.apache.curator.framework.recipes.cache.CuratorCache;
import org.apache.curator.framework.recipes.cache.CuratorCacheListener;
import org.apache.curator.framework.recipes.locks.InterProcessMutex;
import org.apache.curator.retry.RetryNTimes;

import java.nio.ByteBuffer;
import java.util.concurrent.TimeUnit;

/**
 * 例子
 * @author ChenTao
 */
public class ApacheCuratorDemo {

    /**
     * 启动入口
     */
    public static void main(String[] args) throws Exception {
        // 初始化环境
        init();
        // 监控端
        new Thread(ApacheCuratorDemo::monitor, "监控端").start();
        for (int i = 0; i < 10; i++) {
            // 买家抢购商品
            new Thread(ApacheCuratorDemo::rushForGoods, "买家" + i).start();
        }
        // 卖家上架商品
        new Thread(ApacheCuratorDemo::setGoods, "卖家").start();
        // 主进程休眠
        TimeUnit.MINUTES.sleep(1);
    }

    /**
     * 初始化环境
     */
    private static void init() {
        ApacheCuratorUtil util = new ApacheCuratorUtil();
        try {
            // 如果节点已经存在就删除冗余的节点信息
            if (util.nodeExist("/goods") != null) {
                util.delete("/goods");
            }
        } catch (Exception e) {
            e.printStackTrace();
        } finally {
            util.close();
        }
    }

    /**
     * 买家抢购商品
     */
```

```java
private static void rushForGoods() {
    ApacheCuratorUtil util = new ApacheCuratorUtil();
    try {
        String treadName = "【" + Thread.currentThread().getName() + "】";
        System.out.println(treadName + "等待抢购");
        // 创建工作路径，设置商品基本信息
        while (util.nodeExist("/goods/start") == null) {
            TimeUnit.SECONDS.sleep(3);
        }
        String detail = util.getData("/goods");
        System.out.println(treadName + "开始抢购:" + detail);

        InterProcessMutex lock = new InterProcessMutex(
                util.getClient(), "/goods/lock");
        lock.acquire(10, TimeUnit.SECONDS);
        try {
            System.out.println(treadName + "执行独占任务");
            // 表示商品的库存数量，采用分布式原子类实现
            DistributedAtomicInteger atomicStockOfGoods = new
                    DistributedAtomic Integer(
                    util.getClient(), "/goods/stock", new RetryNTimes(3, 1000));
            AtomicValue<Integer> num = atomicStockOfGoods.get();
            if (num.succeeded() && num.postValue() > 0) {
                AtomicValue<Integer> cas = atomicStockOfGoods.compareAndSet(
                        num.postValue(), num.postValue() - 1);
                if (cas.succeeded()) {
                    System.out.println(treadName + "抢购成功，剩余库存："+
                            cas.postValue());
                    return;
                }
            }
            System.out.println(treadName + "抢购失败");
        } finally {
            lock.release();
        }
    } catch (Exception e) {
        e.printStackTrace();
    } finally {
        util.close();
    }
}

/**
 * 卖家上架商品
 */
private static void setGoods() {
    ApacheCuratorUtil util = new ApacheCuratorUtil();
    try {
        // 创建工作路径，设置商品状态和详细信息，如 JSON 字符串
        util.createPersistent("/goods", "{name: \"商品A\"}");
        // 表示商品的库存数量，采用分布式原子类实现
        DistributedAtomicInteger atomicStockOfGoods = new DistributedAtomicInteger(
                util.getClient(), "/goods/stock", new RetryNTimes(3, 1000));
        // 假设有 5 个商品等待抢购
        atomicStockOfGoods.initialize(5);
        // 开始抢购的信号
        System.out.println("【卖家】即将发出开始抢购的信号");
```

```java
            util.createPersistent("/goods/start", "true");
            // 卖家等待监控端通知抢购结束再进一步操作
            DistributedBarrier barrier = new DistributedBarrier(
                    util.getClient(), "/goods/end");
            barrier.setBarrier();
            barrier.waitOnBarrier();
            System.out.println("【卖家】接到抢购结束的通知了");
        } catch (Exception e) {
            e.printStackTrace();
        } finally {
            util.close();
        }
    }

    /**
     * 监控端
     */
    private static void monitor() {
        ApacheCuratorUtil util = new ApacheCuratorUtil();
        // 设置持续监听
        CuratorCache cache = CuratorCache.build(util.getClient(), "/goods/stock");
        CuratorCacheListener listener = CuratorCacheListener.builder()
                .forCreates(node -> System.out.println(
                        "【监控端】监听到创建事件,path=" + node.getPath()))
                .forDeletes(node -> System.out.println(
                        "【监控端】监听到删除事件,path=" + node.getPath()))
                .forChanges((old, node) ->{
                    int oldNum = ByteBuffer.wrap(old.getData()).getInt();
                    int nowNum = ByteBuffer.wrap(node.getData()).getInt();
                    System.out.println(
                            "【监控端】监听到修改事件,path=" + node.getPath()+ ",
                                    from=" + oldNum + ",to=" + nowNum);
                    if (nowNum == 0) {
                        // 通知卖家抢购结束
                        DistributedBarrier barrier = new DistributedBarrier(
                                util.getClient(), "/goods/end");
                        try {
                            System.out.println("【监控端】即将移除分布式屏障");
                            barrier.removeBarrier();
                        } catch (Exception e) {
                            e.printStackTrace();
                        }
                        // 监控端主动关闭连接
                        util.close();
                    }
                })
                .build();
        cache.listenable().addListener(listener);
        cache.start();
    }
}
```

首先,初始化环境并删除冗余的节点信息。启动监控端线程,监控端可以监听到节点的操作事件,包括创建、删除和修改。接下来启动 10 个买家线程,买家会循环等待,直到能够查到商品信息为止。最后启动卖家线程,卖家会创建工作路径,把商品状态和详细信息设置到节点上面,采用分布式原子类表示商品的库存数量,并发出开始抢购的信号。之后卖家会进入分布式屏障的阻塞环节等待抢购结束的通知。买家接收到抢购信号以后，会竞争获取分布式锁，只有取得分布式锁的买家才能进行抢购操作。抢购成功的买家需要通过 CAS 方式设置商品剩余数量，最后释放分布式锁。取得分布式锁的买家，如果发现此时商品数量为 0，则表示抢购失败。监控端会持续监控当前的商品剩余数量，当发现商品数量为 0 时，通知卖家抢购结束。

监控端需要持续监控当前的商品剩余数量，这个功能使用缓存 CuratorCache 的方式设置监听点，或者称为视图 View，CuratorCache 在后台完成了很多操作，包括自动反复注册监听点、获取变更的数据、调用对应监听点事件的方法等。接口使用缓存 CuratorCache 的方式设置监听点的示例，如代码清单 2-8 所示。

代码清单 2-8　使用缓存 CuratorCache 的方式设置监听点

```
CuratorCache cache = CuratorCache.build(client, "/path");
CuratorCacheListener listener = CuratorCacheListener.builder()
    .forCreates(node -> System.out.println(
            "【监控端】监听到创建事件,path=" + node.getPath()))
    .forDeletes(node -> System.out.println(
            "【监控端】监听到删除事件,path=" + node.getPath()))
    .forChanges((old, node) -> System.out.println(
            "【监控端】监听到修改事件,path=" + node.getPath()))
    .build();
cache.listenable().addListener(listener);
cache.start();
```

当然，缓存 CuratorCache 也支持自定义线程池。实例化 CuratorCache 以后需要调用 start() 方法来启动。这里的 addListener() 方法支持 lambda 表达式，实际是需要用户实现 CuratorCacheListener 接口的方法。CuratorCache 能够监听节点变更内容事件或节点创建、删除事件等。

ZooKeeper 服务端的原始事件通知并不包含节点数据内容，需要客户端再次发起请求获取数据，但是 CuratorCache 在底层接收到事件通知时，能够同时发起请求拉取数据。因此用户可以直接获取事件和数据内容。

如代码清单 2-7 所示，DistributedAtomicInteger 是分布式原子类，操作和 JDK 的 Atomic 包相似，用于实现计数器功能，实现原理基于分布式锁。DistributedAtomicInteger、DistributedAtomicLong 都是对整型数据的操作，实现 CAS 方法，具体方法是 compareAndSet(期望值,更新值)。同时还提供 increment()、decrement()、add(delta)、subtract(delta) 等常用方法。

这里 DistributedAtomicInteger 的构造函数还需要传入拒绝策略。Curator 提供的绝大部分 API 都可能抛出异常，需要用户捕捉处理。AtomicValue 接口是客户端提供的，封装了 3 个方法：succeeded() 返回 boolean 判断操作是否成功、preValue() 获取操作前的值、postValue() 获取操作后的值。DistributedAtomicValue 提供的是 byte[] 类型的数据格式，应用方法类似。

ApacheCuratorDemo 可能的运行效果如下：

```
【买家 2】等待抢购
【买家 0】等待抢购
【买家 7】等待抢购
【买家 1】等待抢购
【买家 4】等待抢购
【买家 8】等待抢购
```

```
【买家 5】等待抢购
【买家 9】等待抢购
【买家 3】等待抢购
【买家 6】等待抢购
【卖家】即将发出开始抢购的信号
【监控端】监听到创建事件,path=/goods/stock
【买家 5】开始抢购:{name:"商品 A"}
【买家 6】开始抢购:{name:"商品 A"}
【买家 8】开始抢购:{name:"商品 A"}
【买家 3】开始抢购:{name:"商品 A"}
【买家 4】开始抢购:{name:"商品 A"}
【买家 2】开始抢购:{name:"商品 A"}
【买家 9】开始抢购:{name:"商品 A"}
【买家 7】开始抢购:{name:"商品 A"}
【买家 1】开始抢购:{name:"商品 A"}
【买家 0】开始抢购:{name:"商品 A"}
【买家 1】执行独占任务
【买家 1】抢购成功,剩余库存:4
【监控端】监听到修改事件,path=/goods/stock,from=5,to=4
【买家 2】执行独占任务
【买家 2】抢购成功,剩余库存:3
【监控端】监听到修改事件,path=/goods/stock,from=4,to=3
【买家 8】执行独占任务
【买家 8】抢购成功,剩余库存:2
【监控端】监听到修改事件,path=/goods/stock,from=3,to=2
【买家 7】执行独占任务
【买家 7】抢购成功,剩余库存:1
【监控端】监听到修改事件,path=/goods/stock,from=2,to=1
【买家 5】执行独占任务
【买家 5】抢购成功,剩余库存:0
【监控端】监听到修改事件,path=/goods/stock,from=1,to=0
【监控端】即将移除分布式屏障
【买家 3】执行独占任务
【卖家】接到抢购结束的通知了
【买家 3】抢购失败
【买家 4】执行独占任务
【买家 4】抢购失败
【买家 9】执行独占任务
【买家 9】抢购失败
【买家 6】执行独占任务
【买家 6】抢购失败
【买家 0】执行独占任务
【买家 0】抢购失败
```

因为使用了多线程模拟买家抢购行为,所以每次运行的效果可能不一样,但是抢购逻辑不会受到影响。通过日志可以看到买家开始等待抢购,卖家发出抢购信号以后,监控端监听到创建事件。买家的并发抢购行为在分布式锁的控制下有序地进行着,每一次抢购成功,监控端都能监听到修改事件。当商品库存为 0 时,剩余买家都会抢购失败,此时监控端会通过分布式屏障通知卖家抢购已经结束。卖家接收到抢购结束的通知后,进行下一步处理。

本节的抢购系统使用了分布式锁、分布式线程同步,这些分布式功能的具体原理将在 2.4.2 节和 2.4.3 节阐述。

2.4.2 分布式锁和分布式信号量

ZooKeeper 使用分布式锁保证同一个时间只有一个客户端能够操作共享资源。常用的分布式锁包括非公平锁、公平锁、可重入独占锁、可重入读写锁、分布式组合容器锁等。本节分别介绍不同的分布式锁和分布式信号量的实现原理。

分布式锁是利用 ZooKeeper 操作 Znode 的精彩实践，其实现原理和 JDK 中 ReentrantLock 的非公平锁实现原理类似，ZooKeeper 能够操作临时 Znode 实现非公平锁。当多个客户端希望获取 ZooKeeper 分布式非公平锁时，每个客户端将尝试创建路径为/lock 的临时 Znode（ephemeral Znode）。只要有一个客户端创建成功，就表示该客户端获得了锁，那么对应的释放锁就是删除该 Znode。其他创建失败的客户端监听该 Znode，调用 Exists API 或 GetData API 设置/lock 监听点，并在接收到节点删除通知时，再次尝试创建路径为/lock 的 Znode。此外，还需要考虑成功创建路径为/lock 的节点但客户端尚未释放锁就崩溃的情况，这里创建的节点必须是临时节点，当会话超时自动删除 Znode，触发节点删除通知。因为每个客户端在接收到删除通知时，都会尽可能地再次尝试创建路径为/lock 的节点，这里的创建是竞争关系，所以体现了非公平性。

JDK 的 ReentrantLock 是通过等待队列来实现公平锁的，当释放锁时等待队列里的线程会判断是否有前驱节点，只有等待队列中的第一个线程才能够尝试获取锁。ZooKeeper 分布式公平锁的设计原理与之相似，核心都是实现等待队列。

当多个客户端希望获取 ZooKeeper 分布式公平锁时，每个客户端将尝试创建路径为/lock/queue 的临时时序 Znode（ephemeral-Sequential Znode），且都能成功创建临时时序节点。临时时序节点在创建时，ZooKeeper 会在路径后面加上一个递增的序号，按照先到先得的原则，序号最小的节点先获得锁。客户端可调用 GetChildren API 获取/lock 所有子节点列表，并判断自己创建的节点序号顺序，若判断存在前驱节点，将设置前驱节点的删除通知监听点，例如：

- 客户端 1，创建/lock/queue1，判断序号最小，获得锁；
- 客户端 2，创建/lock/queue2，判断存在前驱节点 queue1，设置/lock/queue1 删除通知监听点；
- 客户端 3，创建/lock/queue3，判断存在前驱节点 queue2，设置/lock/queue2 删除通知监听点。

每个客户端释放锁都是通过删除自己创建的 Znode 实现的。触发监听点的删除通知后，ZooKeeper 给等待队列里下一个客户端发送 NodeDeleted 通知，接收到通知的客户端就知道自己的序号最小，并已经拥有锁。按照这个原理，依据等待队列顺序获取锁，先来先得，所以体现了公平性。

公平锁可以直接使用 Curator 自带的 InterProcessMutex()来实现，利用公平锁可以实现可重入独占锁，如代码清单 2-9 所示。

代码清单 2-9　分布式可重入独占锁实战

```
public void rwMutex() {
    CuratorFramework client = new ApacheCuratorUtil().getClient();
    InterProcessMutex lock = new InterProcessMutex(client, "/lock");
    try{
        lock.acquire(10, TimeUnit.SECONDS);
        System.out.println("独占任务");
```

```
        } catch (Exception e) {
        }
        try{
            lock.release();
        } catch (Exception e) {
        }
    }
```

这里构建 InterProcessMutex() 时传入一个用户自定义的路径，这是一个可重入公平锁，每个线程将按照最初请求的顺序依次获取锁。可重入的意思是，占用锁的线程可以重复获取锁，每次获取锁会让计数 lockCount 加 1，释放时与之类似，加了几次锁就要释放几次锁。获取锁调用 acquire() 方法，可以指定超时时间，默认为无限等待，如果发生异常，表示获取锁失败。需要注意，释放锁的 release() 方法也会抛出异常，需要用户自己捕捉。

分布式可重入独占锁的锁粒度比较大，也有针对读写分别加锁的接口，如代码清单 2-10 所示，使用方法类似 JDK 的 ReentrantReadWriteLock()。

代码清单 2-10　分布式可重入读写锁实战

```
public void read() {
    CuratorFramework client = new ApacheCuratorUtil().getClient();
    InterProcessReadWriteLock rwLock = new InterProcessReadWriteLock(
            client, "/rwLock");
    try{
        rwLock.readLock().acquire();
        System.out.println("共享的读任务");
    } catch (Exception e) {
    }
    try{
        rwLock.readLock().release();
    } catch (Exception e) {
    }
}

public void write() {
    CuratorFramework client = new ApacheCuratorUtil().getClient();
    InterProcessReadWriteLock rwLock = new InterProcessReadWriteLock(
            client, "/rwLock");
    try{
        rwLock.writeLock().acquire(1, TimeUnit.MINUTES);
        System.out.println("独占的写任务");
    } catch (Exception e) {
    }
    try{
        rwLock.writeLock().release();
    } catch (Exception e) {
    }
}
```

分布式读写锁的底层依旧是公平锁的实现方式。读写锁维护一对关联的锁，一个用于只读操作，一个用于写操作。只要没有写入器，读锁可以由多个读线程同时持有。写锁是独占的。

分布式读写锁允许读线程和写线程以可重入锁的形式重新获取读锁或写锁。在写线程持有的所有写锁都被释放之前，其他线程无法获取读锁。此外，占有写锁的线程可以获得读锁，但反之则不行。如果一个只占用读锁的线程试图获取未释放的写锁,它将不会成功。重入性还允许从写锁降级为读锁,方法是先获取写锁,再获取读锁,最后释放写锁。但是,从读锁升级到写锁是不可能的。

InterProcessMultiLock()提供了同时独占多个锁的功能,即容器锁。它将多个锁管理为单个实体的容器。当调用 acquire()方法时,将获得所有锁。如果失败,则释放获得的所有锁路径。类似地,在调用 release()方法时释放所有锁,如代码清单 2-11 所示。

代码清单 2-11　分布式组合容器锁实战

```java
public void multiLock() {
    List<String> lockList = new ArrayList<>();
    lockList.add("/lock-1");
    lockList.add("/lock-2");
    CuratorFramework client = new ApacheCuratorUtil().getClient();
    InterProcessMultiLock mLock = new InterProcessMultiLock(client, lockList);
    try{
        mLock.acquire();
        System.out.println("同时独占 lock-1 和 lock-2 的任务");
    } catch (Exception e) {
    }
    try{
        mLock.release();
    } catch (Exception e) {
    }
}
```

这里把"/lock-1"和"/lock-2"放入数组容器里面,InterProcessMultiLock()尝试同时获取两个锁,如果获取不到就会阻塞。acquire()方法也可以设置超时时间。这种加锁方式适用于同时获取多个分布式资源的原子操作。

此外,跨进程的加锁方法可以通过控制分布式信号量来实现,信号量机制保证了线程必须获得足够的信号量才能够运行,数量可以指定,使用完以后要把信号量归还给服务端。可使用 InterProcessSemaphoreV2()和 InterProcessSemaphoreMutex()方法实现对分布式信号量的控制,InterProcessSemaphoreV2()使用方式几乎和 JDK 的 Semaphore 一样,如代码清单 2-12 所示。

代码清单 2-12　分布式信号量实战

```java
public void semaphore() {
    CuratorFramework client = new ApacheCuratorUtil().getClient();
    InterProcessSemaphoreV2 semaphoreV2 = new InterProcessSemaphoreV2(
            client, "/SemaphoreV2", 3);
    new Thread(() ->{
        Lease lease = null;
        try{
            System.out.println("A 线程准备运行");
            lease = semaphoreV2.acquire();
            System.out.println("A 线程允许运行");
        } catch (Exception e) {
        } finally {
            semaphoreV2.returnLease(lease);
        }
    }).start();
```

```java
new Thread(() ->{
    Collection<Lease> leaseList = null;
    try{
        System.out.println("B 线程准备运行");
        leaseList = semaphoreV2.acquire(3);
        System.out.println("B 线程允许运行");
    } catch (Exception e) {
    } finally {
        semaphoreV2.returnAll(leaseList);
    }
}).start();
}
```

2.4.3 分布式线程同步

多线程是指从软件或者硬件上实现多个线程并发运行的技术。在一般情况下，创建一个线程是不能提高程序的运行效率的，所以要创建多个线程。但是多个线程同时运行时可能会调用线程函数，在多个线程同时对同一个内存地址进行写入时，由于 CPU 时间调度上的问题，写入数据会被多次覆盖，因此要使线程同步。Curator 提供了分布式屏障 DistributedBarrier、分布式双重屏障 DistributedDoubleBarrier 来实现多线程同步。

使用 DistributedBarrier 类时需要定义类级别的静态属性 static DistributedBarrier barrier。然后实例化 DistributedBarrier 类，通过 setBarrier() 方法设置屏障信息，调用 waitOnBarrier() 方法阻塞当前线程，等待屏障移除通知。直到屏障被移除，此时所有阻塞在屏障面前的线程才可以继续运行下去，如代码清单 2-13 所示。

代码清单 2-13　分布式屏障的操作

```java
public void barrier() {
    CuratorFramework client = new ApacheCuratorUtil().getClient();
    for (int i = 0; i < 3; i++){
        new Thread(() ->{
            try{
                String name = "【" + Thread.currentThread().getName() + "】";
                System.out.println(name + "线程同步开始");
                DistributedBarrier barrier = new DistributedBarrier(client, "/barrier");
                barrier.setBarrier();
                barrier.waitOnBarrier();
                System.out.println(name + "线程同步完成");
            } catch (Exception e) {
            }
        }).start();
    }
    try{
        TimeUnit.SECONDS.sleep(2);
        new DistributedBarrier(client, "/barrier").removeBarrier();
        TimeUnit.SECONDS.sleep(2);
    } catch (Exception e) {
    }
}
```

输出的分布式屏障日志可能如下：

```
【Thread-1】线程同步开始
【Thread-3】线程同步开始
【Thread-2】线程同步开始
【Thread-1】线程同步完成
【Thread-3】线程同步完成
【Thread-2】线程同步完成
```

通过日志可以看出，3 个线程的运行进度被同步了。

分布式双重屏障 DistributedDoubleBarrier 类的使用方式略有不同，构造函数需要设定线程数量 memberQty。每个线程调用 enter()方法阻塞自己，第一次同步线程，当阻塞的线程数量达到 memberQty 时，触发唤醒所有阻塞的线程继续运行。然后每个线程调用 leave()方法阻塞自己，第二次同步线程，当阻塞的线程数量达到 memberQty 时，再次触发唤醒所有阻塞的线程继续运行，如代码清单 2-14 所示。

代码清单 2-14　分布式双重屏障的操作

```java
public void doubleBarrier() {
    CuratorFramework client = new ApacheCuratorUtil().getClient();
    for (int i = 0; i < 3; i++){
        new Thread(() ->{
            try{
                String name = "【" + Thread.currentThread().getName() + "】";
                DistributedDoubleBarrier barrier = new DistributedDoubleBarrier(
                    client, "/DoubleBarrier", 3);
                System.out.println(name + "执行任务");
                TimeUnit.SECONDS.sleep(new Random().nextInt(10));
                barrier.enter();
                System.out.println(name + "一阶段准备完成");
                TimeUnit.SECONDS.sleep(new Random().nextInt(10));
                barrier.leave();
                System.out.println(name + "二阶段任务提交");
                TimeUnit.SECONDS.sleep(new Random().nextInt(10));
            } catch (Exception e) {
            }
        }).start();
    }
}
```

输出的分布式双重屏障日志可能如下：

```
【Thread-1】执行任务
【Thread-3】执行任务
【Thread-2】执行任务
【Thread-3】一阶段准备完成
【Thread-2】一阶段准备完成
【Thread-1】一阶段准备完成
【Thread-2】二阶段任务提交
【Thread-3】二阶段任务提交
【Thread-1】二阶段任务提交
```

通过日志可以看出，只有 3 个线程的一阶段准备全部完成以后，才会进行二阶段的任务。这是一个标准的两阶段提交算法。

第 3 章

分布式通信框架：Netty 和 Dubbo 原理与实战

分布式架构的实现依赖高并发的通信框架。在分布式架构场景下，最重要的问题之一是解决分布式服务之间的通信问题，然后才是解决集群方式的问题。编写在分布式场景下高并发、高可用的应用是非常困难的，需要非常丰富的编程经验，这对于一些中小型团队是一个巨大的挑战。对大型团队来说，提供一个高并发的框架也需要投入大量的研发员。因而，良好的通信框架需要具备开箱即用的特性和简单的设计模式，同时需要有开源社区的支持。活跃的社区能够通过不断升级第三方组件依赖版本来优化性能，并修复安全漏洞。

传统 JDK 的 NIO 框架已经不能满足日益复杂的需求和适应运行环境。Netty 是一个基于 Java NIO 类库的异步通信框架，其架构特点是异步非阻塞、基于事件驱动、高性能、高可靠性和高可定制性。Netty 作为微服务和大数据时代构建高性能 NIO 通信框架的中流砥柱，在分布式领域显得日益重要。

Netty 通信框架已经具备开箱即用的特性、简单的设计模式，以及丰富的文档和活跃的社区支持。Netty 活跃的社区可以解决用户在使用过程中遇到的问题，社区也在不断地升级第三方组件依赖版本，修复安全漏洞，解决兼容性问题。正是 Netty 这些优秀的特性，使得业务不需要关注底层即时通信框架如何收发报文，业务只需要关注接口的实现方式。所以，分布式场景离不开 Netty 通信框架。

仅使用开源的 Netty 通信框架还不能完美实现远程服务调用的特性，Dubbo 在 Netty 的基础上封装了远程服务调用的一系列功能，提供了稳定可靠的服务端与服务端通信框架。Dubbo 是阿里巴巴开源的一个高性能优秀的服务框架，使得应用可通过高性能的 RPC 实现服务的输出和输入功能，可以和 Spring 框架无缝集成。Dubbo 是高性能、轻量级的开源 Java RPC 框架，它提供了 3 个核心能力：面向接口的远程方法调用、智能容错和负载均衡，以及服务自动注册和发现。

本章主要分析 Netty 和 Dubbo 通信框架原理，并在第 2 章的抢购系统实战基础上，给出 Netty 和 Dubbo 应用的完整案例。

3.1 分布式通信框架基础

Netty 是一个基于 Java NIO 类库的异步通信框架，广泛应用于 Apache 开源项目。例如，

ZooKeeper 可以通过配置系统属性来启用 Netty 版本的 NIO 通信框架，启用 Netty 的 ZooKeeper 可以承担大规模的客户端连接。在高并发场景下，Netty 既能解决通信阻塞时间较长的问题，也能解决由于创建过多通信线程导致占用大量内存的问题。

3.1.1 Netty 特性

Netty 是 Dubbo 的默认底层通信框架，用于 Dubbo 客户端和服务端通信模块。服务端优异的高并发特性是依靠 Netty 的多路复用和异步驱动机制实现的。Dubbo 使用了 Netty 自定义编码器和 TCP 粘包拆包的解决方案。同时 Netty 支持自定义拓展的特性，Dubbo 在 Netty 的基础上拓展了一些功能，支持负载均衡策略和消息发送失败的处理策略。Dubbo 是分布式服务的中流砥柱，本节将会分析 Dubbo 框架。

Netty 被广泛用于大数据项目和即时通信业务，Hadoop 生态圈的 Apache Avro 使用 Netty 作为默认底层通信框架，具体源码可以参考 org.apache.avro.ipc.NettyServer 类。Netty 自身支持多种协议，官方提供多种编码/解码的方式，支持自定义编码器。Netty 支持 SSL 安全协议以及自定义证书校验。对于会话超时等异常场景，Netty 有完善的处理机制，同时还提供优雅关闭等功能。Netty 的功能特性如图 3-1 所示。

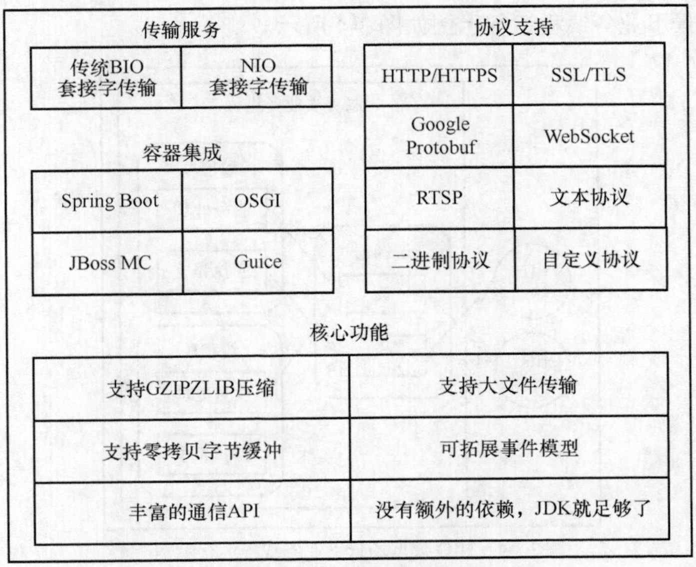

传输服务		协议支持	
传统BIO套接字传输	NIO套接字传输	HTTP/HTTPS	SSL/TLS
容器集成		Google Protobuf	WebSocket
Spring Boot	OSGI	RTSP	文本协议
JBoss MC	Guice	二进制协议	自定义协议

核心功能	
支持GZIPZLIB压缩	支持大文件传输
支持零拷贝字节缓冲	可拓展事件模型
丰富的通信API	没有额外的依赖，JDK就足够了

图 3-1　Netty 的功能特性

采用传统通信方式，服务端需要为每个客户端连接新建一个线程，当服务端没有数据可读时，线程会被阻塞，这就是阻塞 I/O 模型，如图 3-2 所示。阻塞场景会占用很多 CPU 和内存资源。

服务端业务进程为每个用户终端提供独立的线程来处理请求，在整个用户终端和服务端业务进程通信的生命周期内，无论服务端业务线程是否繁忙，线程都不能去做其他的事情。阻塞 I/O 模型场景下业务线程运行示例如图 3-3 所示。

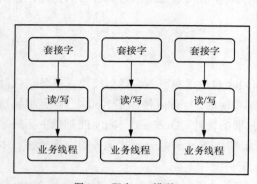

图 3-2　阻塞 I/O 模型

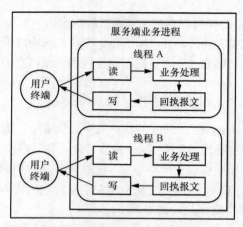

图 3-3　阻塞 I/O 模型场景下业务线程运行示例

为了解决 I/O 模型线程阻塞的问题，JDK 开发了 NIO 包。JDK 的 NIO 框架默认实现方式是将多个通信通道（channel）绑定在选择器（selector）上，由选择器顺序扫描通信通道，直到有数据可读取时再通知上层应用。这种选择器轮询通信通道的线程模型就是非阻塞 IO（non-blocking IO，NIO）模型，它是 JDK1.4 及更高版本提供的一种处理 I/O 的 API，能够提供非阻塞式的高伸缩性网络。NIO 模型场景下业务线程运行示例如图 3-4 所示。

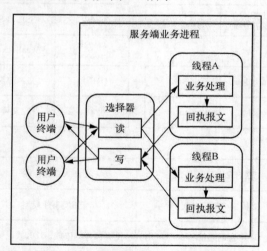

图 3-4　NIO 模型场景下业务线程运行示例

JDK 会根据操作系统选择最佳的实现方案，例如，支持 Linux 操作系统的 Epoll 边缘触发（edge-triggered）方式，Epoll 只需遍历那些被内核 I/O 事件异步唤醒而加入就绪队列的通道。这里的通道概念在 Linux 操作系统中叫作文件描述符（file descriptor，FD）。描述符实际上是一个数字指针。相似的还有 Unix 操作系统的 Kqueue 边缘触发方式。

虽然 NIO 框架在 Linux 的 Epoll 方式下有诸多优点，如套接字描述符没有数量限制、性能开销和描述符数量呈线性比例、内核和用户空间共用内存来避免冗余复制等，但是 JDK 的 NIO 多路复用选择器模块,在复杂场景下会出现不可预知的漏洞,官方很难及时修复漏洞,因此,Netty 基于 JDK 的 NIO 框架做了安全加固。

Netty 还扩展了 JDK NIO 的功能,包括网络异常情况处理、断线重连、消息发送队列、消息发送失败处理机制、SSL 安全协议、编码器与解码器、TCP 粘包和拆包的解决方法、优雅关闭、大文件传输、零拷贝机制、WebSocket 接口、可重复使用的数据结构 ByteBuf 等。

Netty 是开源 Java 框架,新建空项目添加 Maven 或 Gradle 依赖就可以看到全部源码:

```
<dependency>
    <groupId>io.netty</groupId>
    <artifactId>netty-all</artifactId>
    <version>4.1.68.Final</version>
</dependency>
```

3.1.2 Dubbo 特性

Dubbo 提供高性能的、基于代理的远程调用能力,服务以接口为粒度,为开发人员屏蔽远程调用底层细节。它内置了多种负载均衡策略,智能感知下游节点健康状况,能够显著减少调用延迟,提高系统吞吐量。它支持多种注册中心服务,可实时感知服务实例上下线。Dubbo 遵循"微内核+插件"的设计原则,所有核心能力如协议、传输、序列化被设计为扩展点,平等对待内置实现和第三方实现。在 Dubbo 运行期间,流量调度能够根据内置条件、脚本配置不同的路由策略,轻松实现灰度发布、同机房优先等功能。Dubbo 提供了丰富的服务治理、运维工具,能够实时查询服务元数据、服务健康状态及调用统计,实时下发路由策略、调整配置参数。Dubbo 官网展示的 Dubbo 3.0 新特性如图 3-5 所示。

图 3-5 Dubbo 3.0 新特性

3.1.3 Netty、Dubbo 和 ZooKeeper 的关系

Dubbo 在 Netty 的基础上封装了远程服务调用的一系列功能，提供了稳定可靠的服务端与服务端通信框架。通俗地讲，Dubbo 的底层使用 Netty 收发消息。Dubbo 框架通过 Netty 实现通信的模型如图 3-6 所示。

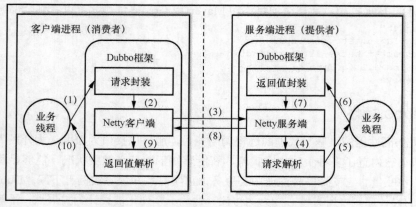

图 3-6　Dubbo 框架通过 Netty 实现通信的模型

通常客户端进程通过 Dubbo 框架请求到服务端进程，需要经过 10 个步骤。
（1）客户端业务线程将请求发送给客户端 Dubbo 框架。
（2）客户端 Dubbo 框架阻塞业务线程，并将请求封装之后托付给底层 Netty 客户端线程池处理。
（3）Netty 客户端和 Netty 服务端建立通信，转发该请求。
（4）服务端 Dubbo 框架从 Netty 服务端接收到请求，并解析参数。
（5）服务端 Dubbo 框架调用服务端业务线程处理该请求。
（6）服务端业务线程处理完毕后把返回值传递给服务端 Dubbo 框架。
（7）服务端 Dubbo 框架把返回值封装后托付给底层 Netty 服务端线程池处理。
（8）Netty 服务端把消息发送给 Netty 客户端。
（9）客户端 Dubbo 框架从 Netty 客户端接收并解析返回值。
（10）客户端 Dubbo 框架唤醒之前阻塞的业务线程并传递返回值。

Dubbo 框架之间的调用依赖 ZooKeeper，每个 Dubbo 实例都将自身的接口信息注册到 ZooKeeper，Dubbo 在使用过程中依赖 ZooKeeper 提供的注册中心服务。Dubbo 和 ZooKeeper 之间的通信也是委托 Netty 实现的，如图 3-7 所示。

Dubbo 在启动时会从 ZooKeeper 集群拉取提供者信息并缓存在本地。这些提供者信息包括提供者实例 IP 地址、版本号、接口信息、序列化算法、参数校验规则、返回值类型等。通信框架 Netty 负责发送和接收实际请求，消费者和提供者是直接建立连接的，整个请求报文不会再通过注册中心绕一圈。

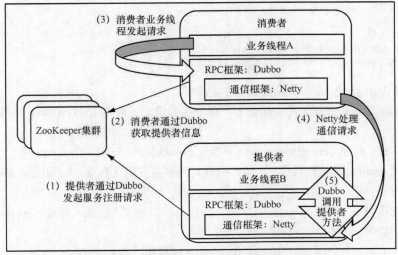

图 3-7 Netty 实现 Dubbo 和 ZooKeeper 之间的通信

3.1.4 Netty 服务端启动流程

3.1.1 节分析了 Netty 通信框架的特性，本节将结合服务端和客户端异步通信实例，分析 Netty 启动流程和整体架构。服务端使用 Netty 框架时，需要实例化两个 EventLoopGroup 组件，可以理解成两个线程池。服务端应用 Netty 框架的代码示例如代码清单 3-1 所示。

代码清单 3-1 服务端使用 Netty 框架

```
// 用于接收客户端连接的线程组
EventLoopGroup bossGroup = new NioEventLoopGroup();
// 用于处理客户端业务请求的线程组
EventLoopGroup workerGroup = new NioEventLoopGroup();
try {
    // 创建 Netty 服务端核心对象
    ServerBootstrap b = new ServerBootstrap();
    // 绑定两个线程组
    b.group(bossGroup, workerGroup)
            // 设置 NIO 的模式
            .channel(NioServerSocketChannel.class)
            // 可选参数，设置 TCP 缓冲区队列大小
            .option(ChannelOption.SO_BACKLOG, 1024)
            // 初始化通信通道
            .childHandler(new ChannelInitializer<NioSocketChannel>() {
                @Override
                protected void initChannel(NioSocketChannel ch){
                    // 通过 pipeline()方法添加自定义业务处理拦截器
                    ch.pipeline().addLast("handler", myServerHandler);
                }
            });
    // 绑定端口，实际启动 Netty 服务
    ChannelFuture f = b.bind(8081).sync();
    // 阻塞当前线程，等待所有通道通信结束
```

```
        f.channel().closeFuture().sync();
    } finally {
        // 优雅关闭
        bossGroup.shutdownGracefully();
        workerGroup.shutdownGracefully();
    }
```

代码清单 3-1 中 Netty 的实现包含如下 4 个步骤。

（1）构建 bossGroup 线程组用于接收客户端连接的请求，构建 workerGroup 线程组用于处理客户端业务请求。

（2）创建 Netty 对象 ServerBootstrap，并绑定 bossGroup、workerGroup 线程。

（3）初始化 channel() 选择器，设置 NIO 的模式为多路复用选择器。初始化 childHandler() 方法，配置后续处理方法。

（4）初始化责任链模式的 pipeline() 方法，配置具体自定义 handler 为 myServerHandler 实例，声明优雅关闭功能的 shutdownGracefully() 方法。

代码清单 3-1 中，创建了两个 EventLoopGroup 线程组，事实上 Netty 支持使用一个线程组同时处理客户端连接会话和处理请求的业务逻辑。但还是建议读者创建两个线程组，因为处理业务请求占用了太多时间时，会阻塞客户端连接创建会话。创建两个线程组可实现各司其职，互不干扰。

代码清单 3-1 中的 channel() 选择器还可以配置其他的选择器工作方式，如表 3-1 所示。

表 3-1　channel() 选择器的参数

参数	说明
NioServerSocketChannel	JDK 自带的 NIO 包，非阻塞方式，基于选择器遍历通道，不同的操作系统会采用不同的方案，兼容所有支持 JDK 的操作系统，方便开发调试
EpollServerSocketChannel	支持 Linux 操作系统的 Epoll 边缘触发方式，如果项目明确只在 Linux 上面运行，该方法可以最大化性能
KQueueServerSocketChannel	支持 Unix 操作系统的 Kqueue 边缘触发方式
OioServerSocketChannel	阻塞方式，基于 JDK 自带的 I/O 包，注意该类已经废弃，源码中有 @Deprecated 注解

代码清单 3-1 中 ChannelOption 类常用的配置项如表 3-2 所示。

表 3-2　ChannelOption 类常用的配置项

配置项名称	配置项类型	说明
SO_BACKLOG	Integer	设置 TCP 缓冲区队列大小，对应 TCPlisten() 函数中的 backlog 参数。由于服务端同一时刻只能处理一个客户端请求，因此尚未处理的会话需要放在等待队列里。backlog 是 3 次握手建立会话过程中的队列和完成 3 次握手等待 Netty 处理的队列总和，默认值是 100，并发比较多时需要适当增大
TCP_NODELAY	Boolean	对应套接字选项中的 TCP_NODELAY，表示是否启用 Nagle 算法。Nagle 算法是合并多个请求为一个数据包进行发送，避免了一次只发送一个请求。优点是减少了网络开销，缺点是造成了请求延迟。Netty 的默认值是 false，Dubbo 的默认值是 true，开启该算法可以节省很多网络开销
SO_REUSEADDR	Boolean	表示允许重复使用本地地址和端口

续表

配置项名称	配置项类型	说明
ALLOCATOR	ByteBufAllocator	配置 ByteBuf 的使用方式，例如 Dubbo 默认之一是 PooledByteBufAllocator 类的 DEFAULT 属性值，该属性值表示 JVM 堆外直接分配内存且池化重复使用
SO_KEEPALIVE	Boolean	是否启用长时间无通信的 TCP 连接保活措施，启用后，如果 2 小时没有数据通信，TCP 会自动发送一个活动探测数据报文。默认值是 false
SO_SNDBUF	Integer	配置发送缓冲区的大小，用于存储等待发送的网络协议栈内数据
SO_RCVBUF	Integer	配置接收缓冲区的大小，用于存储收到的未被 Netty"消费"的网络协议栈内数据

代码清单 3-1 中的 pipeline()方法用于添加各种 Handler 方法，如编码器（encoder）、解码器（decoder）、用户自定义 Handler 方法、超时处理 IdleStateHandler 机制、安全模块 SslHandler 等。当然，除用户自定义方法以外，其他的处理器都有默认值。

配置服务端端口号，除 bind(int inetPort)方法外，还有 ServerBootstrap 提供的 localAddress(int inetPort)方法。通常二者选其一即可。

Netty 框架本质上隐藏了 NIO 底层通信实现细节，给用户提供更友好的交互方式，减少代码开发量并减小出错概率。根据本节介绍的服务端代码实例，下面将按步骤详细分析 Netty 服务端启动流程。

Netty 启动流程由如下 7 个步骤组成。

（1）创建 ServerBootstrap 实例。ServerBootstrap 是 Netty 服务端启动的辅助类，它提供了一系列方法用于配置服务端启动参数。ServerBootstrap 封装了底层的 API，让用户只需要进行简单的配置即可启动 Netty。

（2）绑定 EventLoopGroup。Netty 的 EventLoopGroup 本质上是事件驱动（Reactor）线程池，EventLoopGroup 是由 EventLoop 构成的数组。EventLoop 是多路复用的核心，用于处理注册到自身选择器的通道。EventLoop 的 run()方法实现选择器的轮询操作。EventLoop 除了处理网络 I/O 事件，还会处理自定义 Task 和定时任务。每个 EventLoop 都对应一个实际的 Java 线程。

（3）绑定服务端通道。绑定服务端通道指的是服务端创建 ServerSocketChannel 实例，用户需要配置通道类型。Netty 通过静态工厂设计模式，利用 Java 反射机制创建实例对象，如 NioServerSocketChannel。

（4）初始化通道流水线（ChannelPipeliner）并设置通道处理器（ChannelHandler）。初始化通道流水线创建 Netty 事件的处理链路。Netty 的通道流水线采用了责任链设计模式，底层采用双向链表的数据结构，将链上的各个处理器串联起来。Netty 处理接收到的网络事件，以流的形式在通道流水线中流转。常见的 Netty 事件包括链路注册、激活、断开、异常场景、收发请求、用户自定义事件等。通道流水线根据调度策略选择具体的通道处理器实例运行，常见的通道处理器种类和功能如表 3-3 所示。

表 3-3 通道处理器种类和功能

通道处理器名称（类名）	功能
SslHandler	SSL 证书处理
ByteToMessageCodec	Netty 编码/解码通用框架
Base64Decoder	Base64 解码
Base64Encoder	Base64 编码
LengthFieldBasedFrameDecoder	基于长度的包解码器
IdleStateHandler	通道空闲的处理方式
ChannelTrafficShapingHandler	流量整形
LoggingHandler	日志输出

（5）启动并绑定端口。服务端启动监听端口后，会将 ServerSocketChannel 注册到选择器上，监听客户端连接。

（6）启动选择器轮询。这里的轮询由 EventLoop 遍历所有通道集合来实现。并不是每个通道有数据写入时都会被轮询，只有通道处于就绪状态时，才会被遍历到。

（7）处理就绪的通道。当 EventLoop 遍历到就绪状态的通道时，根据通道流水线配置的调度策略选择具体的通道处理器实例运行。

为了方便读者更好地理解 Netty 启动流程，分析一下 Netty 服务端线程模型，如图 3-8 所示。

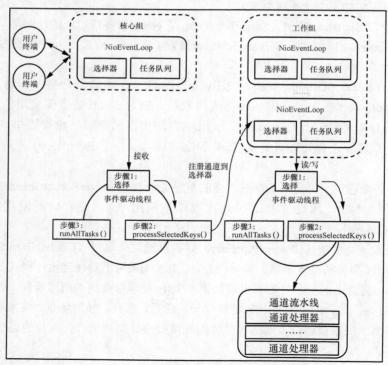

图 3-8 Netty 服务端线程模型

如图 3-8 所示，Netty 服务端线程模型包含一个核心组 NioEventLoopGroup 对象和一个工作组 NioEventLoopGroup 对象。NioEventLoopGroup 对象本质上是事件循环组，其包含多个事件循环 NioEventLoop 线程组，每个 NioEventLoop 线程组由一个选择器、一个任务队列和一个事件驱动线程组成。

每个核心组 NioEventLoop 循环执行的任务包含如下 3 个步骤。
（1）轮询接收事件。
（2）处理接收事件，与用户终端建立连接并创建 NioSocketChannel，将 NioSocketChannel 注册到某个工作组 NioEventLoop 的选择器上。
（3）调用 runAllTasks()方法处理任务队列中的任务，任务队列中的任务包括用户调用 NioEventLoop 对象的 execute()方法或 schedule()方法执行的任务，或者其他线程提交到该 NioEventLoop 的任务。

每个工作组 NioEventLoop 循环执行的任务包含如下 3 个步骤。
（1）轮询读/写事件。
（2）处理读/写事件，即在 NioSocketChannel 发生可读、可写事件时进行处理。
（3）处理任务队列中的任务。

3.1.5　Dubbo SPI 和服务导出

Dubbo 的核心设计模式是服务提供者接口（service provider interface，SPI），是一种服务发现机制。SPI 会将接口实现类的全限定名配置在文件中，由服务加载器读取配置文件实现加载类。Dubbo 充分利用该机制，可以为接口动态替换实现类，实现扩展功能。

Dubbo 并未使用 Java SPI，而是重新实现了一套功能更强的 SPI 机制。Dubbo SPI 的相关逻辑被封装在 ExtensionLoader 类中，通过 ExtensionLoader，可以加载指定的实现类。Dubbo SPI 所需的配置文件需放置在 META-INF/dubbo 路径下。

Dubbo 控制反转（inverse of control，IOC）的实现方式是通过 setter()方法注入依赖的。Dubbo 首先会通过反射获取实例的所有方法，然后遍历方法列表，检测方法名是否具有 setter()方法特征。若有，则通过 ObjectFactory 获取依赖对象，最后通过反射调用 setter()方法将依赖设置到目标对象中。可以参考 Dubbo 的开源代码，如代码清单 3-2 所示。

代码清单 3-2　Dubbo 通过 setter()方法注入依赖

```
private T injectExtension(T instance) {
    try {
        if (objectFactory != null) {
            // 遍历目标类的所有方法
            for (Method method : instance.getClass().getMethods()) {
                // 检测方法是否以 set 开头，方法仅有一个参数，方法访问级别为 public
                if (method.getName().startsWith("set")
                    && method.getParameterTypes().length == 1
                    && Modifier.isPublic(method.getModifiers())){
                    // 获取 setter()方法参数类型
```

```
                    Class<?> pt = method.getParameterTypes()[0];
                    try {
                        // 获取指定属性,例如获取 name 属性
                        String property = method.getName().length() > 3 ?
                            method.getName().substring(3, 4).toLowerCase() +
                                method.getName().substring(4) : "";
                        // 从 ObjectFactory 中获取依赖对象
                        Object object = objectFactory.getExtension(pt, property);
                        if (object != null) {
                            // 通过反射调用 setter()方法设置依赖
                            method.invoke(instance, object);
                        }
                    } catch (Exception e) {
                        logger.error("fail to inject via method…");
                    }
                }
            }
        }
    } catch (Exception e) {
        logger.error(e.getMessage(), e);
    }
    return instance;
}
```

在代码清单 3-2 中,objectFactory 变量的类型为 AdaptiveExtensionFactory,AdaptiveExtensionFactory 内部维护了一个 ExtensionFactory 列表,用于存储其他类型的 ExtensionFactory。Dubbo 目前提供了两种 ExtensionFactory,分别是 SpiExtensionFactory 和 SpringExtensionFactory,前者用于创建自适应拓展类,后者用于在 Spring 的 IOC 容器中获取所需拓展类。

接下来介绍 Dubbo 服务端将服务注册到 ZooKeeper 注册中心的全过程,这个过程又被称为 Dubbo 服务导出,共 7 个步骤。

(1)启动导出逻辑。当 Spring 容器发布刷新事件时,Dubbo 接收到该事件,开始执行服务导出逻辑。服务导出的入口方法是 DubboBootstrapApplicationListener 的 onApplicationEvent()。onApplicationEvent()是一个事件响应方法,该方法会在接收到 Spring 上下文刷新事件后执行服务导出操作:

```
public void onApplicationEvent(ApplicationEvent event) {
    if (isOriginalEventSource(event)) {
        if (event instanceof DubboAnnotationInitedEvent) {
            //在 spring 单例 bean 之前初始化 dubbo 配置 bean
            initDubboConfigBeans();
        } else if(event instanceof ApplicationContextEvent){
            this.onApplicationContextEvent((ApplicationContextEvent)event);
        }
    }
}
```

onApplicationEvent()方法会根据服务附加条件决定是否导出服务。例如,如果服务设置为延时导出,那么接收到事件时就不会立即执行导出操作。此外,如果服务已经被导出了,或者当前服务被取消导出,接收到事件时也不能再次导出相关服务。

(2)检查配置。启动导出服务时,服务端需检查 Dubbo 的配置项,如果配置项不合理,会为用户补充默认配置值。在配置项检查完成后,根据配置组装 URL。Dubbo 使用 URL 作为配置载体,所有的拓展点都通过 URL 获取配置。Dubbo 使用 doExport()方法导出服务,doExport()方法的具体源码如下:

```
protected synchronized void doExport() {
    // 检测各种对象
    if (unexported) {
        throw new IllegalStateException("The service"+interfaceClass.getName()+"has
        already unexported! ");
    }
    if (exported) {
        return;
    }
    if (StringUtils.isEmpty(path)) {
        path = interfaceName;
    }
    // 导出服务
    doExportUrls();
    exported();
}
```

（3）构建导出服务列表。Dubbo 支持使用不同的协议导出服务，也支持向多个注册中心导出服务。Dubbo 使用 doExportUrls()方法实现对多协议、多注册中心的支持，相关代码如下：

```
private void doExportUrls() {
    ServiceRepository repository=ApplicationModel.getServiceRepository();
    ServiceDescriptor serviceDescriptor=
            repository.registerService(getInterfaceClass());
    repository.registerProvider(
            getUniqueServiceName(),
            ref,
            serviceDescriptor,
            this,
            serviceMetadata
    );
    //加载注册中心连接
    List<URL >registryURLs = ConfigValidationUtils.loadRegistries(this, true);
    //遍历协议类型，并在每个协议类型导出服务
    for (ProtocolConfig protocolConfig:protocols) {
        String pathKey=URL.buildKey(getContextPath(protocolConfig)
                .map(p->p+"/"+path)
                .orElse(path), group, version);
        //如果是用户指定的路径，需要重新注册服务，将其映射到路径
        repository.registerService(pathKey, interfaceClass);
        doExportUrlsForlProtocol(protocolConfig, registryURLs);
    }
}
```

doExportUrls()方法首先初始化等待导出的服务数据，通过 loadRegistries()加载注册中心连接，然后遍历 protocolConfig 集合导出每个服务，并在导出服务的过程中，将服务注册到注册中心。

loadRegistries()方法除了加载注册中心连接，还实现了如下功能：检测是否存在注册中心配置类，不存在则抛出异常；构建参数映射 HashMap；构建注册中心连接列表；遍历连接列表，并根据条件决定是否将其添加到 registryList 中。

（4）组装 URL。完成配置检查后，接下来就会根据配置信息组装 URL。组装 URL 的过程分为如下 3 个步骤。

① 将服务的版本、时间戳、方法名以及各种配置对象的字段信息放入 map 中，map 中的内容将作为 URL 的查询字符串。

② 获取上下文路径、主机名以及端口号等信息。

③ 将 map 和主机名等数据传给 URL 构造函数创建 URL 对象。这里出现的 URL 并非 java.net.URL，而是 com.alibaba.dubbo.common.URL。

（5）构建 Invoker 模型。服务导出分为导出到本地 JVM 和导出到远程注册中心。在服务导出之前，还需要构建 Invoker 模型。Invoker 是实体域，它是 Dubbo 的核心模型，其他模型都向它靠拢，或转换成它。Invoker 代表一个可执行体，可向它发起 invoke 调用。Invoker 可能是一个本地的实现，可能是一个远程的实现，也可能是一个集群的实现。

Invoker 由 ProxyFactory 创建，Dubbo 默认的 ProxyFactory 实现类是 JavassistProxyFactory。JavassistProxyFactory 的实现如下：

```
public <T> Invoker<T> getInvoker(T proxy, Class<T> type, URL url) {
    // 为目标类创建 Wrapper
    final Wrapper wrapper = Wrapper.getWrapper(proxy.getClass().getName().indexOf('$')
    < 0 ? proxy.getClass() : type);
    // 创建匿名 Invoker 类对象，并实现 doInvoke()方法
    return new AbstractProxyInvoker<T>(proxy, type, url) {
        @Override
        protected Object doInvoke(T proxy, String methodName,
                                  Class<?>[] parameterTypes,
                                  Object[] arguments) throws Throwable {
            // 调用 Wrapper 类的 invokeMethod()方法，invokeMethod()最终会调用目标方法
            return wrapper.invokeMethod(proxy, methodName, parameterTypes, arguments);
        }
    };
}
```

JavassistProxyFactory 创建一个继承自 AbstractProxyInvoker 类的匿名对象，并覆写抽象方法 doInvoke()。覆写后的 doInvoke()逻辑比较简单，仅将调用请求转发给 Wrapper 类的 invokeMethod()方法。

Wrapper 用于"包裹"目标类，是一个抽象类，仅可通过 getWrapper(Class)方法创建子类。在创建 Wrapper 子类的过程中，子类代码生成逻辑会对 getWrapper(Class)方法传入的 Class 对象进行解析，得到诸如类方法、类成员变量等信息，并生成 invokeMethod()方法代码和其他一些方法代码。代码生成完毕后，通过 Javassist 生成 Class 对象，最后通过反射创建 Wrapper 实例。

（6）导出服务到本地。服务导出到本地就是把 Invoker 相关信息注入 JVM 当中，这个功能基本上仅应用于本地测试。

（7）导出服务到远程注册中心。导出服务到远程注册中心涉及两个步骤：先导出再注册。具体的实现方法可以参考开源代码 RegistryProtocol 的 export()方法：

```
public <T> Exporter<T> export(final Invoker<T> originInvoker) throws RpcException {
    // 导出服务
    final ExporterChangeableWrapper<T> exporter = doLocalExport(originInvoker);
    // 获取注册中心 URL，以 ZooKeeper 注册中心为例，得到的示例 URL 如下：
    // zookeeper://127.0.0.1:2181/com.alibaba.dubbo.registry.RegistryService……
    URL registryUrl = getRegistryUrl(originInvoker);
    // 根据 URL 加载 Registry 实现类，如 ZookeeperRegistry
    final Registry registry = getRegistry(originInvoker);
    // 获取已注册的提供者 URL,
    // 如 dubbo://192.168.0.1:20880/com.alibaba.dubbo.demo.DemoService……
    final URL registeredProviderUrl = getRegisteredProviderUrl(originInvoker);
```

```
        // 获取 register 参数
        alibaba register = registeredProviderUrl.getParameter("register", true);
        // 向提供者与消费者注册表中注册服务
        ProviderConsumerRegTable.registerProvider(originInvoker, registryUrl, registered
        ProviderUrl);
        // 根据 register 的值决定是否注册服务
        if (register) {
            // 向注册中心注册服务
            register(registryUrl, registeredProviderUrl);
            ProviderConsumerRegTable.getProviderWrapper(originInvoker).setReg(true);
        }
        // 获取订阅 URL,
        // 如 provider://192.168.0.1:20880/com.alibaba.dubbo.demo.DemoService……
        final URL overrideSubscribeUrl = getSubscribedOverrideUrl(registeredProviderUrl);
        // 创建监听器
        final OverrideListener overrideSubscribeListener = new OverrideListener
        (overrideSubscribeUrl, originInvoker);
        overrideListeners.put(overrideSubscribeUrl, overrideSubscribeListener);
        // 向注册中心订阅覆写数据
        registry.subscribe(overrideSubscribeUrl, overrideSubscribeListener);
        // 创建并返回 DestroyableExporter
        return new DestroyableExporter<T>(exporter, originInvoker, overrideSubscribeUrl,
        registeredProviderUrl);
    }
```

如上述代码所示，RegistryProtocol 的 export() 方法主要涉及 4 个步骤：调用 doLocalExport() 导出服务、向注册中心注册服务、向注册中心订阅覆写数据、创建并返回 DestroyableExporter。

到这里，提供者就能够把需要发布的服务注册到注册中心。消费者需要先向注册中心拉取提供者信息，然后直接和提供者建立连接，发起请求实现服务调用。

Dubbo 服务引用的时机有两个，第一个是在 Spring 容器调用 ReferenceBean 的 afterPropertiesSet() 方法时引用，第二个是在 ReferenceBean 对应的服务被注入其他类中时引用。这两个引用服务的时机区别在于，第一个是"饿汉式"的，第二个是"懒汉式"的。默认情况下，Dubbo 使用懒汉式引用服务。如果需要使用饿汉式，可通过配置 dubbo:reference 的 init 属性开启。

Dubbo 官方文档提出了如下 6 个建议。

（1）在提供者端尽量多配置消费者端属性。提供者端作为服务提供者，通常比消费者更了解服务的性能参数，如超时时间、重试次数等。如果让消费者配置这些属性，那么将有可能对提供者端性能产生冲击。提供者如果配置这些属性，可以作为消费者端的默认值。

（2）消费者配置 Dubbo 缓存文件。消费者可以配置缓存文件的路径，并保证这个文件不会在发布过程中被清除，实现稳定的调用。即使在注册中心推送有延迟的情况下，消费者依旧可以通过缓存列表，调用到服务端地址，从而保证了调用的稳定性。

（3）拆分 API 包。应该将服务导出的接口和客户端的调用接口统一放在 API 包中独立归档。这个 API 包也应该包含抛出的异常类型、参数类型、返回类型。这样做也符合重用发布等价原则和共同重用原则。

（4）服务接口粒度尽可能大。服务的接口粒度应该尽可能大，建议业务以场景为单位划分，相近的业务做抽象处理。每个服务方法应代表一个功能，而不是代表一个步骤。不建议使用参数类型和返回类型都为 Map 的通用接口。

（5）每个接口都应定义版本号。建议使用两位版本号。因为通常第三位的版本号表示兼容性升级。当不兼容升级时，可以升级前两位的版本号。如果不打算升级版本号，提供者应该保证兼容性。

（6）谨慎处理异常。默认服务端的异常会把堆栈信息传给消费者。这样有可能会产生性能和安全问题。服务端也可以使用错误码作返回类型，并携带自定义信息，使得语义更加友好。服务端应充分记录异常日志，或者增加开关和日志级别，如输出不容易定位的序列化异常。

3.2 Netty 和 Dubbo 实战

本节在第 2 章的抢购系统实战的基础上，扩充了抢购系统监控功能。

3.2.1 抢购系统监控功能需求分析

先回顾第 2 章的抢购系统实战。抢购系统需要先启动监控端线程，利用监控端监听节点的操作事件，包括创建、删除和修改；然后启动 10 个买家线程，买家会循环等待，直到能够查到商品信息为止；最后启动卖家线程，卖家会创建工作路径，把商品状态和详细信息设置到节点上面，采用分布式原子类表示商品的库存数量，并发出开始抢购的信号。之后卖家会进入分布式屏障的阻塞环节等待抢购结束的通知。买家接收到抢购信号以后，会竞争获取分布式锁，只有取得分布式锁的买家才能进行抢购操作。抢购成功的买家需要通过 CAS 方式设置商品剩余数量，最后释放分布式锁。取得分布式锁的买家，如果发现此时商品数量为 0，表示抢购失败。监控端会持续监控当前的商品剩余数量，当发现商品数量为 0 时，通知卖家抢购已经结束。

监控端不一定有数据分析的能力。假如抢购系统需要拓展运维功能，又不想和监控端耦合在一起，可以再开发数据中心服务，数据中心需要周期同步监控端采集的数据。监控端、数据中心和 ZooKeeper 的交互工作流程如图 3-9 所示。

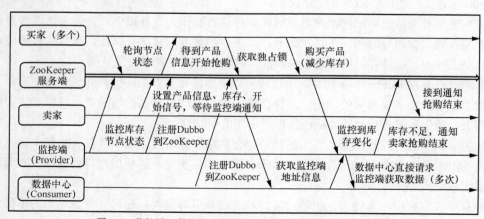

图 3-9　监控端、数据中心和 ZooKeeper 服务端的交互工作流程

如图 3-9 所示，监控端为提供者，数据中心为消费者，数据中心需要定期请求监控端控取数据。监控端在启动时，开始监控 ZooKeeper 节点数据，如实时监控抢购商品库存节点状态。监控端需要把 Dubbo 接口和 IP 地址等信息注册到 ZooKeeper 中。数据中心在启动时，也需要注册自身实例到 ZooKeeper 中。双方都完成实例注册之后，数据中心通过 ZooKeeper 获取监控端地址和接口信息，数据中心周期性地请求监控端控取数据，实现运维功能的拓展。

3.2.2 抢购系统监控功能实战

为了更好地实战 Dubbo 相关的功能，本节从零开始搭建监控端和数据中心的代码逻辑。监控端、数据中心和 ZooKeeper 的交互工作流程简化图如图 3-10 所示。

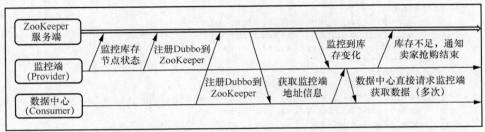

图 3-10 监控端、数据中心和 ZooKeeper 服务端的交互工作流程简化图

下面具体分析抢购系统运维模块。抢购系统运维模块由两部分组成，如图 3-11 所示。其中 Consumer 表示数据中心，Provider 表示监控端。

先实现监控端（Provider）的业务逻辑，其文件结构如图 3-12 所示。监控端文件结构分为 3 个部分：pom.xml 依赖配置文件、Dubbo 配置文件和业务逻辑 Java 代码。

图 3-11 抢购系统运维模块组成

图 3-12 抢购系统运维模块监控端文件结构

监控端 pom.xml 是 Maven 依赖配置文件，如代码清单 3-3 所示。该配置引入了 3 个核心依赖：dubbo、dubbo-dependencies-zookeeper 和 spring-boot-starter。其中 dubbo-dependencies-zookeeper 依赖会引入 Curator，用于和 ZooKeeper 交互。

代码清单 3-3 监控端的 pom.xml 文件

```xml
<?xml version="1.0" encoding="UTF-8"?>
<project>
```

```xml
<parent>
    <artifactId>TheThirdChapterDemoForDubbo</artifactId>
    <groupId>TheThirdChapterDemoForDubbo</groupId>
    <version>1.0-SNAPSHOT</version>
</parent>
<modelVersion>4.0.0</modelVersion>
<artifactId>Provider</artifactId>
<properties>
    <source.level>1.8</source.level>
    <target.level>1.8</target.level>
    <dubbo.version>3.0.2.1</dubbo.version>
    <spring-boot.version>2.2.9.RELEASE</spring-boot.version>
    <maven-compiler-plugin.version>3.7.0</maven-compiler-plugin.version>
</properties>
<dependencies>
    <dependency>
        <groupId>org.apache.dubbo</groupId>
        <artifactId>dubbo</artifactId>
        <version>${dubbo.version}</version>
    </dependency>
    <dependency>
        <groupId>org.apache.dubbo</groupId>
        <artifactId>dubbo-dependencies-zookeeper</artifactId>
        <version>${dubbo.version}</version>
        <type>pom</type>
        <exclusions>
            <exclusion>
                <groupId>org.slf4j</groupId>
                <artifactId>slf4j-log4j12</artifactId>
            </exclusion>
        </exclusions>
    </dependency>
    <dependency>
        <groupId>org.springframework.boot</groupId>
        <artifactId>spring-boot-starter</artifactId>
        <version>${spring-boot.version}</version>
    </dependency>
</dependencies>
<build>
    <plugins>
        <plugin>
            <groupId>org.apache.maven.plugins</groupId>
            <artifactId>maven-compiler-plugin</artifactId>
            <version>${maven-compiler-plugin.version}</version>
            <configuration>
                <source>${source.level}</source>
                <target>${target.level}</target>
            </configuration>
        </plugin>
    </plugins>
</build>
</project>
```

监控端 dubbo-provider.xml 是 Dubbo 的配置文件,如代码清单 3-4 所示。该文件配置了 Dubbo 的角色信息、ZooKeeper 的地址、Dubbo 暴露的端口号和协议、Dubbo 暴露的接口类等。

代码清单 3-4　监控端的 dubbo-provider.xml 文件

```xml
<?xml version="1.0" encoding="UTF-8"?>
<beans xmlns:xsi=… xmlns:dubbo=… xmlns:context=… xsi:schemaLocation=…>
    <context:property-placeholder/>
    <dubbo:application name="dubbo-provider"/>
    <dubbo:registry client="curator"
address="zookeeper://${zookeeper.address:127.0.0.1}:2181"/>
    <dubbo:provider token="true"/>
    <dubbo:protocol name="dubbo" port="20880"/>
    <dubbo:provider delay="-1"/>
    <dubbo:service interface="org.apache.dubbo.samples.MonitorService"
ref="monitorService"/>
    <bean id="monitorService" class="org.apache.dubbo.samples.MonitorServiceImpl"/>
</beans>
```

dubbo:service 需要配置一组接口，并且指定 ref 实现，每个 ref 对应一个 bean 的配置，ref 的配置通常和 bean 的 id 内容保持一致。案例中 dubbo:service 配置了 MonitorService 接口路径。MonitorService 接口如代码清单 3-5 所示。

代码清单 3-5　监控端的 MonitorService 接口

```java
public interface MonitorService {
    /**
     * 获取监控端统计的日志
     *
     * @param token 鉴权
     * @return String 日志
     */
    String getMonitorData(String token);
}
```

MonitorServiceImpl 实现类如代码清单 3-6 所示。

代码清单 3-6　监控端的 MonitorServiceImpl 实现类

```java
package org.apache.dubbo.samples;
public class MonitorServiceImpl implements MonitorService {
    /**
     * 获取监控端统计的日志
     *
     * @param token 鉴权
     * @return String 日志
     */
    public String getMonitorData(String token) {
        return "【token】" + token + "\n" +
                "【监控端】监听到修改事件,path=/goods/stock,from=5,to=4\n" +
                "【监控端】监听到修改事件,path=/goods/stock,from=4,to=3\n" +
                "【监控端】监听到修改事件,path=/goods/stock,from=3,to=2\n" +
                "【监控端】监听到修改事件,path=/goods/stock,from=2,to=1\n" +
                "【监控端】监听到修改事件,path=/goods/stock,from=1,to=0\n" +
                "【监控端】即将移除分布式屏障";
    }
}
```

MonitorServiceImpl 是监控端提供采集数据的核心类，通常需要实现复杂的业务逻辑。这里为了简化代码,聚焦 Dubbo 功能实战,把监控端通过 Curator 订阅 ZooKeeper 节点信息的业务逻辑简化为直接返回字符串。如果读者对监控端订阅 ZooKeeper 节点信息的业务逻辑感兴趣,请参考第 2 章的抢购系统实战。

监控端的启动类 DubboProvider 文件如代码清单 3-7 所示。

代码清单 3-7 监控端的启动类 DubboProvider 文件

```
package org.apache.dubbo.samples;
import org.springframework.boot.SpringApplication;
import org.springframework.boot.autoconfigure.SpringBootApplication;
import org.springframework.context.annotation.ImportResource;
import java.util.concurrent.CountDownLatch;
@SpringBootApplication
@ImportResource("classpath:dubbo-provider.xml")
public class DubboProvider {
    public static void main(String[] args) throws Exception {
        SpringApplication.run(DubboProvider.class, args);
        System.out.println("【dubbo service started】");
        new CountDownLatch(1).await();
    }
}
```

监控端的启动类中规中矩,启动后会输出日志并阻塞主线程。启动类使用@ImportResource 注解声明 dubbo-provider.xml 配置文件的路径。

至此,监控端的代码已经完整展示,启动服务,可以看到启动日志末尾输出启动成功:

```
2021-10-07 21:40:04.315  INFO 20460 --- [main] org.apache.dubbo.samples.DubboProvider :
Started DubboProvider in 10.004 seconds (JVM running for 12.653)
【dubbo service started】
```

监控端代码展示结束后,下文将介绍如何实现数据中心(Consumer)的业务逻辑,其文件结构如图 3-13 所示。数据中心文件结构分为 3 个部分:pom.xml 依赖配置文件、Dubbo 配置文件和业务逻辑 Java 代码。

数据中心的 pom.xml 是 Maven 依赖配置文件,如代码清单 3-8 所示。该配置文件和监控端 pom.xml 相似。

图 3-13 抢购系统运维模块数据中心文件结构

代码清单 3-8 数据中心的 pom.xml 文件

```xml
<?xml version="1.0" encoding="UTF-8"?>
<project>
    <parent>
        <artifactId>TheThirdChapterDemoForDubbo</artifactId>
        <groupId>TheThirdChapterDemoForDubbo</groupId>
        <version>1.0-SNAPSHOT</version>
    </parent>
    <modelVersion>4.0.0</modelVersion>
    <artifactId>Consumer</artifactId>
    <properties>
        <source.level>1.8</source.level>
        <target.level>1.8</target.level>
        <dubbo.version>3.0.2.1</dubbo.version>
```

```xml
        <spring-boot.version>2.2.9.RELEASE</spring-boot.version>
        <maven-compiler-plugin.version>3.7.0</maven-compiler-plugin.version>
    </properties>
    <dependencies>
        <dependency>
            <groupId>org.apache.dubbo</groupId>
            <artifactId>dubbo</artifactId>
            <version>${dubbo.version}</version>
        </dependency>
        <dependency>
            <groupId>org.apache.dubbo</groupId>
            <artifactId>dubbo-dependencies-zookeeper</artifactId>
            <version>${dubbo.version}</version>
            <type>pom</type>
            <exclusions>
                <exclusion>
                    <groupId>org.slf4j</groupId>
                    <artifactId>slf4j-log4j12</artifactId>
                </exclusion>
            </exclusions>
        </dependency>
        <dependency>
            <groupId>org.springframework.boot</groupId>
            <artifactId>spring-boot-starter</artifactId>
            <version>${spring-boot.version}</version>
        </dependency>
    </dependencies>
    <build>
        <plugins>
            <plugin>
                <groupId>org.apache.maven.plugins</groupId>
                <artifactId>maven-compiler-plugin</artifactId>
                <version>${maven-compiler-plugin.version}</version>
                <configuration>
                    <source>${source.level}</source>
                    <target>${target.level}</target>
                </configuration>
            </plugin>
        </plugins>
    </build>
</project>
```

数据中心 dubbo-consumer.xml 是 Dubbo 的配置文件，如代码清单 3-9 所示。该文件配置了 Dubbo 的角色信息、ZooKeeper 的地址、Dubbo 远程引用的接口类等。

代码清单 3-9 数据中心的 dubbo-consumer.xml 文件

```xml
<?xml version="1.0" encoding="UTF-8"?>
<beans xmlns:xsi=… xmlns:dubbo=… xmlns:context=… xsi:schemaLocation=…>
    <context:property-placeholder/>
    <dubbo:application name="dubbo-consumer"/>
    <dubbo:registry address="zookeeper://${zookeeper.address:127.0.0.1}:2181"/>
    <dubbo:reference id="monitorService" interface="org.apache.dubbo.samples. MonitorService"/>
</beans>
```

数据中心 dubbo-consumer.xml 配置的应用名称为 dubbo-consumer，该名称不需要和监控端配置保持一致，只用于计算依赖关系，不是匹配条件。

数据中心的 MonitorService 接口代码和监控端的几乎完全一致，本质上是接口的定义，包括方法名称、参数类型和返回值类型。无论是数据中心还是监控端，都需要实现 MonitorService 接口，通常会把这类接口单独开发成软件开发工具包（software development kit，SDK），监控端引入 SDK 并提供实现方法，数据中心引入 SDK 并直接调用。

数据中心的启动类 DubboConsumer 文件如代码清单 3-10 所示。

代码清单 3-10　数据中心的启动类 DubboConsumer 文件

```
package org.apache.dubbo.samples;
import org.springframework.boot.SpringApplication;
import org.springframework.boot.autoconfigure.SpringBootApplication;
import org.springframework.context.ApplicationContext;
import org.springframework.context.annotation.ImportResource;
@SpringBootApplication
@ImportResource("classpath:dubbo-consumer.xml")
public class DubboConsumer {
    public static void main(String[] args) throws Exception {
        ApplicationContext context = SpringApplication.run(DubboConsumer.class, args);
        MonitorService service = context.getBean(MonitorService.class);
        String data = service.getMonitorData("AABBCC");
        System.out.println("【MonitorService get data by dubbo】\n" + data);
    }
}
```

数据中心的启动类使用@ImportResource 注解声明 dubbo-consumer.xml 配置文件的路径。启动数据中心后会直接触发 Dubbo 请求，传递字符串参数 token 为 AABBCC，调用监控端并在控制台输出返回值。启动数据中心，可以看到启动日志末尾输出日志：

```
2021-10-07 21:42:21.649  INFO 9524 --- [main] org.apache.dubbo.samples.DubboConsumer :
Started DubboConsumer in 8.768 seconds (JVM running for 11.536)
【MonitorService get data by dubbo】
【token】AABBCC
【监控端】监听到修改事件,path=/goods/stock,from=5,to=4
【监控端】监听到修改事件,path=/goods/stock,from=4,to=3
【监控端】监听到修改事件,path=/goods/stock,from=3,to=2
【监控端】监听到修改事件,path=/goods/stock,from=2,to=1
【监控端】监听到修改事件,path=/goods/stock,from=1,to=0
【监控端】即将移除分布式屏障
```

上述日志完整地展示了抢购系统监控功能实现的全过程，其中监控端把 Dubbo 接口和 IP 地址等信息注册到 ZooKeeper 中。数据中心在启动时注册自身实例到 ZooKeeper 中。双方都完成实例注册后，数据中心通过 ZooKeeper 获取监控端地址和接口信息，数据中心请求监控端控取数据，实现运维功能的拓展。

此时，可以执行 "mvn package f pom.xml" 命令制作数据中心和监控端 jar 包，用于独立部署业务应用。

第三部分

构建 PaaS 平台的核心云平台技术组件

　　大中台战略背景下涌现了很多优秀的平台即服务（PaaS）中台架构设计。第三部分讲解一种通用的 PaaS 中台架构设计，融合运维层面的集群日志管理和指标监控告警功能，统称云平台架构设计。

　　第三部分的重点是构建 PaaS 层，首先会分析平台底座。这一部分主要阐述如何将 IaaS 层提供的相对分散的虚拟机组成一个集群环境，涉及的主要技术包括 Docker 容器、Kubernetes 编排引擎；然后挑选两个经典的框架阐述运维层的实现方式，除了介绍 Prometheus 框架指标监控与告警的原理与应用，还介绍 Kubernetes 集群日志管理的应用；最后，对微服务治理框架 Istio 在云平台的应用场景进行展望。

第 4 章

Docker 容器技术原理与实战

Docker 是目前最流行的 Linux 容器解决方案之一，它是基于 Go 语言开发的开源应用容器技术，其源码托管在 GitHub 上。Docker 集成了开发、打包、发布应用程序等功能，是 PaaS 平台的基石。目前业务开发的主流解决方案是微服务架构（microservice architecture），而容器技术和容器编排技术是打包和运行微服务的技术基础。

Docker 镜像是在容器引擎（即 Docker 引擎）上运行的，具有轻巧、独立的特性，包括运行容器应用所需的一切，如代码、运行环境、系统工具、系统库和设置等。容器将应用程序与其运行环境隔离开来，不论容器化软件的基础架构如何，都可运行在基于 Linux 和 Windows 的操作系统中，并达到相同的运行效果。

本章主要介绍 Docker 镜像原理和容器实战，Docker 网络、安全、存储等相关技术将结合编排引擎在第 5 章进行详细介绍。Docker 支持接入 Prometheus 监控方案和 Elasticsearch 日志查询功能，感兴趣的读者可以自行研究。

4.1 Docker 基础

自 2013 年以来，Docker 技术愈发火热，拥有大量的用户，社区十分活跃。

4.1.1 Docker 背景与关键词

如果业务应用出现故障导致业务流程瘫痪，将会给公司造成经济损失。传统业务应用直接运行在物理服务器上，物理服务器的操作系统没有相应的技术手段稳定地运行多个业务应用。

在这种场景下，当需要增加一个新的业务应用时，采购部门不得不去采购一台新的服务器。出现这个问题的根本原因是，没有行之有效的方法来判断新增的业务应用所需的服务器性能。如果部署在旧的服务器上，有可能造成旧的服务器瘫痪。如果部署在新服务器上面，将只能凭借经验去推测购买的服务器的型号和规格。往往新服务器的性能是过剩的，这不仅增加了业务部门成本，而且服务器的资源利用往往维持在很低的水平，浪费了公司的服务器资源。

为了解决这个问题，先后出现了虚拟机技术和容器技术。虚拟机技术是一种允许多个业务应用能够安全稳定地运行在同一个服务器上的技术，这项技术是一种划时代的进步。此后，当业务部门有增加部署新的业务应用需求时，采购部门不需要采购新的机器，只需要运维人员在现有空闲服务器上，划拨机器资源，就可以部署新的虚拟机系统和业务应用，通过虚拟机技术实现物理服务器资源的最大化利用。

虚拟机技术也有缺点，虚拟机需要依赖专用的操作系统，操作系统会额外占用 CPU 和内存的开销。当服务器运行多个虚拟机实例时，操作系统占用性能资源的问题的严重性会成倍地放大。此外虚拟机启动会花费更多的时间，并且业务应用在不同虚拟机之间迁移要付出更高的代价。

直到 Docker 容器技术出现，虚拟机技术的问题才得到有效解决。Docker 容器技术于 2013 年作为开源 Docker 引擎被推出。Docker 的字面意思是码头工人，表示码头和货船载货卸货的工人。Docker 容器技术之所以独特，是因为它专注于开发人员和系统操作员的需求，能够将应用程序依赖项与基础操作系统分开。

Docker 容器占用的物理服务器资源很少，不需要占额外的专用操作系统资源，并且启动速度很快。Docker 把所有业务应用包装成容器镜像，容器镜像可以很容易地在不同操作系统之间迁移。Docker 镜像是轻巧的、独立的、可执行的软件包，其中包括运行应用程序所需的一切，如代码、运行环境、系统工具、系统库和设置等。

Docker 在 Linux 操作系统生态圈的成功应用，推动了 Docker 与微软公司的合作，微软公司将 Docker 容器及其功能引入 Windows 服务器（也称为 Docker Windows 容器）。Docker 及其开源项目已经被很多数据中心供应商和云提供商采用。

在 Docker 引擎上运行的 Docker 容器有如下 3 个特性。

（1）标准：Docker 创建了容器的行业标准，因此它可以移植到任何地方。

（2）轻巧：容器共享计算机的操作系统内核，因此不需要每个应用程序都具有操作系统，从而提高了服务器效率，并降低了服务器成本。

（3）安全：容器中的应用程序更安全，Docker 提供业界强大的隔离功能。

下面通过对比虚拟机系统和 Docker 容器技术，帮助读者更加深入地了解 Docker 容器技术。

虚拟机（virtual machine，VM）指通过软件模拟的具有完整硬件系统功能的、运行在一个完全隔离环境中的完整计算机系统。每个虚拟机都有独立的硬盘和操作系统，可以像使用实体机一样对虚拟机进行操作。虚拟机是带环境安装的一种解决方式，它可以在一种操作系统中运行其他操作系统。例如，在 Windows 操作系统中运行 Linux 操作系统，应用程序对此毫无感知，因为虚拟机看起来和实体计算机并无差别。而对于底层系统，虚拟机就是一个普通文件，不需要时可以直接删除，以释放资源。

在容器技术兴起前，微服务只能安装在虚拟机中，通常在一个物理机上运行多个虚拟机系统，每个应用程序都部署在独立的虚拟机系统中，通过虚拟机来隔离应用程序。由于每个虚拟机都有一套独立的操作系统和磁盘文件系统，会独占部分内存和硬盘空间，因此会出现一个应用程序占用内存几十 MB，而虚拟机操作系统占用数十 GB 的情况，导致虚拟机占用过多的物理机性能资源。同时，如果虚拟机操作系统有安全漏洞，打补丁将会是件极麻烦的事。目前主流的虚拟机系统有 VMWare、VirtualBox、KVM、Xen 等。虚拟化应用程序的运行框架如图 4-1 所示。

在图 4-1 中，虚拟机将一台物理服务器转变为 3 台逻辑服务器。虚拟机管理程序允许多个虚拟机在单台计算机上运行。每个虚拟机包含用户操作系统、应用程序、必要的二进制格式文件和库的完整副本等。

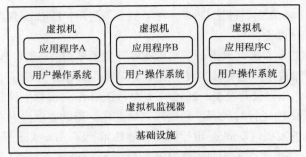

图 4-1　虚拟化应用的运行框架

为了减少操作系统在底层重复部署的开销，Docker 创建的所有容器共享同一个操作系统，容器占用的空间会比虚拟机少很多。Docker 部署的镜像包更小，启动速度更快，对物理机操作系统的开销更小。并且很多常用的中间组件都有现成的 Docker 镜像包，管理依赖文件比虚拟机方便很多。

容器化应用程序的运行框架如图 4-2 所示。容器是应用程序层的抽象，它将代码和依赖项打包在一起。多个容器可以在同一台计算机上运行，并与其他容器共享操作系统内核，每个容器在用户空间中作为隔离的进程运行。容器占用的空间少于虚拟机（容器镜像通常为几十 MB），这使系统可以处理更多的应用程序，并且容器在运行过程中向操作系统申请的资源更少。

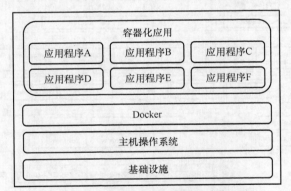

图 4-2　容器化应用程序的运行框架

通过比较容器和虚拟机应用框架，可以看出容器和虚拟机具有相似的资源隔离和分配优势，但两者功能不同，容器虚拟的是操作系统，而不是硬件，且容器更加轻量化和高性能。

Docker 是目前主流的容器技术，此外还有很多其他的容器技术，如 CoreOS、Rocket。目前容器技术领域由云原生计算基金会管理并负责组织制定容器和镜像服务的接口规范。制定容器规范可以让不同容器保持统一的运行方式，而不受特定操作系统、硬件、CPU 架构、公有云等的限制。

Docker 容器运行的文件叫作镜像包，它是通过执行 Dockerfile 包含的命令来编译生成的。镜像包通常存放在镜像库（即 Docker Registry）里，Docker 公司提供了公共仓库 Docker Hub 来存放镜像包。Docker 公司称 Docker Hub 是世界上最大的容器镜像库和社区。

Docker 通过容器编排引擎实现集群运作。常见的容器编排引擎有谷歌公司开发的 Kubernetes、Docker 公司开发的 Swarm 等。编排引擎负责容器的管理，包括创建、调度、运行、健康检查、监控、网关、权限控制等。本章主要讨论 Docker 在单机上的应用，Docker 集群方案在第 5 章分析容器编排引擎 Kubernetes 时讨论。

Docker 在 2013 年的发布极大地推动了应用程序开发的革命——软件容器化。Docker 开发了一种可移植的 Linux 容器技术，这种技术灵活且易于部署。Docker 开源了 libcontainer，并与世界各地的社区贡献者合作，以促进其发展。2015 年 6 月，Docker 向云原生计算基金会捐赠了容器镜像规范和现在被称为 runc 的运行时代码，通过建立标准化，帮助容器生态系统的发展。

随着容器生态系统的发展，Docker 继续回馈容器技术社区。Docker 于 2017 年把容器运行时内核命名为 containerd，并捐赠给了云原生计算基金会。containerd 是行业标准的容器运行时内核，着重简单性、健壮性和可移植性。2019 年 2 月 28 日，containerd 从云原生计算基金会正式"毕业"。目前，containerd 已经被大多数云平台厂商支持。容器生态系统如图 4-3 所示。

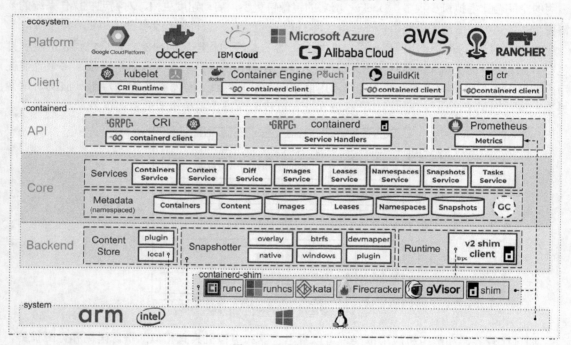

图 4-3　容器生态系统

通过 Docker 容器生态系统图可以看出 Docker 在容器领域的卓越影响力。

Docker 作为开源商业产品，主要分两个版本：开源免费的社区版（community edition，CE）和收费的企业版（enterprise edition，EE）。本书演示的实例都基于 Docker 社区版。接下来介绍 Docker 在 Linux、macOS 和 Windows 操作系统中的安装方式。

4.1.2　Linux Docker 运行环境

如果使用 Linux 集群环境，推荐通过执行系统提供的安装命令来安装 Docker。因为通常在部署 Linux 集群时，不会单独安装 Docker，第 5 章介绍编排技术时会详细阐述在集群环境下安装

Docker 的方法。

如果在 Linux 单机环境中安装 Docker，那么以 CentOS-7-x86_64 系统为例，可以按照如下 5 个步骤安装 Docker。

（1）卸载旧版本。
```
sudo yum remove docker \
  docker-client \
  docker-client-latest \
  docker-common \
  docker-latest \
  docker-latest-logrotate \
  docker-logrotate \
      docker-engine
```

（2）安装所需的软件包。
```
sudo yum install -y yum-utils \
device-mapper-persistent-data \
 lvm2
```
如果更新成功，控制台会显示如下内容。

更新完毕：
```
device-mapper-persistent-data.x86_64 0:0.8.5-2.el7 lvm2.x86_64 7:2.02.186-7.el7_8.2
yum-utils.noarch 0:1.1.31-54.el7_8
```
作为依赖被升级：
```
device-mapper.x86_64 7:1.02.164-7.el7_8.2 device-mapper-event.x86_64 7:1.02.164-
7.el7_8.2   device-mapper-event-libs.x86_64 7:1.02.164-7.el7_8.2 device-mapper-
libs.x86_64 7:1.02.164-7.el7_8.2    lvm2-libs.x86_64 7:2.02.186-7.el7_8.2
```
完毕！

（3）设置仓库。
```
sudo yum-config-manager \
--add-repo \ https://你的Docker仓库网址
```
如果本地连接国外网速比较慢，推荐更换代理地址，使用阿里云代理的方法如下。
```
sudo yum-config-manager \
--add-repo \ https://你的镜像库网址
```

（4）安装 Docker 引擎社区版。
```
sudo yum install docker-ce docker-ce-cli containerd.io
```
安装过程中需要根据提示"是否继续？[y/N]:"，输入 y，如下。
```
导入 GPG key 0x621E9F35:
   用户 ID     : "Docker Release (CE rpm) <docker@docker.com>"
   指纹       : 060a 61c5 1b55 *** eb6b 621e 9f35
   来自       : https://你的镜像库网址
是否继续？[y/N]: y
```
如果安装成功，控制台显示内容如下。

已安装：
```
containerd.io.x86_64 0:1.2.13-3.2.el7 docker-ce.x86_64 3:19.03.11-3.el7
docker-ce-cli.x86_64 1:19.03.11-3.el7
```
作为依赖被安装：
```
   container-selinux.noarch 2:2.119.1-1.c57a6f9.el7
```
完毕！

（5）启动并设置开机自启动 Docker。
```
sudo systemctl enable docker && sudo systemctl start docker
```

将当前登录用户加入 Docker 用户组后，执行 docker 命令可不加 sudo 命令。
```
sudo usermod -aG docker $(whoami)
```
执行 docker version 命令，查看 Docker 版本：
```
[root@localhost]# docker version
Client: Docker Engine - Community
 Version:           19.03.11
 API version:       1.40
 Go version:        go1.13.10
Server: Docker Engine - Community
 Engine:
  Version:          19.03.11
  API version:      1.40 (minimum version 1.12)
```
实际上这里的 Docker 包括两个组件，一个是客户端组件，一个是后台服务端的守护进程（即 Docker daemon），或被称为 Docker 引擎。客户端与服务端守护进程是通过本地套接字（/var/run/docker.sock）完成通信的。建议读者自行查阅相关文档，了解更多 Docker 客户端操作方式。

4.1.3　macOS 和 Windows Docker 运行环境

macOS 和 Windows 是常见、易用的操作系统，Docker 公司自然支持在这两个平台发展容器技术。Docker 官方为 macOS 和 Windows 操作系统单独开辟了一条产品线，名为 Docker Desktop，其定位是快速为开发人员提供在 macOS 和 Windows 中构建和共享容器化应用程序和微服务的工具。这个工具为开发人员提供了一套完整的桌面环境，给软件开发工作提供了更多便利，使开发人员可以轻松访问 Docker 桌面；遵循指南上的操作，开发人员可以在几分钟内轻松建成一个容器应用程序。

macOS 和 Windows 操作系统需要访问 Docker 官网获取安装包。启动 Docker 以后，桌面的右下角出现其图标，将鼠标指针放到图标上显示"Docker is running"则表示启动成功，之后在命令行窗口执行 Docker 命令即可。例如，在命令行窗口中输入 docker version 会显示当前版本。如果觉得拉取镜像比较慢，可以添加一个国内镜像加速服务器来加速。

4.1.4　运行第一个 Docker 容器

Docker 运行的环境准备就绪后，执行如下命令，启动一个 HTTP 服务，对应容器镜像是 httpd：
```
docker run -name httpd-test -d -p 8081:80 httpd
```
该命令会拉取一个 HTTP 服务，将 host 的 8081 端口映射到容器的 80 端口上。这里可能会因网络问题导致连接 Docker 官方仓库超时异常，无法拉取 httpd 容器镜像。如果返回异常，可执行如下命令添加国内代理仓库地址：
```
sudo mkdir -p /etc/docker
sudo tee /etc/docker/daemon.json <<-'EOF'
{"registry-mirrors":["https://国内代理仓库地址"]}
EOF
sudo systemctl daemon-reload
sudo systemctl restart docker
```
常用的国内代理仓库包括网易镜像库、阿里云镜像库、七牛云镜像库等。

重新执行如下命令,启动一个 HTTP 服务,控制台显示日志如下:

```
[root@localhost]# docker run -name httpd-test -d -p 8091:80 httpd
Unable to find image 'httpd:latest' locally
latest: Pulling from library/httpd
afb6ec6fdc1c: Pull complete
5a6b409207a3: Pull complete
41e5e22239e2: Pull complete
9829f70a6a6b: Pull complete
3cd774fea202: Pull complete
Digest: sha256:590382d0aca3***ceab3c8555edc03761b2b1b93
Status: Downloaded newer image for httpd:latest
a65214d4391f213b74089f***1051405f04c483b9037d49
```

上述代码说明本地仓库没有 httpd 容器镜像,所以需要到远程仓库下载。并且使用的版本号是 latest,镜像包准备就绪后启动该应用。

执行 docker ps 命令,可以查看当前正在运行的 Docker 容器:

```
[root@localhost]# docker ps
CONTAINER ID     IMAGE                  COMMAND              CREATED          STATUS
PORTS            NAMES
63c0802d1fdf     httpd                  "httpd-foreground"   21 seconds ago   Up 20
seconds          0.0.0.0:8081->80/tcp   httpd-test
```

打开浏览器,输入 http://localhost:8081/,可以看到页面输出"It works!",或执行 curl http://localhost:8081/命令,也可以得到同样的输出:

```
[root@localhost]# curl http://localhost:8081/
<html><body><h1>It works!</h1></body></html>
```

此时,可以通过执行 docker stop [CONTAINER ID]命令停止指定的进程。

执行 docker images 命令,查看当前所有 Docker 镜像:

```
[root@localhost]# docker images
REPOSITORY       TAG          IMAGE ID        CREATED       SIZE
httpd            latest       d4e60c8eb27a    3 weeks ago   166MB
```

4.2 Docker 核心原理

镜像是一个只读模板,包含容器运行时所需要的文件系统和配置参数,Docker 把应用程序及其依赖打包在镜像文件中。

Docker 本质上是为镜像提供服务,所有的设计流程都围绕着镜像展开,本节重点分析镜像的内部结构和设计原理。镜像实际上是未运行的容器,和虚拟机模板类似,虚拟机模板是处于关机状态的虚拟机。

4.2.1 镜像分层概述

首先必须要明确一个概念,镜像文件是分层的。Docker 镜像利用 Dockerfile 实现构建。Dockerfile 中的每条命令都会在镜像中添加一个新的"层",这些层表现为镜像文件系统中的一个分区,可以对其进行添加或替换。通常情况下,自己制作的镜像包至少包含两层。

第一层是基础镜像层,也称 base 镜像,它主要是各种 Linux 发行版(如 CentOS、Ubuntu)的镜像，是一个精简版的系统。构建镜像需要在本地拉取基础镜像层，可通过执行 docker pull centos 命令，拉取 CentOS 基础镜像：

```
[root@localhost]# docker pull centos
Using default tag: latest
latest: Pulling from library/centos
8a29a15cefae: Pull complete
Digest: sha256:fe8d824220415eed***06ac204f6700
Status: Downloaded newer image for centos:latest
docker.io/library/centos:latest
```

可执行 docker images | grep centos 命令，查看拉取的 CentOS 基础镜像：

```
[root@localhost]# docker images | grep centos
centos      latest     470671670cac     4 months ago     237MB
```

拉取的 CentOS 基础镜像文件只有 237 MB，与安装在物理机上的 CentOS 相比精简了很多。基础镜像的系统只包含用户空间 rootfs 文件系统，而没有包含内核（kernel）空间。启动基础镜像时，底层将直接使用宿主机上的内核空间。当然这里的精简操作系统是运行在 Docker 容器内部的，并不需要图形化界面，它只包含最基本的 Linux 命令和工具。

CentOS 基础镜像文件 237 MB 指的是 Linux rootfs 文件系统的大小。不同的 Linux 基础镜像最大的区别是 rootfs 文件系统不同。如果基础镜像使用的是高版本内核，而宿主机上面只有低版本的内核，那么最终容器在运行时还是会使用宿主机上的低版本内核。从本质上讲，容器是没有办法对内核空间升级的，用户需要充分考虑基础镜像内核兼容性问题。

第二层及以上的层为应用层，应用层在镜像里指的是用户自定义的运行程序或文件。

如果用户在第二层修改第一层基础镜像的文件，那么在其他容器看来，基础镜像并没有被修改。由于镜像是分层的，每一次对镜像的修改都是将一个最新的层添加到镜像的顶部，因此基础镜像仍处于镜像的底部。例如，第三层对第二层的修改，是在第三层生成了一个相同路径的文件。如表 4-1 所示，修改 /opt/test 的路径后，第三层的 /opt/test 会覆盖第二层的 /opt/test 文件。这种只能覆盖不能删除的操作，保证了镜像与镜像之间的隔离性，印证了镜像层只读的属性。

表 4-1 镜像层修改例子

层	操作
第三层	修改文件 /opt/test
第二层	添加文件 /opt/test
第一层	CentOS 基础镜像

当容器读取文件时，将会从上往下依次遍历镜像各层查找该文件，如果优先在第三层中找到 /opt/test 文件，则返回并将文件加载到内存里。容器删除文件的操作也是如此，并不会把底层的文件删掉，而是在最上层增加一层，用于标记被删除的文件清单。从本质上讲，镜像是一个多层叠加的文件系统。

容器每一层的文件逻辑结构如图 4-4 所示。

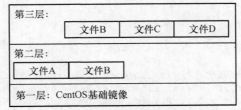

图 4-4 容器每一层的文件逻辑结构

整个镜像文件叠加之后,在外部看来除了基础镜像,只有 4 个文件 A~D。那是因为第三层的文件 B 把第二层的文件 B 覆盖了。Docker 通过这种快照机制来实现堆栈式镜像层,多层镜像对外展示为统一的文件系统。

4.2.2 镜像存储

4.2.1 节分析了镜像分层原理,镜像文件本质上是存储在磁盘上的,下面分析镜像存储原理。镜像是一种构建时的静态结构,它不同于容器,容器是一种运行时的动态结构。无论容器如何运行,镜像文件都是不会变化的,容器只能修改容器内的文件。一个镜像可以同时被多个容器使用,容器启动后,容器和镜像就形成了绑定关系,在容器全部停止之前,被依赖的镜像是无法删除的。

容器在创建或启动时,必须指定一个镜像名称。可以执行 docker images 命令查看镜像文件列表:

```
[root@localhost]# docker images
REPOSITORY      TAG         IMAGE ID        CREATED         SIZE
nginx           latest      4392e5dad77d    3 days ago      132MB
httpd           latest      d4e60c8eb27a    3 weeks ago     166MB
centos          latest      470671670cac    4 months ago    237MB
```

每个镜像都有唯一的 IMAGE ID。由于 ID 的唯一性,容器在选择镜像时,通常也可以只输入 ID 开头的几个字符。注意,如果是从远程仓库拉取镜像,CREATED 时间不一定等于本地下载镜像包的时间。

Linux Docker 本地镜像库地址是/var/lib/docker/overlay2。这里的 overlay2 指的是*存储驱动* (storage driver),这和 Linux 操作系统版本有关系,默认推荐是 overlay2 驱动。如果不确定,可以通过执行 docker system info 命令查看。

本地仓库实际存储在磁盘上的镜像文件结构可通过执行如下命令查看:

```
[root@localhost]# ll /var/lib/docker/overlay2
总用量 4
drwx------. 3 root root     47 6月   6 17:17
068bddc7643cb59dc221d8d***5c74de3bf0c4cf9e3746
drwx------. 4 root root     72 6月   6 18:37
07f367249286a9a5ec93222***2366465886d7439e5485
```

在上述代码中,宿主机仓库里存储的文件都是镜像的分层数据文件夹,数量比较多,文件夹名称都是 SHA256 散列值。因此,可以大胆地假设,镜像的分层信息是通过 SHA256 散列值来标识的。下文分析 SHA256 和镜像唯一标识(IMAGE ID)是如何对应上的。

可以执行 docker image inspect centos:latest 命令,查看具体镜像信息:

```
[root@localhost]# docker image inspect centos:latest
[
```

```
            {
                "Id": "sha256:470671670cac686c7cf***6954c1ee",
                …
                "GraphDriver": {
                    "Data": {
                        "MergedDir": "/var/lib/docker/overlay2/2ba7d0***b2d9c/merged",
                        "UpperDir": "/var/lib/docker/overlay2/2ba7d0***b2d9c/diff",
                        "WorkDir": "/var/lib/docker/overlay2/2ba7d0***b2d9c/work"
                    },
                    "Name": "
overlay2"
                },
                "RootFS": {
                    "Type": "layers",
                    "Layers": [
                        "sha256:0683de2821778aa95……36f9e4007"
```

docker image inspect centos:latest 命令和 docker image inspect 470671670cac 命令在这里是等价操作。CentOS 镜像使用了 3 个/var/lib/docker/overlay2 路径下的文件，而且提供了用户空间 rootfs 文件系统。

Docker 无论是从远程仓库拉取新的镜像，还是通过 Dockerfile 编译本地镜像，都会比对 SHA256 散列值，判断某些层的文件是否已经在本地仓库中，如果存在，则直接使用缓存，否则存储数据。Docker 拉取新的镜像时可以体现在日志 Already exists 中，编译本地镜像时可以体现在日志 Using cache 中。

用户在编译镜像包时，如果只有少量修改，Dockerfile 会尽量利用已有的缓存，而不会占用很多本地磁盘空间。当导出镜像包时，Dockerfile 会把依赖层打包到一起，所以每个导出的镜像包都是完整的文件。在删除某个镜像时，并不会把它包含的 SHA256 文件全部删除，只有当所有用到这个 SHA256 文件的镜像都被删除时，该 SHA256 文件才会被真正删除。

4.2.3　镜像命名和构建

4.2.2 节指出 docker image inspect centos:latest 和 docker image inspect 470671670cac 是等价操作。在使用 Docker 命令指定操作镜像时，除了可以使用镜像唯一标识（IMAGE ID），还可以使用镜像名称加标签的组合，分隔符采用:，即名称: 标签。如果 Docker 命令没有指定标签，默认指的是 latest。实际使用中会把标签定义为版本号，建议避免使用 latest，因为容易产生误导，不利于排查问题。

如果构建新镜像时，镜像名称加标签的组合已经存在，那么 Docker 会将原镜像的名称和标签都设置为<none>，有效的名称和标签会赋值给新镜像。

Docker 还支持多架构镜像（multi-architecture image），用于同一个镜像库支持多种操作系统的镜像，如 Linux x86、ARM、Windows 等。Docker 镜像库里的镜像需要配置 Manifest 列表，Manifest 列表是镜像用来记录支持的每种架构的清单。

当然在工业级流水线出包时，不会考虑在 x86 架构的机器上编译 ARM 工程包，因为有些编译环节无法跨架构运行。

Dockerfile 文件主要用于制作本地镜像，注意它的大小写规范，开头的字母 D 是大写，后面全部是小写，并且没有扩展名。通常每个 Dockerfile 文件的第一行都是 FROM 命令，会指定使用的基础镜像层，然后是各个标签的操作。Dockerfile 中使用的命令建议使用大写字母。Dockerfile 常用命令如表 4-2 所示。

表 4-2 Dockerfile 常用命令

命令	描述
FROM	指定使用的基础镜像层
RUN	新建一个镜像层来存储安装内容
MAINTAINER	填写维护者信息
ADD	将本地文件添加到容器中，tar 类型文件会自动解压，支持访问网络资源
COPY	功能类似 ADD，但是不会自动解压文件，也不能访问网络资源
LABEL	为镜像添加元数据
ENV	设置环境变量
VOLUME	指定持久化 Volume
WORKDIR	设置工作目录后，其后的 RUN、CMD、ENTRYPOINT、ADD、COPY 等命令都会在该目录下执行
USER	指定用户后，其后的 RUN、CMD、ENTRYPOINT 命令都将通过该用户执行
EXPOSE	指定与外界交互的端口，需要在执行 docker run 命令运行容器时通过-p 来发布这些端口
CMD	构建容器后调用
ENTRYPOINT	构建容器后调用

注意，在执行 docker build 命令时，最后一个.表示使用当前目录作为构建目录。此外，Dockerfile 注释都是以#开头的。

Docker 镜像应当尽可能小，对于生产环境，镜像包压缩到仅包含运行所必需的内容才是最佳状态。每一个 RUN 命令都会生成一个新的镜像层，因此提倡使用连接符（&&）或反斜杠（\）连接多个命令，打包到同一个镜像层里。

4.2.4 容器进程

Docker 容器由 Docker 镜像构建而成，是镜像的一个实例，包含镜像运行的必需要素（包括操作系统、应用程序代码、运行时工具、系统库等）。由于镜像存在只读属性，因此 Docker 在镜像只读文件系统上增加了一套读取写入文件系统，以实现容器的创建。

另外，在容器创建时，Docker 还会创建一套网络接口，用来实现容器同本地主机通信，对接可用 IP 地址，并运行用户在定义镜像时所运行的进程以运行应用程序。

4.1.4 节通过执行 docker run -name httpd-test -d -p 8091:80 httpd 命令来启动容器。容器启动成功后，通过执行 docker exec -it [IMAGE ID] bash 命令可以进入容器：

```
[root@localhost /]# docker ps
CONTAINER ID        IMAGE              COMMAND              CREATED          STATUS
PORTS               NAMES
63c0802d1fdf        httpd              "httpd-foreground"   26 hours ago     Up 26
hours         0.0.0.0:8081->80/tcp     httpd-test
[root@localhost /]# docker exec -it 63c0802d1fdf bash
```

这里的参数 IMAGE ID 可以提前通过执行 docker ps 命令查看。如果成功地进入容器，那么命令行的前缀会变成 root@63c0802d1fdf:/usr/local/apache2#，这个很好理解，就是容器内用户名加 IMAGE ID 的组合。容器里面的系统是精简版的，很多命令无法直接执行。验证容器里面不支持的命令的方式如下：

```
root@63c0802d1fdf:/usr/local/apache2# ll
bash: ll: command not found
root@63c0802d1fdf:/usr/local/apache2# ls
bin  build  cgi-bin  conf  error  htdocs  icons  include  logs  modules
```

在上述代码中，尝试在容器里执行 ll 命令，结果抛出了命令未找到的异常，但是执行 ls 命令却能顺利把文件列表列出来。很多基础命令在容器中是没有安装的，基础镜像经过优化，删除了很多功能，体积比较小。如果想要在容器里面支持额外的命令，需要在制作镜像时增加安装操作。

当前容器支持哪些 Linux 命令，可以在容器里的 bin 目录下查看，执行 ls /bin 命令：

```
root@63c0802d1fdf:/usr/local/apache2# ls /bin
bash  dash  dnsdomainname  findmnt  ln  mktemp  pidof  run-parts  sync   uname  zcat  zgrep  cat
date  domainname  grep  login  more  pwd  sed  tar …
```

在容器里执行 exit 命令可以退出容器。使用键盘先按 Ctrl+P 组合键，再按 Ctrl+Q 组合键也可以退出容器。这两种方式有一定的区别，如果用户执行 exit 命令退出容器，容器内的控制台进程会结束：

```
root@63c0802d1fdf:/usr/local/apache2# exit
exit
[root@localhost /]#
```

但用户按上述组合键只能断开宿主机控制台与容器内控制台的连接，容器内的控制台进程仍然保持后台运行的状态，类似于 Linux nohup 命令的执行效果。如果经常使用上述组合键断开连接，在容器内执行 ps -ef 命令查看进程，可能会看到多个冗余的控制台进程。通常情况下退出容器的操作不会影响容器正常运行，如果容器主进程运行结束或容器异常退出，控制台会连带一起退出容器。

还有一种场景是，执行 docker run -it ImageName:Tag 命令，进入容器内部，此时控制台进程是该容器的主进程，那么控制台退出时会导致容器被终止。可以通过执行 docker ps -a 命令查看容器的存活状态。

通过执行 docker stop 命令停止正在运行的容器，参数和返回值都是 CONTAINER ID：

```
[root@localhost /]# docker stop 63c0802d1fdf
63c0802d1fdf
```

执行 docker stop 命令不会真正删除容器，通过执行 docker ps -a 命令查看容器的状态，其中选项 -a 表示显示全部容器，包括处于停止状态的容器：

```
[root@localhost /]# docker ps -a
CONTAINER ID         IMAGE              COMMAND              CREATED          STATUS
PORTS                NAMES
63c0802d1fdf         httpd              "httpd-foreground"   28 hours ago
Exited (0) 3 minutes ago             httpd-test
```

可以看到日志 Exited (0) 3 minutes ago，表示该容器处于停止状态，可以通过执行 docker rm 63c0802d1fdf 命令彻底删除容器，注意参数和返回值都是 CONTAINER ID。

4.2.5 容器生命周期和重启策略

容器的生命周期主要分为如下 4 个状态。

- 创建状态：容器创建后尚未被启动运行时，被称为创建状态，可通过执行 docker run 命令创建容器，此时 Docker 会拉取镜像，然后完成启动前的一系列准备工作。
- 运行中状态：容器正常运行时，被称为运行中状态，可通过执行 docker ps 命令查看容器运行状态。例如，Up 6 minutes 表示容器已经运行 6 min。
- 停止状态：容器接收到停止命令后进入停止状态，可通过执行 docker stop 命令停止正在运行的容器，注意需通过执行 docker ps -a 命令查看容器停止状态。若返回 Exited (0) 3 minutes ago，表示容器已经停止 3 min。处于停止状态的容器仍会保留容器中的数据，可以通过执行 docker start CONTAINER ID 命令重启容器。重启成功后，可以在容器中查看到之前的文件，这也验证了停止容器运行并不会删除容器中的数据。Docker 容器支持优雅退出机制，这里的 stop 命令，本质上是向容器内 PID 1 的主进程发送了 SIGTERM 特征信号，该信号用于通知主进程优雅退出。容器内主进程会有 10 s 的时间来完成剩下的优雅退出操作，如果 10 s 过后主进程没有终止，将会收到 SIGKILL 特征信号，强制终止主进程。
- 销毁状态：处于停止状态的容器，可通过执行 docker rm CONTAINER ID 命令彻底删除容器，使其进入销毁状态，注意该操作会彻底删除容器内的数据。如果想跳过容器的停止状态直接删除容器，则需要增加选项 -f，表示强制删除。

在异常场景下，容器可能会被动进入停止状态，此时将触发 Docker 守护进程执行容器重启操作。Docker 根据退出状态码判断是否需要重启容器，Docker 退出状态码采用 Linux chroot 命令标准。常见的 Docker 退出状态码如表 4-3 所示。

表 4-3 常见的 Docker 退出状态码

退出状态码	原因
0	表示正常退出（非 0，表示异常退出）
125	Docker 守护进程本身的错误
126	容器启动后，要执行的默认命令无法调用
127	容器启动后，要执行的默认命令不存在

除了表 4-3 所示的 4 种 Docker 默认的退出状态码，用户可以自定义退出状态码。当容器启动后正常执行命令，退出该命令时返回的状态码将作为容器的退出状态码。Docker 在容器非正常退出即退出状态码不为 0 时，Docker 才会重启容器。

常见的容器重启策略主要有 4 种，即 no、always、unless-stopped 和 on-failure，如表 4-4 所示。

表 4-4 常见的容器重启策略

重启策略	描述
no	默认策略，容器退出时不重启容器
always	容器退出时总是重启容器。除非明确停止容器，例如通过执行 docker stop 命令停止，否则本策略会无限重启容器。需要注意的是，当 Docker 守护进程重启时，停止的容器也会被重启
unless-stopped	容器退出时总是重启容器。本策略和 always 是有区别的，unless-stopped 只会在当前 Docker 守护进程有效时重启，Docker 守护进程重启时，停止的容器不会被重启
on-failure	容器非正常退出时（退出状态码非 0），才会重启容器。当 Docker 守护进程重启时，停止的容器也会被重启。本策略还可以限制重启次数

例如，执行 docker run –name httpd-test -d -p 8082:80 –restart on-failure:3 httpd 命令，则表示如果 httpd 容器异常退出，或退出状态码不为 0，Docker 将尝试重启 3 次 httpd 容器。

4.2.6 容器资源限制

Docker 的默认配置没有对容器进行硬件资源的限制，当一台主机上运行上百个容器时，这些容器虽然互相隔离，但是底层使用着相同的 CPU、内存和磁盘资源。如果不对容器使用的资源进行限制，那么容器之间会互相影响，可能会导致主机和集群资源耗尽，造成业务服务不可用。

Docker 作为容器的管理者，提供了控制容器资源的功能。如果用户需要对容器的 CPU、内存和磁盘带宽等资源进行限制，可以通过增加容器启动参数配置资源限制。Docker 借助 Linux 操作系统的内核功能，通过 Linux 操作系统的进程资源控制组群（control group，cgroup）对容器 CPU、内存、磁盘资源进行限制，通过命名空间（namespace）对容器进行隔离。

对于 CPU 资源，可以通过增加启动参数-c 或-cpu share 进行限制，设置权重，默认值是 1024。这里的权重在最终资源不足的情况下，将会按照比例来分配 CPU 资源。如果资源非常充足，则不会按照该权重进行分配，每个容器都会得到充足的 CPU 资源。

对于内存资源，可以通过增加启动参数 -m 或 -memory 进行限制，也可以通过配置 --memory-swap 来设置"内存+swap"的限制。默认值为-1，表示对内存和 swap 都没有限制。

对于磁盘资源，可以通过增加启动参数进行限制。常用的磁盘资源参数如表 4-5 所示。

表 4-5 常用的磁盘资源参数

限制参数	描述
-c(--cpu share)	CPU 权重，默认值是 1024
-m(--memory)	内存大小限制，默认值是-1，表示没有限制
--memory-swap	"内存+swap"限制，默认是-1，表示没有限制
--blkio-weight	磁盘 I/O 权重，默认值是 500
--device-read-bps	磁盘限制，限制每秒读取某设备的数据量
--device-write-bps	磁盘限制，限制每秒写入某设备的数据量
--device-read-iops	磁盘限制，限制每秒读取某设备的 I/O 次数
--device-write-iops	磁盘限制，限制每秒写入某设备的 I/O 次数

下面展示一个容器在运行时进行资源限制的示例，示例中的 CPU 有 2 倍权重、内存限制为 512 MB、swap 限制为 512 MB、磁盘 I/O 权重只有默认值的一半：

```
docker run -c 2048 -m 512M -memory-swap=1GB -blkio-weight 250 -name httpd-limit -d -p 8083:80 httpd
```

对容器资源的限制是通过 Linux 操作系统中的 cgroup 工具实现的，因而执行资源限制命令后，可以在系统中 /sys/fs/cgroup 路径下查到相应的系统资源配置文件。例如，上述命令创建的容器 ID 是 6cf195b5ad00（这里的是短 ID，系统上存储的文件名是长 ID），可执行如下命令，查看具体资源限制的配置：

```
[root]# cat /sys/fs/cgroup/cpu/docker/6cf195b5ad00*/cpu.shares
2048
[root]# cat /sys/fs/cgroup/memory/docker/6cf195b5ad00*/memory.limit_in_bytes
536870912
[root]# cat /sys/fs/cgroup/memory/docker/6cf195b5ad00*/memory.memsw.limit_in_bytes
1073741824
[root]# cat /sys/fs/cgroup/blkio/docker/6cf195b5ad00*/blkio.weight
250
```

Docker 通过 Linux 的命名空间对容器进行隔离，常见的命名空间如表 4-6 所示。

表 4-6　Docker 常见的命名空间

命名空间	描述
Mount	容器可以拥有整个文件系统，且文件系统是相互隔离的
User	容器自己的用户管理
UTS	容器的主机名管理
IPC	容器自己的共享内存和信号量，以及进程间通信支持
PID	容器自己的内部进程管理
Network	容器自己的独立网卡资源，包括 IP 地址、路由等

UTS 提供了主机名和域名的隔离，这样每个容器就拥有独立的主机名和域名，在网络上就可以被视为一个独立的节点。在容器中对主机命名几乎不会对宿主机造成任何影响。

IPC 实现了进程间通信的隔离，包括常见的几种进程间通信机制，如信号量、消息队列和共享内存等。通常情况下 Docker 需要申请一个全局唯一的标识符，即 IPC 标识符，IPC 资源隔离主要完成的是隔离 IPC 标识符。

4.3　Docker 容器实战

本节将结合第 3 章的抢购系统实例，介绍如何应用容器技术把抢购系统的业务应用包装成容器镜像，以减少传统部署方式对服务器资源的依赖。

4.3.1　制作抢购系统监控功能的镜像

第 3 章部署的抢购系统监控功能实例实现了监控端、数据中心和 ZooKeeper 的交互工作，

Provider 表示监控端，Consumer 表示数据中心，数据中心需要定期请求监控端拉取指标数据，其工作流程如图 4-5 所示。

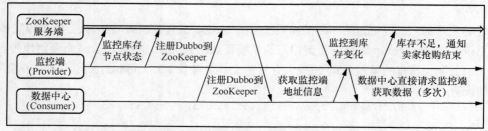

图 4-5　监控端、数据中心和 ZooKeeper 服务端的交互工作流程简化图

本节在抢购系统监控功能的基础上进行 Docker 实战，把抢购系统监控功能运行到 Docker 上。首先需要制作 Docker 镜像，这里分成两部分，一部分是获取开源 ZooKeeper 的镜像，另一部分是制作监控端和数据中心的镜像。在 Linux 环境上执行 docker pull zookeeper:3.7.0 命令即可获取开源 ZooKeeper 镜像：

```
[root]# docker pull zookeeper:3.7.0
3.7.0: Pulling from library/zookeeper
7d63c13d9b9b: Pull complete
225be9814eda: Pull complete
c78f8a9ed884: Pull complete
f28683e9637b: Pull complete
13a0a43446e1: Pull complete
cd75eadfee1e: Pull complete
3a0dceecb6fe: Pull complete
821d1b6225d6: Pull complete
Digest: sha256:4ad41bed88c57049ba11f8fba489200b4e7bb91894d51ea03e3f38337284e8fb
Status: Downloaded newer image for zookeeper:3.7.0
docker.io/library/zookeeper:3.7.0
```

如果获取开源 ZooKeeper 镜像的命令不指定版本号，那么将获取 latest 版本的镜像：

```
[root]# docker pull zookeeper
Using default tag: latest
latest: Pulling from library/zookeeper
7d63c13d9b9b: Pull complete
225be9814eda: Pull complete
c78f8a9ed884: Pull complete
1960c0a25d8b: Pull complete
aa5717ed2807: Pull complete
c3140920d0d7: Pull complete
a1361c700299: Pull complete
1c80e212099e: Pull complete
Digest: sha256:dd09a7f435b78e5a81370108b9fffbc6a2ff3c9a5e9b50496ec694424d8b52ef
Status: Downloaded newer image for zookeeper:latest
docker.io/library/zookeeper:latest
```

查看本地 ZooKeeper 镜像：

```
[root]# docker images
REPOSITORY      TAG       IMAGE ID        CREATED         SIZE
zookeeper       latest    ab3f783cf9c4    2 days ago      278MB
zookeeper       3.7.0     043d5ff52cc5    10 days ago     278MB
```

下面制作业务镜像。因为抢购系统监控功能业务包含数据中心业务和监控端业务，所以制作业务镜像的项目由两部分组成，如图 4-6 所示。其中，Consumer 表示数据中心，Provider 表示监控端，数据中心和监控端分别由 Dockerfile 文件和 JAR 包组成。数据中心和监控端具体业务逻辑完成 JAR 包制作的代码请读者自行参考 3.2 节。

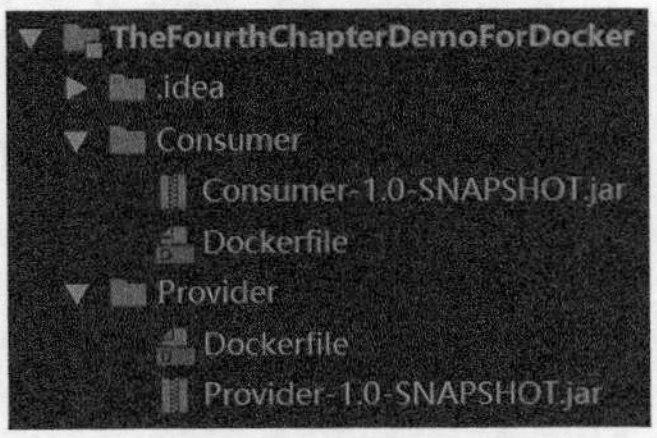

图 4-6 数据中心、监控端文件结构

Dockerfile 是用来构建镜像的文本文件，文本内容包含了构建镜像所需的命令和说明。每个镜像需要配套一个 Dockerfile 文件，这个文件没有扩展名。监控端的 Dockerfile 文件如代码清单 4-1 所示。

代码清单 4-1　监控端的 Dockerfile 文件

```
# 指定基础镜像，必须为第一个命令
FROM java:8

# 设置环境变量，可选
ENV myName ChenTao

# 将本地 JAR 包添加到容器中并更名为 app.jar
ADD Provider-1.0-SNAPSHOT.jar /app/app.jar

#EXPOSE 映射端口，这里配置的是 Dubbo 作为服务端的端口
EXPOSE 20880

# 构建容器后调用，也就是在容器启动时才进行调用，可选
CMD echo "This is provider."

# 配置容器，使其可执行
ENTRYPOINT ["java","-jar","/app/app.jar"]
```

Dockerfile 文件开头指定了 java:8 为基础镜像，FROM 命令是必须有的。用户可使用 MAINTAINER 命令描述维护者信息。执行 ADD 命令将本地 JAR 包添加到容器中并更名为 app.jar，TAR 类型文件会自动解压。ADD 命令支持访问网络资源，类似 Linux 的 wget 命令，网络压缩资源不会被解压。COPY 命令也比较常见，功能类似 ADD 命令，但不会自动解压文件，也不能访问网络资源。Dockerfile 文件里使用 ENV 命令设置环境变量，除了这种方法，还可以通过执行 Docker 启动命令添加环境变量。EXPOSE 20880 指定与外界交互的端口为 20880，但是通过 EXPOSE 命令暴露的端口无法直接被容器外的网络访问，该端口只能被容器内的网络访问，对外暴露的端口需要添加 Docker 启动命令实现对外暴露。CMD 命令是构建容器后调用的，也就是在容器启动时才进行调用。ENTRYPOINT 命令配置了容器需要执行的任务是启动 app.jar 进程。Dockerfile 中只允许有一个 ENTRYPOINT 命令，有多个时后面的设置会覆盖前面的设置，只执行最后的 ENTRYPOINT 命令。

数据中心的 Dockerfile 文件和监控端的类似，如代码清单 4-2 所示。

代码清单 4-2　数据中心的 Dockerfile 文件

```
# 指定基础镜像，必须为第一个命令
FROM java:8
```

```
# 设置环境变量，可选
ENV myName ChenTao
# 将本地 JAR 包添加到容器中并更名为 app.jar
ADD Consumer-1.0-SNAPSHOT.jar /app/app.jar
# 构建容器后调用，也就是在容器启动时才进行调用，可选
CMD echo "This is consumer."
# 配置容器，使其可执行
ENTRYPOINT ["java","-jar","/app/app.jar"]
```

数据中心的 Dockerfile 文件之所以没有使用 EXPOSE 命令，是因为数据中心是一个任务类型的进程，不需要对外暴露端口号，而监控端进程本质上是一个 Web 服务，需要持续监听指定端口，因而需要使用 EXPOSE 命令。

因为本地 Docker 仓库不一定存在 Dockerfile 文件开头指定的 java:8 基础镜像，所以在制作业务镜像前，需要获取基础镜像：

```
[root]# docker pull java:8
8: Pulling from library/java
5040bd298390: Pull complete
fce5728aad85: Pull complete
76610ec20bf5: Pull complete
60170fec2151: Pull complete
e98f73de8f0d: Pull complete
11f7af24ed9c: Pull complete
49e2d6393f32: Pull complete
bb9cdec9c7f3: Pull complete
Digest: sha256:c1ff613e8ba25833d2e1940da0940c3824f03f802c449f3d1815a66b7f8c0e9d
Status: Downloaded newer image for java:8
docker.io/library/java:8
```

将监控端的 Dockerfile 文件和 JAR 包复制到 Linux 环境，执行如下命令制作镜像：

```
[root]# docker build -t provider:1.0 .
Sending build context to Docker daemon  25.93MB
Step 1/6 : FROM java:8
 ---> d23bdf5b1b1b
Step 2/6 : ENV myName ChenTao
 ---> Using cache
 ---> 6e93f35d5059
Step 3/6 : ADD Provider-1.0-SNAPSHOT.jar /app/app.jar
 ---> 567b4bf492d8
Step 4/6 : EXPOSE 20880
 ---> Running in 0ccce0dad267
Removing intermediate container 0ccce0dad267
 ---> 6496d5ecf46b
Step 5/6 : CMD echo "This is provider."
 ---> Running in a0fcbc5c2c27
Removing intermediate container a0fcbc5c2c27
 ---> 20e03269d52a
Step 6/6 : ENTRYPOINT ["java","-jar","/app/app.jar"]
 ---> Running in 57f032a8b0f9
Removing intermediate container 57f032a8b0f9
 ---> abe15972a425
Successfully built abe15972a425
Successfully tagged provider:1.0
```

通过制作镜像的日志可以看出，每一个 Step 都对应 Dockerfile 文件的一个命令，每个阶段都

会生成一个镜像层，该规则与 4.2.1 节阐述的镜像分层原理对应。注意 docker build 命令的末尾有一个.符号，这个符号是上下文路径，不能省略。上下文路径是指 Docker 在构建镜像时，若需要用到本机的文件（如复制），docker build 命令通过上下文路径找到 Dockerfile 定义的文件内容并打包。

将数据中心的 Dockerfile 文件和 JAR 包复制到 Linux 环境，执行如下命令制作镜像：

```
[root]# docker build -t consumer:1.0 .
Sending build context to Docker daemon  25.92MB
Step 1/5 : FROM java:8
 ---> d23bdf5b1b1b
Step 2/5 : ENV myName ChenTao
 ---> Running in 21579b06c2d8
Removing intermediate container 21579b06c2d8
 ---> 6e93f35d5059
Step 3/5 : ADD Consumer-1.0-SNAPSHOT.jar /app/app.jar
 ---> eceab9411534
Step 4/5 : CMD echo "This is consumer."
 ---> Running in 86c0e38f5037
Removing intermediate container 86c0e38f5037
 ---> b066b3893d64
Step 5/5 : ENTRYPOINT ["java","-jar","/app/app.jar"]
 ---> Running in f9b10da991bc
Removing intermediate container f9b10da991bc
 ---> 3b25609a7ecf
Successfully built 3b25609a7ecf
Successfully tagged consumer:1.0
```

查看本地仓库里的镜像：

```
[root]# docker images
REPOSITORY   TAG    IMAGE ID       CREATED        SIZE
provider     1.0    abe15972a425   15 hours ago   669MB
consumer     1.0    3b25609a7ecf   15 hours ago   669MB
zookeeper    3.7.0  043d5ff52cc5   10 days ago    278MB
```

至此，ZooKeeper 镜像和两个业务镜像都准备完毕。

4.3.2　运行抢购系统监控功能的容器

在运行业务容器之前，需要准备好网络环境，解决 Docker 容器之间通信的问题。Docker 有 3 种网络模式：bridge、host、none，在创建容器时，若不指定网络模式则--network 的默认值是 bridge，如表 4-7 所示。

表 4-7　Docker 的 3 种网络模式

网络模式	描述
bridge	为每个容器分配 IP 地址，并将容器连接到 docker0 虚拟网桥，通过 docker0 网桥与宿主机通信。此模式下，不能用宿主机的 IP 地址组合容器映射端口来进行容器之间的通信。在创建容器时，若不指定网络模式则--network 的默认值是 bridge
host	容器不会虚拟自己的网卡、配置自己的 IP 地址，而是使用宿主机的 IP 地址和端口。此模式下，Docker 容器之间的通信可以用宿主机的 IP 地址组合容器映射端口方式
none	表示无网络

本节首先创建一个自定义的 bridge 网络，名称为 my-network：

```
[root]# docker network create --driver bridge --subnet=172.18.0.0/16 --gateway=
172.18.0.1 my-network
```

查看所有 Docker 网络：

```
[root]# docker network ls
NETWORK ID     NAME         DRIVER    SCOPE
c057cead8947   bridge       bridge    local
6cfd04dfbd89   host         host      local
2695240696fa   my-network   bridge    local
63ce75db662e   none         null      local
```

查看创建的名称为 my-network 的 bridge 网络：

```
[root]# docker network inspect my-network
[
    {
        "Name": "my-network",
        "Id": "2695240696fa3077d2b25b0760cfa9530cad377d5dbf182022f2ef801c9296f7",
        "Created": "2021-10-23T22:32:55.711457842+08:00",
        "Scope": "local",
        "Driver": "bridge",
        "EnableIPv6": false,
        "IPAM": {
            "Driver": "default",
            "Options": {},
            "Config": [
                {
                    "Subnet": "172.18.0.0/16",
                    "Gateway": "172.18.0.1"
                }
            ]
        },
        "Internal": false,
        "Attachable": false,
        "Ingress": false,
        "ConfigFrom": {
            "Network": ""
        },
        "ConfigOnly": false,
        "Containers": {},
        "Options": {},
        "Labels": {}
    }
]
```

接下来，在控制台执行如下命令，启动 ZooKeeper 容器：

```
[root]# docker run -d -p 2181:2181 --name my-zookeeper --network my-network --ip
172.18.0.2 zookeeper:3.7.0
```

启动 ZooKeeper 容器需要通过-p 选项对外暴露端口号，-p 2181:2181 表示容器外映射容器里的端口号。-d 选项表示容器在后台运行，如果缺失该选项，控制台退出时会"杀死"容器。--name my-zookeeper 用于指定容器名称。--network my-network 指定网络模型，配合--ip 172.18.0.2 指定容器 IP 地址。这里需要指定 ZooKeeper 容器 IP 地址，方便业务模块注册使用。

执行如下命令，查询 ZooKeeper 容器运行状态：

```
[root]# docker ps
```

```
CONTAINER ID   IMAGE            COMMAND                  CREATED         STATUS
PORTS                                    NAMES
699c926c7d9e   zookeeper:3.7.0  "/docker-entrypoint.…"   2 minutes ago   Up 2 minutes
2888/tcp, 3888/tcp, 0.0.0.0:2181->2181/tcp, 8080/tcp   my-zookeeper
```

执行如下命令，启动监控端容器：

```
[root]# docker run -d --name my-provider --network my-network --ip 172.18.0.3 -e
"zookeeper.address=172.18.0.2" -p 20880:20880 provider:1.0
```

启动监控端容器时，需要添加环境变量配置选项 -e "zookeeper.address=172.18.0.2"，指定 ZooKeeper 容器 IP 地址，zookeeper.address 变量本质上对应 dubbo-provider.xml 文件的配置项。dubbo-provider.xml 文件内容请参考 3.2 节。

执行如下命令，查看监控端容器启动日志：

```
[root]# docker logs -f my-provider
  .   ____          _            __ _ _
 /\\ / ___'_ __ _ _(_)_ __  __ _ \ \ \ \
( ( )\___ | '_ | '_| | '_ \/ _` | \ \ \ \
 \\/  ___)| |_)| | | | | || (_| |  ) ) ) )
  '  |____| .__|_| |_|_| |_\__, | / / / /
 =========|_|==============|___/=/_/_/_/
 :: Spring Boot ::        (v2.2.9.RELEASE)

2021-10-23 15:26:28.587  INFO 1 --- [           main]
org.apache.dubbo.samples.DubboProvider   : Starting DubboProvider on bb592510f3d3 with
PID 1 (/app/app.jar started by root in /)
#省略部分日志…
2021-10-23 15:26:30.578  INFO 1 --- [y-network:2181)]
org.apache.zookeeper.ClientCnxn  : Socket connection established to my-
zookeeper.my-network/172.18.0.2:2181, initiating session
2021-10-23 15:26:30.584  INFO 1 --- [y-network:2181)]
org.apache.zookeeper.ClientCnxn  : Session establishment complete on server my-
zookeeper.my-network/172.18.0.2:2181, sessionid = 0x100004d620d0003, negotiated
timeout = 40000
2021-10-23 15:26:30.584  INFO 1 --- [ain-EventThread]
o.a.c.f.state.ConnectionStateManager     : State change: CONNECTED
2021-10-23 15:26:30.969  WARN 1 --- [           main] org.apache.curator.utils.
ZKPaths           : The version of ZooKeeper being used doesn't
support Container nodes. CreateMode.PERSISTENT will be used instead.
2021-10-23 15:26:31.007  INFO 1 --- [           main]
org.apache.dubbo.samples.DubboProvider   : Started DubboProvider in 2.796 seconds
(JVM running for 3.274)
```

监控端容器启动日志显示监控端进程连接 IP 地址为 172.18.0.2:2181 的 ZooKeeper 容器，并且启动成功。

执行如下命令，进入监控端容器查看环境变量：

```
[root]# docker exec -it my-provider bash
root@bb592510f3d3:/# env
HOSTNAME=bb592510f3d3
TERM=xterm
myName=ChenTao
CA_CERTIFICATES_JAVA_VERSION=20140324
PATH=/usr/local/sbin:/usr/local/bin:/usr/sbin:/usr/bin:/sbin:/bin
PWD=/
JAVA_HOME=/usr/lib/jvm/java-8-openjdk-amd64
LANG=C.UTF-8
JAVA_VERSION=8u111
SHLVL=1
```

```
HOME=/root
JAVA_DEBIAN_VERSION=8u111-b14-2~bpo8+1
zookeeper.address=172.18.0.2
_=/usr/bin/env
```

在容器内部执行上述命令可以查看容器环境变量,其中 myName 环境变量是通过 Dockerfile 文件定义的,zookeeper.address 环境变量是通过 Docker 启动参数选项定义的,其余环境变量是基础镜像自带的或容器启动默认创建的。

监控端容器启动成功后,下一步启动数据中心容器,执行如下命令:

```
[root]# docker run -d --name my-consumer --network my-network --ip 172.18.0.4 -e "zookeeper.address=172.18.0.2" consumer:1.0
```

执行如下命令,查看数据中心容器启动日志:

```
[root]# docker logs -f my-consumer
  .   ____          _            __ _ _
 /\\ / ___'_ __ _ _(_)_ __  __ _ \ \ \ \
( ( )\___ | '_ | '_| | '_ \/ _` | \ \ \ \
 \\/  ___)| |_)| | | | | || (_| |  ) ) ) )
  '  |____| .__|_| |_|_| |_\__, | / / / /
 =========|_|==============|___/=/_/_/_/
 :: Spring Boot ::        (v2.2.9.RELEASE)

2021-10-23 15:29:50.205  INFO 1 --- [           main] org.apache.dubbo.samples.DubboConsumer   : Starting DubboConsumer on 49db944f3b22 with PID 1 (/app/app.jar started by root in /)
#省略部分日志...
2021-10-23 15:29:52.056  INFO 1 --- [y-network:2181)] org.apache.zookeeper.ClientCnxn          : Socket connection established to my-zookeeper.my-network/172.18.0.2:2181, initiating session
2021-10-23 15:29:52.063  INFO 1 --- [y-network:2181)] org.apache.zookeeper.ClientCnxn          : Session establishment complete on server my-zookeeper.my-network/172.18.0.2:2181, sessionid = 0x100004d620d0005, negotiated timeout = 40000
2021-10-23 15:29:52.063  INFO 1 --- [ain-EventThread] o.a.c.f.state.ConnectionStateManager     : State change: CONNECTED
2021-10-23 15:29:52.604  INFO 1 --- [           main] org.apache.dubbo.samples.DubboConsumer   : Started DubboConsumer in 2.825 seconds (JVM running for 3.297)
【MonitorService get data by dubbo】
【token】AABBCC
【监控端】监听到修改事件,path=/goods/stock,from=5,to=4
【监控端】监听到修改事件,path=/goods/stock,from=4,to=3
【监控端】监听到修改事件,path=/goods/stock,from=3,to=2
【监控端】监听到修改事件,path=/goods/stock,from=2,to=1
【监控端】监听到修改事件,path=/goods/stock,from=1,to=0
【监控端】即将移除分布式屏障
2021-10-23 15:29:52.660  INFO 1 --- [tor-Framework-0] o.a.c.f.imps.CuratorFrameworkImpl        : backgroundOperationsLoop exiting
2021-10-23 15:29:52.678  INFO 1 --- [extShutdownHook] org.apache.zookeeper.ZooKeeper           : Session: 0x100004d620d0004 closed
2021-10-23 15:29:52.679  INFO 1 --- [ain-EventThread] org.apache.zookeeper.ClientCnxn          : EventThread shut down for session: 0x100004d620d0004
```

通过数据中心容器启动日志,可以看到末尾输出监听到的数据日志。

至此，所有容器已经部署完毕，监控端容器把 Dubbo 接口和 IP 地址等信息注册到 ZooKeeper 容器中，数据中心容器在启动时注册自身实例到 ZooKeeper 容器中。双方都完成实例注册之后，数据中心通过 ZooKeeper 获取监控端地址和接口信息，数据中心请求监控端拉取数据，实现运维功能的拓展。

最后，执行 docker ps -a 命令查看所有容器状态：

```
[root]# docker ps -a
CONTAINER ID    IMAGE              COMMAND                   CREATED
49db944f3b22    consumer:1.0       "java -jar /app/app.…"    2 minutes ago
bb592510f3d3    provider:1.0       "java -jar /app/app.…"    5 minutes ago
699c926c7d9e    zookeeper:3.7.0    "/docker-entrypoint.…"    56 minutes ago
STATUS                      PORTS                       NAMES
Exited (0) 2 minutes ago                                my-consumer
Up 5 minutes                0.0.0.0:20880->20880/tcp    my-provider
Up 56 minutes               0.0.0.0:2181->2181/tcp...   my-zookeeper
```

通过日志可以看出监控端容器持续运行，监控端进程本质上是一个 Web 服务，需要持续监听指定端口。数据中心容器是一个任务类型的进程，运行一次之后就退出了，其中 Exited 返回值为 0 表示程序正常结束退出。

第 5 章 Kubernetes 编排引擎

Kubernetes 是一款开源的容器编排（orchestration）系统，简称 K8s。Kubernetes 是用于自动部署、扩展和管理容器化应用程序的开源系统。它将组成应用程序的容器组合成逻辑单元，方便监控和管理。

Kubernetes 在容器技术的基础上，为容器化的应用提供自动化部署、动态伸缩、负载均衡等功能，是理想的托管平台。Kubernetes 是谷歌公司在 2014 年发布的开源项目，也是 Google Omega 的开源版本。谷歌公司利用 Kubernetes 技术稳定运行数十亿个容器，该技术支持在不扩张运维团队的情况下进行服务规模扩展。无论是在本地企业应用，还是在跨国公司运行，Kubernetes 的灵活性都能让用户在应对复杂系统时得心应手。作为开源系统，Kubernetes 可以自由地部署在私有云、公有云或混合云环境，让用户轻松地做出合适的选择。本章的重点是阐述 Kubernetes 技术的原理与应用。

5.1 Kubernetes 基础

Kubernetes 是目前主流 PaaS 平台最重要的底层支撑架构之一。容器为应用程序提供了强大的隔离功能，在生产环境中，用户需要管理运行应用程序的容器，并确保不会停机。如果一个容器发生故障，则需要立即启动另一个备用容器，避免服务断供。为了系统化地处理容器故障，需要引入 Kubernetes 容器管理平台。Kubernetes 为用户提供了基于容器技术的可弹性运行分布式框架，并具备集群管理的能力，包括服务滚动升级和在线扩展、故障发现与转移、透明化的服务注册和服务发现机制、智能化负载均衡等能力。

5.1.1 Kubernetes 特性

为了让读者更好地了解 Kubernetes 如何进行容器管理，下面介绍 Kubernetes 具备的主要特性。

（1）自动化上线和回滚。Kubernetes 能够分步骤地针对应用程序或其配置的更改进行上线，同时监视应用程序运行状况，以确保用户不会同时终止所有实例。如果出现问题，Kubernetes 能够为用户回滚做出更改。

（2）服务发现与负载均衡。用户在不修改应用程序的情况下可以利用 Kubernetes 对接第三方服务发现机制。Kubernetes 为容器提供了单独的 IP 地址和域名系统（domain name system，DNS）名称，并且可以实现容器间的负载均衡。Kubernetes 支持双协议栈，Kubernetes 为 Pod 和 Service

分配 IPv4 和 IPv6 地址。

（3）存储编排和配置管理。Kubernetes 能够自动挂载所选存储系统，包括本地存储、GCP 或 AWS 等公有云提供商所提供的物理存储，以及 NFS、iSCSI、Glusterfs、CephFS 等网络存储系统。Kubernetes 部署和更新密钥与应用程序的配置时，不需要重新构建容器镜像，也不需要将应用程序配置中的保密信息暴露出来。

（4）自动化容器调度。Kubernetes 能够根据资源需求和其他约束条件自动选择节点部署容器，同时避免影响高优先级容器的可用性。Kubernetes 将执行关键性工作的容器和执行"尽力而为"性质工作的容器混合放置，以提高资源利用率并节省更多资源。Kubernetes 除了部署容器，还可以管理用户的批处理任务容器和周期性调度的容器。

（5）水平扩缩。用户可以使用一个简单的命令、一个 UI 或基于 CPU 使用情况操控 Kubernetes，自动对应用程序实例进行扩缩。Kubernetes 能够自动重启失败的容器，在节点宕机时重新调度容器，终止不响应用户定义的健康检查的容器，并且在容器准备好服务之前不会将容器访问入口公布给外部客户端。用户无须更改上游源码即可扩展 Kubernetes 集群。

Kubernetes 如此多的特性确定了其容器编排系统首选框架的地位。

5.1.2　Kubernetes 核心关键词

本节主要介绍 Kubernetes 的核心关键词，已经了解 Kubernetes 的读者可以跳过本节。

（1）Cluster（集群）。Cluster 是计算资源、存储资源和网络资源的集合，通常由一组节点组成，包含 Master 和 Node。它能够提供通信、调度、存储、计算、管理、安全、监控等服务。集群直接使用节点管理和运行容器，在集群最少包含一个单节点的集群环境里，这个节点既是 Master，也是 Node。

（2）Master（主节点）。Master 主要负责调度 Node，执行 Kubernetes 相关命令。Kubernetes 的核心功能安装在 Master 上，核心数据也存储在 Master 上。在业务应用实际部署环境中，Master 不可能只有一个，因为需要充分考虑负载均衡和容灾恢复的情况。Master 也可以直接运行业务容器或者安装数据库等服务，这种方式虽然能够节省服务器资源，但会"拖累"Master 的性能和带宽，对负载均衡不利。

（3）Node（工作节点）。Node 主要负责运行容器应用，并能够监控和汇报容器状态。Node 服从 Master 管理，根据 Master 的命令管理容器的生命周期。Node 是 Cluster 的主要组成部分。同一个 Cluster 里的 Node 可以是物理机或者虚拟机，有非常灵活的选择和组合方式。

（4）Namespace（命名空间）。Namespace 主要用于资源隔离，它可以将一个物理 Cluster 从逻辑上划分成多个虚拟 Cluster，其中每个 Cluster 指代一个命名空间。Kubernetes 默认创建好了两个 Namespace。default 是默认 Namespace，如果 Kubernetes API 的操作不指代 Namespace，就使用 default。default 空间在初始化时是空的。kube-system 这个 Namespace 用于处理 Kubernetes 自己创建的系统资源。

（5）Pod。Pod 是 Kubernetes 运行的最小工作单位，每个 Pod 包含一个或多个相关容器。运行在同一 Pod 中的容器使用相同的网络 Namespace、IP 地址，通过本地主机进行通信。不同 Pod 之间、Pod 与宿主机的环境是隔离的。Pod 可以运行在 Master 上，也可以运行在 Node 上，通常情况下，Pod 会被 Master 调度到 Node 上运行。在 Kubernetes 中，Pod 是有生命周期的，它们被创建、被终止，但不能被复活。

（6）Replication Controller（复制控制器，简称 RC）。Replication Controller 是 Kubernetes 的一个核心内容，应用托管到 Kubernetes 之后，需要保证其能够持续地运行，Replication Controller 就是这个保证的关键。Kubernetes 通常不会直接创建 Pod，而是通过控制器来管理 Pod。可通过 Replication Controller 动态创建和删除 Pod，Replication Controller 的主要功能包括确保 Pod 数量、确保 Pod 健康、弹性伸缩、滚动升级等。Kubernetes 提供了多种控制器，包括 Deployment、ReplicaSet、DaemonSet、StatefulSet、Job 等。

（7）Service（服务）。Service 是一个抽象概念，它定义了 Pod 逻辑集合和访问这些 Pod 的策略。Service 作为客户端和 Pod 的中间层，对内它能够代理访问到不断变换的一组后端 Pod；对外它能够提供入口给集群内部或外部的其他资源访问。Kubernetes 在创建 Service 时，会根据标签选择器（lable selector）来查找 Pod，据此创建与 Service 同名的 Endpoint 对象，当 Pod 地址发生变化时，Endpoint 也会随之发生变化，Service 接收到客户端请求时能够通过 Endpoint 找到相应的 Pod，并转发到 Pod 的访问地址。

Kubernetes 集群所需的各种组件如图 5-1 所示。

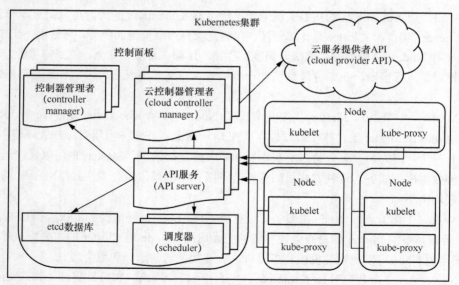

图 5-1　Kubernetes 集群所需的各种组件

5.1.3　Kubernetes 和 PaaS 的关系

云计算有 3 种服务模式，即 IaaS、PaaS 和 SaaS。

- 基础设施即服务（infrastructure as a service，IaaS）。IaaS 提供的服务是对物理硬件基础设施的利用，包括管理和分配 CPU、内存、磁盘、网络等硬件资源。例如，很多 IaaS 是使用

OpenStack 分配虚拟机系统等资源的，不同的虚拟机系统之间是隔离的。
- 平台即服务（PaaS）。PaaS 提供的服务是把用户提供的由开发工具（如 Java、Python 和 .Net）开发的应用程序部署到基础设施上去。所以 Kubernetes 和 Docker 都属于 PaaS 层，本质上是提供多租户的云服务部署应用实例，不同的应用实例之间是隔离的。
- 软件即服务（software as a service，SaaS）。SaaS 提供的服务是应用程序，如 Web 应用、后台处理程序、数据库应用、缓存应用、日志检索应用等。SaaS 通常也是多租户的，和 PaaS 不一样的是，SaaS 通过应用程序自身的功能保证租户之间的数据和计算逻辑隔离。

Kubernetes 属于 PaaS 层，实现了 PaaS 基本功能，如工作节点管理、资源管理、实例调度、实例运维监控等功能。

5.2 Kubernetes 集群部署

5.1 节介绍了 Kubernetes 基础，读者应该对 Kubernetes 有初步了解。本节介绍如何在本地模拟部署多节点 Kubernetes 集群，通过实战帮助读者深入学习 Kubernetes 的使用方式。构建多节点的 Kubernetes 集群实战的具体方式是在多个 Linux 操作系统上安装 Kubernetes 核心服务，以组成小型私有云环境。

5.2.1 准备虚拟机

本节使用具有 32 GB 内存的物理机运行 8 个 CentOS 7 的虚拟机系统，其本质是应用 IaaS，在 IaaS 层虚拟化 Linux 操作系统。具体方式是在 Oracle VM VirtualBox 上安装 CentOS 7 的虚拟机系统，如图 5-2 所示，总共创建了 8 个 CentOS 7 虚拟机实例，每个虚拟机配置了 2 GB 内存。

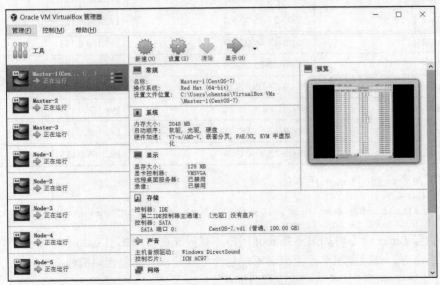

图 5-2 CentOS 7 虚拟机实例

如图 5-2 所示，实例中把 8 个虚拟机分别命名为 3 个 Master 和 5 个 Node，全部启动成功后，共占用物理机内存约 20 GB。设置虚拟机 CPU 核心数为 2，网络模式为 bridge 模式并且重新生成 MAC 地址，这样虚拟机可以直接获取路由器的 IP 地址，配置界面如图 5-3 所示，参数列表如表 5-1 所示。

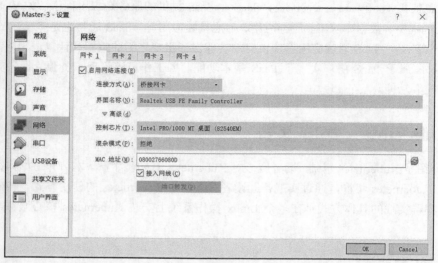

图 5-3 虚拟机实例配置

表 5-1 虚拟机实例配置参数

主机	MAC 地址	IP 地址
虚拟机 Master-1	08-00-27-31-55-9F	192.168.0.121
虚拟机 Master-2	08-00-27-46-70-FD	192.168.0.122
虚拟机 Master-3	08-00-27-66-08-0D	192.168.0.123
虚拟机 Node-1	08-00-27-72-6E-0B	192.168.0.131
虚拟机 Node-2	08-00-27-B9-9F-1A	192.168.0.132
虚拟机 Node-3	08-00-27-CC-17-3C	192.168.0.133
虚拟机 Node-4	08-00-27-F6-DC-D4	192.168.0.134
虚拟机 Node-5	08-00-27-37-CC-79	192.168.0.135

执行如下命令，查询 Linux 版本：

```
[root]# uname -a
Linux localhost.localdomain 3.10.0-1062.el7.x86_64 #1 SMP Wed Aug 7 18:08:02 UTC 2019 x86_64 x86_64 x86_64 GNU/Linux
```

注意，执行 Linux 命令时如果不是 root 用户，就需要在前面加上 sudo。

执行如下命令，修改主机名，主机名不能包含下划线，只能包含短横线：

```
[root]# hostnamectl set-hostname master-1
```

5.2.2 必要环境配置

本地模拟部署多节点 Kubernetes 集群时，在正式安装 Kubernetes 核心服务之前，用户需要对每个节点做一些环境配置工作。这些环境配置工作可以关闭部分系统安全校验，便于支撑 Kubernetes 顺利安装。

（1）关闭防火墙，执行如下命令：

```
[root]# systemctl stop firewalld
[root]# systemctl disable firewalld
```

可以执行如下命令，查看防火墙状态：

```
[root]# firewall-cmd --state
not running
```

firewalld 的底层使用 iptables 进行数据过滤，这可能会与 Docker 产生冲突。例如，当 firewalld 启动或者重启时，会从 iptables 中移除 Docker 的规则链，从而影响 Docker 的正常工作。虽然可以通过控制 firewalld 和 Docker 的启动顺序，保证 firewalld 在 Docker 之前启动，但通常会将 Docker 设置为开机自启动。所以这里需要关闭防火墙。

（2）关闭 selinux。临时禁用需要执行 setenforce 命令，0 代表 permissive，1 代表 enforcing。执行如下命令：

```
[root]# setenforce 0
```

永久关闭需要修改 /etc 配置，执行如下命令：

```
[root]# sed -i 's/^SELINUX=.*/SELINUX=disabled/' /etc/selinux/config
```

Kubernetes 目前对 selinux 的支持不好，需要禁用。未禁用 selinux 时，可能会出现容器明明以 root 身份运行，执行 Volume 时却提示没有权限的情况，这时候要么设置 selinux 的权限，要么禁用 selinux。

（3）禁用交换分区。Kubernetes 1.8 开始要求关闭系统的交换分区，如果不关闭，在默认设置下 kubelet 将无法启动。临时禁用和永久关闭交换分区需要分别执行如下命令：

```
[root]# swapoff -a
[root]# sed -i 's/.*swap.*/#&/' /etc/fstab
```

（4）设置 iptables 参数，使得流经网桥的流量也经过 iptables/netfilter 防火墙。执行如下命令：

```
[root]# tee > /etc/sysctl.d/k8s.conf <<EOF
net.bridge.bridge-nf-call-ip6tables = 1
net.bridge.bridge-nf-call-iptables = 1
EOF
```

写入后执行如下命令：

```
[root]# sysctl --system
```

（5）内核开启 IPv4 地址转发功能。即当主机拥有多于一块的网卡时，其中一块收到数据包，根据数据包的目的 IP 地址将数据包发往本机另一块网卡，该网卡根据路由表继续转发数据包。这通常是路由器要实现的功能。出于安全考虑，Linux 操作系统默认禁止数据包转发。kube-proxy 的 ipvs 模式和 calico（都涉及路由转发）都需要主机开启 IPv4 地址转发功能。执行如下命令：

```
[root]# vi /etc/sysctl.conf
net.ipv4.ip_forward = 1
```

写入后执行如下命令，刷新系统配置使其生效。

```
[root]# sysctl -p
```

5.2.3　安装 Docker

如果已经安装 Docker，可跳过本节；如果未安装，安装步骤参考 4.1.2 节。需要注意的是，所有节点都需要安装 Docker。

执行命令 docker version 查看版本，确认 Docker 版本高于 19.03.0，或升级 Docker 到最新的版本。可以执行如下命令查看镜像源可更新的 Docker 版本：

```
[root]# yum list docker-ce --showduplicates
已安装的软件包
docker-ce.x86_64        3:19.03.11-3.el7         @docker-ce-stable
可安装的软件包
docker-ce.x86_64        17.12.1.ce-1.el7.centos  docker-ce-stable
docker-ce.x86_64        18.06.3.ce-3.el7         docker-ce-stable
docker-ce.x86_64        3:19.03.12-3.el7         docker-ce-stable
```

安装 Docker 后需要配置启动参数，包括如下 5 个步骤。

（1）设置阿里云镜像库加速 Docker Hub 的镜像。

（2）防火墙修改 FORWARD 链默认策略。设置 Docker 启动参数添加 --iptables=false 选项，使 Docker 不再操作 iptables。数据包经过路由后，假如不是发往本机的流量，将转发给 iptables 的 FORWARD 链，而 Docker 将 FORWARD 链的默认策略设置为 DROP，会导致出现跨主机的两个 Pod 使用 Pod IP 地址互访失败等问题。

（3）要想支持 Pod IP 地址路由方式，需要设置 Docker 不再对 Pod IP 地址做 MASQUERADE，否则 Docker 会将 Pod IP 地址这个源地址转换成 Node IP 地址。

（4）设置 Docker 存储驱动为 overlay2（要求 Linux 内核版本在 4.0 以上，Docker 版本高于 1.12）。

（5）根据业务规划修改容器实例的存储根路径（默认路径是 /var/lib/docker）。

Docker 启动参数最终配置如下：

```
[root]# vi /etc/docker/daemon.json
{
  "registry-mirrors": ["https://你的镜像库网址"],
  "iptables": false,
  "ip-masq": false,
  "storage-driver": "overlay2",
  "graph": "/var/lib/docker",
  "exec-opts":["native.cgroupdriver=systemd"]
}
```

注意，如果 daemon.json 里面还有其他参数，修改后就需要保持 JSON 的格式。执行重启 Docker 命令：

```
[root]# sudo systemctl restart docker
```

5.2.4　安装 kubeadm、kubelet 和 kubectl

所有节点都需要安装 kubeadm、kubelet 和 kubectl 这 3 个软件。执行如下命令，查看可用的 kubelet 软件版本：

```
[root]# yum list kubelet --showduplicates
kubelet.x86_64        1.5.4-1          kubernetes
kubelet.x86_64        1.6.13-1         kubernetes
kubelet.x86_64        1.7.16-0         kubernetes
```

```
kubelet.x86_64              1.8.15-0              kubernetes
...
kubelet.x86_64              1.22.4-0              kubernetes
```

如果无法查看到可用的 kubelet 软件版本，则需要配置 kubernetes.repo 镜像地址。如果已经可以查看到 kubelet 软件版本，那么无须配置镜像地址。配置镜像地址需创建 Kubernetes 的 repo 文件，如果连接谷歌网络通畅，就执行如下命令创建 kubernetes.repo 文件：

```
[root]# tee /etc/yum.repos.d/kubernetes.repo <<-'EOF'
[kubernetes]
name=Kubernetes
baseurl=https://谷歌镜像库网址/yum/repos/kubernetes-el7-x86_64
enabled=1
gpgcheck=1
repo_gpgcheck=1
gpgkey=https://谷歌镜像库网址/yum/doc/yum-key.gpg https://谷歌镜像库网址/yum/doc/rpm-package-key.gpg
EOF
```

在谷歌网址访问速度较慢的情况下，可以使用阿里云或其他镜像站，执行如下命令，创建 kubernetes.repo 文件：

```
[root]# tee /etc/yum.repos.d/kubernetes.repo <<-'EOF'
[kubernetes]
name=Kubernetes
baseurl=https://你的镜像库网址/kubernetes/yum/repos/kubernetes-el7-x86_64/
enabled=1
gpgcheck=1
repo_gpgcheck=1
gpgkey=https://你的镜像库网址/kubernetes/yum/doc/yum-key.gpg https://你的镜像库网址/kubernetes/yum/doc/rpm-package-key.gpg
EOF
```

执行如下命令，安装这 3 个软件：

```
[root]# yum install -y kubelet-1.22.0 kubeadm-1.22.0 kubectl-1.22.0 -disableexcludes= Kubernetes
//设置开机自启动并运行 kubelet
[root]# systemctl enable kubelet && systemctl start kubelet
```

对于 Master-1 节点，如果使用阿里云或其他镜像站，需要提前拉取必要的镜像，其他节点不需要该操作：

```
[root]# kubeadm config images pull --image-repository registry.aliyuncs.com/ google_containers --kubernetes-version v1.22.0
```

查看拉取到的镜像：

```
[root]# docker images
REPOSITORY                                                              TAG        IMAGE ID       CREATED        SIZE
registry.aliyuncs.com/google_containers/kube-apiserver                  v1.22.0    838d692cbe28   3 months ago   128MB
registry.aliyuncs.com/google_containers/kube-controller-manager         v1.22.0    5344f96781f    3 months ago   122MB
registry.aliyuncs.com/google_containers/kube-proxy                      v1.22.0    bbad1636b30d   3 months ago   104MB
registry.aliyuncs.com/google_containers/kube-scheduler                  v1.22.0    3db3d153007f   3 months ago   52.7MB
registry.aliyuncs.com/google_containers/etcd                            3.5.0-0    004811815584   5 months ago   295MB
```

```
registry.aliyuncs.com/google_containers/coredns          v1.8.4    8d147537fb7d 6
months ago   47.6MB
registry.aliyuncs.com/google_containers/pause            3.5       ed210e3e4a5b 8
months ago   683kB
```

5.2.5 部署首个 Master

部署单个虚拟机为 Master，假设在 Master-1 节点上部署。执行如下命令，部署 Master：

```
[root]# kubeadm init --kubernetes-version=v1.22.0 \
--image-repository registry.aliyuncs.com/google_containers \
--apiserver-advertise-address=192.168.0.121 \
--pod-network-cidr=10.244.0.0/16
```

常见异常如下（具体 Linux 命令请参考 5.2.2 节）。

（1）[ERROR Swap]: running with swap on is not supported.Please disable swap.表示需要关闭 swap 分区。

（2）[ERROR NumCPU]: the number of available CPUs 1 is less than the required 2.表示需要将虚拟机的 CPU 核心数设置为 2 及以上。

（3）[ERROR FileContent--proc-sys-net-bridge-bridge-nf-call-iptables]: /proc/sys/net/bridge/bridge-nf-call-iptables contents are not set to 1.表示需要配置 iptables 参数，修改配置文件 /etc/sysctl.d/k8s.conf。

如果已经配置过该参数，仍然抛出这种异常，需要执行如下命令临时解决该异常：

```
[root]# modprobe br_netfilter
```

上述命令在重启后失效，开机时需要执行如下命令，加载脚本使其生效：

```
[root]# cat > /etc/rc.sysinit << EOF
#!/bin/bash
for file in /etc/sysconfig/modules/*.modules ; do
[ -x $file ] && $file
done
EOF
[root]# cat > /etc/sysconfig/modules/br_netfilter.modules << EOF
modprobe br_netfilter
EOF
[root]# chmod 755 /etc/sysconfig/modules/br_netfilter.modules
```

（4）[WARNING Firewalld]: firewalld is active, please ensure ports [6443 10250] are open or your cluster may not function correctly.表示需要关闭防火墙。

（5）[WARNING Service-Docker]: docker service is not enabled, please run 'systemctl enable docker.service'.表示需要安装并且提前启动 Docker。

（6）[WARNING IsDockerSystemdCheck]: detected "cgroupfs" as the Docker cgroup driver. The recommended driver is "systemd".表示检测到 cgroupfs 作为 Docker cgroup 驱动程序。推荐的驱动程序是 systemd。

/etc/docker/daemon.json 中需要增加如下配置并重启 Docker：

```
"exec-opts":["native.cgroupdriver=systemd"]
```

启动成功后，看到如下日志则表示安装成功：

```
Your Kubernetes control-plane has initialized successfully!
```

```
To start using your cluster, you need to run the following as a regular user:

  mkdir -p $HOME/.kube
  sudo cp -i /etc/kubernetes/admin.conf $HOME/.kube/config
  sudo chown $(id -u):$(id -g) $HOME/.kube/config

Alternatively, if you are the root user, you can run:

  export KUBECONFIG=/etc/kubernetes/admin.conf

You should now deploy a pod network to the cluster.
Run "kubectl apply -f [podnetwork].yaml" with one of the options

Then you can join any number of worker nodes by running the following on each as root:
kubeadm join 192.168.0.121:6443 --token 377by9.jm7yeis5jy3mskcb \
    --discovery-token-ca-cert-hash
sha256:837145f859779b23a9787e33a3e8853518781f720e4b5aed375e80e5f4e7c6ad
```

注意，日志最后的 token 和 sha256 需要妥善保管，以便后续集群节点加入集群使用。默认 token 的有效期为 24 小时，过期后该 token 失效。可以重新生成 token：

```
[root]# kubeadm token generate
[root]# kubeadm token create <generated-token> --print-join-command --ttl=0
```

如果需要切换到其他 Linux 用户，此时可以切换。之后，按日志提示执行如下命令：

```
[root]# mkdir -p $HOME/.kube
[root]# sudo cp -i /etc/kubernetes/admin.conf $HOME/.kube/config
[root]# sudo chown $(id -u):$(id -g) $HOME/.kube/config
```

查询所有 Pod 状态：

```
[root]# kubectl get pods --all-namespaces
NAMESPACE     NAME                                 READY   STATUS    RESTARTS       AGE
kube-system   coredns-7f6cbbb7b8-tb489             1/1     Running   0              8m53s
kube-system   coredns-7f6cbbb7b8-x7xsr             1/1     Running   0              8m53s
kube-system   etcd-master-1                        1/1     Running   0              9m8s
kube-system   kube-apiserver-master-1              1/1     Running   0              9m8s
kube-system   kube-controller-manager-master-1     1/1     Running   1 (4m32s ago)  9m8s
kube-system   kube-proxy-867lc                     1/1     Running   0              8m53s
kube-system   kube-scheduler-master-1              1/1     Running   1 (4m32s ago)  9m8s
```

5.2.6 加入其他 Master

其他 Master 加入集群比较容易。首先需要复制 Master-1 节点的/etc/kubernetes/admin.conf 文件到 Master-2 节点和 Master-3 节点（这里以 Master-2 节点为例），注意路径要保持一致。然后在 Master-2 节点和 Master-3 节点执行如下命令：

```
[root]# echo "export KUBECONFIG=/etc/kubernetes/admin.conf" >> ~/.bash_profile
[root]# source ~/.bash_profile
```

上述命令用于支持每个 Master 执行 kubectl 命令。然后执行如下命令，将 Master-2 节点和 Master-3 节点加入集群：

```
[root]# kubeadm join 192.168.0.121:6443 --token 377by9.jm7yeis5jy3mskcb \
    --discovery-token-ca-cert-hash \
    sha256:837145f859779b23a9787e33a3e8853518781f720e4b5aed375e80e5f4e7c6ad
```

执行如下命令，把 Master-2 节点和 Master-3 节点的角色设置为 Master：

```
[root]# kubectl label nodes master-2 node-role.kubernetes.io/master=
[root]# kubectl label nodes master-3 node-role.kubernetes.io/master=
```

执行如下命令，查询到节点状态为 NotReady。集群安装完网络插件之后，所有节点状态才会转换为 Ready：

```
[root]# kubectl get nodes -o wide
NAME       STATUS    ROLES                 AGE   VERSION   INTERNAL-IP
master-1   NotReady  control-plane,master  23h   v1.22.0   192.168.0.121
master-2   NotReady  master                23h   v1.22.0   192.168.0.122
master-3   NotReady  master                23h   v1.22.0   192.168.0.123
```

5.2.7　加入 Node

执行如下命令，将 Node 加入集群：

```
[root]# kubeadm join 192.168.0.121:6443 --token 377by9.jm7yeis5jy3mskcb \
  --discovery-token-ca-cert-hash \
  sha256:837145f859779b23a9787e33a3e8853518781f720e4b5aed375e80e5f4e7c6ad
```

执行如下命令，把 Node-1 的角色设置为 Node（其他 Node 的操作同理）：

```
[root]# kubectl label nodes node-1 node-role.kubernetes.io/node=
[root]# kubectl label nodes node-2 node-role.kubernetes.io/node=
[root]# kubectl label nodes node-3 node-role.kubernetes.io/node=
[root]# kubectl label nodes node-4 node-role.kubernetes.io/node=
[root]# kubectl label nodes node-5 node-role.kubernetes.io/node=
```

执行如下命令，查询到节点状态为 NotReady：

```
[root]# kubectl get nodes -o wide
NAME       STATUS    ROLES                 AGE   VERSION   INTERNAL-IP
master-1   NotReady  control-plane,master  23h   v1.22.0   192.168.0.121
master-2   NotReady  master                23h   v1.22.0   192.168.0.122
master-3   NotReady  master                23h   v1.22.0   192.168.0.123
node-1     NotReady  node                  23h   v1.22.0   192.168.0.131
node-2     NotReady  node                  23h   v1.22.0   192.168.0.132
node-3     NotReady  node                  23h   v1.22.0   192.168.0.133
node-4     NotReady  node                  23h   v1.22.0   192.168.0.134
node-5     NotReady  node                  23h   v1.22.0   192.168.0.135
```

5.2.8　部署网络插件

Kubernetes 网络模型中，所有 Pod 都在一个扁平的网络空间中。如果网络环境比较复杂，需要安装网络插件，如 Flannel、Calico、Open vSwitch 等，将不同节点上面运行的 Docker 容器网络访问"打通"。

以 Flannel 为例，Flannel 是 CoreOS 团队针对 Kubernetes 设计的一个网络规划服务。简单来说，它的功能是让集群中的不同节点主机创建的 Docker 容器都具有全集群唯一的虚拟 IP 地址。

在默认的 Docker 配置中，每个节点上的 Docker 服务会分别负责所在节点容器的 IP 地址分配。这样导致的一个问题是，不同节点上容器可能获得相同的内外 IP 地址，这些容器无法通过 IP 地址找到对方，也就不能相互通信。

Flannel 的设计目的就是为集群中的所有节点重新规划 IP 地址的使用规则，从而使不同节点上的容器能够获得"同属一个内网"且"不重复的"IP 地址，并让不同节点上的容器能够直接通过内网 IP 地址通信。

Flannel 实质上是一种覆盖网络（overlay network），也就是将 TCP 数据包封装在另一种网络包里面进行路由转发和通信，目前已经支持 UDP、VxLAN、Amazon VPC 等数据转发方式，默认的节点间数据通信方式是 UDP 转发。

建议读者先查询当前最新版本，选择稳定的版本号。在 Master 上执行如下命令，获取 GitHub 上 Flannel 的安装配置文件：

```
[root]# wget https://GitHub 官方网址/flannel-io/flannel/master/Documentation/kube-flannel.yml
```

如果网络环境不稳定，可以尝试使用 Gitee 国内镜像库代替 GitHub：

```
[root]# wget https://Gitee 镜像库网址/flannel/raw/master/Documentation/kube-flannel.yml
```

执行安装命令：

```
[root]# kubectl apply -f kube-flannel.yml
```

如果镜像下载失败，可以考虑手动下载镜像。下载的镜像版本请参考如下 kube-flannel.yml 配置文件，镜像下载成功以后再安装 Flannel。

```
[root]# docker pull quay.io/coreos/flannel:v0.15.1-amd64
v0.15.1-amd64: Pulling from coreos/flannel
5758d4e389a3: Pull complete
5570bac27614: Pull complete
7d1eea13ca76: Pull complete
a8108e817db1: Pull complete
741353eab5bb: Pull complete
f427d97d2e68: Pull complete
fd61dae2c96c: Pull complete
Digest: sha256:a3ebdc7e5e44d1ba3ba8ccd8399e81444102bd35f5f480997a637a42d1e1da6b
Status: Downloaded newer image for quay.io/coreos/flannel:v0.15.1-amd64
quay.io/coreos/flannel:v0.15.1-amd64
```

至此，8 节点的集群搭建完毕。感兴趣的读者可以执行 kubectl get nodes -o wide 命令查看每个节点的 IP 地址，或者执行 kubectl get pods--all-namespaces-o wide 命令查看所有 Pod 的部署情况：

```
[root]# kubectl get pods -all-namespaces -o wide
NAMESPACE     NAME                                  READY   STATUS    RESTARTS      AGE
IP              NODE         NOMINATED NODE   READINESS GATES
kube-system   coredns-7f6cbbb7b8-l7wpk              1/1     Running   0             23h
10.244.0.3      master-1     <none>           <none>
kube-system   coredns-7f6cbbb7b8-lwlmz              1/1     Running   0             23h
10.244.0.2      master-1     <none>           <none>
kube-system   etcd-master-1                         1/1     Running   3 (23h ago)   23h
192.168.0.121   master-1     <none>           <none>
kube-system   kube-apiserver-master-1               1/1     Running   3 (23h ago)   23h
192.168.0.121   master-1     <none>           <none>
kube-system   kube-controller-manager-master-1 1/1  Running   5 (23h ago)   23h
192.168.0.121   master-1     <none>           <none>
kube-system   kube-flannel-ds-2pb4m                 1/1     Running   0             7m4s
192.168.0.134   node-4       <none>           <none>
kube-system   kube-flannel-ds-bbdsl                 1/1     Running   0             7m4s
192.168.0.133   node-3       <none>           <none>
kube-system   kube-flannel-ds-g7cbx                 1/1     Running   0             7m4s
192.168.0.121   master-1     <none>           <none>
kube-system   kube-flannel-ds-k8j66                 1/1     Running   0             7m4s
192.168.0.123   master-3     <none>           <none>
kube-system   kube-flannel-ds-lf2dt                 1/1     Running   0             7m4s
192.168.0.135   node-5       <none>           <none>
kube-system   kube-flannel-ds-lkqr5                 1/1     Running   0             7m4s
192.168.0.132   node-2       <none>           <none>
kube-system   kube-flannel-ds-rgpc6                 1/1     Running   0             7m4s
```

```
192.168.0.122   master-2         <none>            <none>
kube-system   kube-flannel-ds-xktzp              1/1   Running   0            7m4s
192.168.0.131   node-1           <none>            <none>
kube-system   kube-proxy-5brbs                   1/1   Running   1 (23h ago)  23h
192.168.0.131   node-1           <none>            <none>
kube-system   kube-proxy-gnnd6                   1/1   Running   1 (23h ago)  23h
192.168.0.123   master-3         <none>            <none>
kube-system   kube-proxy-hwd8f                   1/1   Running   1 (23h ago)  23h
192.168.0.132   node-2           <none>            <none>
kube-system   kube-proxy-khp97                   1/1   Running   1 (23h ago)  23h
192.168.0.133   node-3           <none>            <none>
kube-system   kube-proxy-l98j5                   1/1   Running   1 (23h ago)  23h
192.168.0.135   node-5           <none>            <none>
kube-system   kube-proxy-ld6zj                   1/1   Running   1 (23h ago)  23h
192.168.0.122   master-2         <none>            <none>
kube-system   kube-proxy-qcn8v                   1/1   Running   1 (23h ago)  23h
192.168.0.134   node-4           <none>            <none>
kube-system   kube-proxy-r9bm6                   1/1   Running   1 (23h ago)  23h
192.168.0.121   master-1         <none>            <none>
kube-system   kube-scheduler-master-1            1/1   Running   5 (23h ago)  23h
192.168.0.121   master-1         <none>            <none>
```

执行如下命令，查询到节点状态为 Ready。

```
[root]# kubectl get nodes -o wide
NAME       STATUS   ROLES                  AGE   VERSION   INTERNAL-IP
master-1   Ready    control-plane,master   24h   v1.22.0   192.168.0.121
master-2   Ready    master                 24h   v1.22.0   192.168.0.122
master-3   Ready    master                 23h   v1.22.0   192.168.0.123
node-1     Ready    node                   23h   v1.22.0   192.168.0.131
node-2     Ready    node                   23h   v1.22.0   192.168.0.132
node-3     Ready    node                   23h   v1.22.0   192.168.0.133
node-4     Ready    node                   23h   v1.22.0   192.168.0.134
node-5     Ready    node                   23h   v1.22.0   192.168.0.135
```

5.3　Kubernetes 集群管理

Kubernetes 集群包含 Master 和 Node，其中 Master 负责 Pod 的调度、Pod 副本数量控制、Node 管理、Endpoint 管理、服务账户和安全令牌管理等；而 Node 主要负责 Pod 和容器创建、服务代理以及其他相关应用。

5.2 节部署了 8 节点的 Kubernetes 集群，本节分别从 Node 和 Master 角度分析以多节点方式部署的集群架构。

5.3.1　Node 信息

5.2 节模拟了多节点集群部署方式。其中 Node 主要负责 Pod 和容器创建、服务代理以及其他相关应用。Node 运行的 Kubernetes 系统组件负责维护运行的 Pod 并提供 Kubernetes 运行时环境。本节分析集群架构，可执行如下命令，查看 Node 上的 Pod 信息：

```
[root]# kubectl get pods --all-namespaces -o wide | grep node-1
kube-system  kube-flannel-ds-xktzp  1/1  Running  6 (22d ago)  32d  192.168.0.131  node-1
```

```
kube-system   kube-proxy-5brbs         1/1   Running   7 (22d ago)   33d   192.168.0.131   node-1
```

在上述代码中，节点只有两个 Pod，这两个 Pod 是节点必要的网络资源。kube-flannel 是网络插件，实现不同节点上面运行的 Docker 容器的互相访问。kube-proxy 是网络转发代理，Service 负责将接收到的请求转发到每个 Node 的 kube-proxy，再转发到相应的 Pod。

此外后台运行的 kubelet 负责具体 Pod 的管理，如配置、运行容器、监控等。kubelet 通常由 kube-scheduler 进行调度，注意，kubelet 不以容器方式运行，它是 Linux 后台进程，所以不在 Pod 列表里面。

除了 Kubernetes 自带的进程，Docker 进程也是 Node 必要的组件。Node 可以在 Kubernetes 集群运行期间动态加入，在加入集群的过程中，Node 会安装相关组件并配置进程。当 Node 加入集群的管理范围后，Node 上的 kubelet 会定期向 Master 汇报自身的运行状态，如操作系统版本、Docker 状态、CPU 与内存占用情况、运行的 Pod 信息等。不同节点的物理性能与资源占用情况不同，Master 通过获取 Node 资源占用情况来调整 Pod 调度分配。

Node 在启动过程中会经历 NotReady 和 Ready 状态。当 Node 刚加入集群时，状态为 NotReady。Node 先要做一系列自检工作，包括磁盘压力（disk pressure）、内存压力（memory pressure）、网络可用性（network unavailable）、PID 资源压力（PID pressure）等。当所有检查通过后，才将 Node 的状态设置为 Ready，表示该节点可以接收 Master 的调度任务。

可以执行如下命令，查看节点详细信息：

```
[root]# kubectl describe node node-1
Name:                node-1
Roles:               node
Labels:              …
CreationTimestamp:   Mon, 27 Dec 2021 23:23:34 +0800
Taints:              <none>
Unschedulable:       false
Addresses:
  InternalIP:   192.168.0.131
  Hostname:     node-1
System Info: …
Events:
  Type     Reason                   Age                    From              Message
  Normal   Starting                 9m21s                  kubelet,node-1    Starting
   kubelet.
  Normal   NodeAllocatableEnforced  9m16s                  kubelet,node-1    Updated
   Node Allocatable limit across pods
  Normal   NodeHasNoDiskPressure    9m9s (x7 over 9m16s)   kubelet,node-1    Node node-1
   status is now: NodeHasNoDiskPressure
  Normal   NodeHasSufficientPID     9m9s (x7 over 9m16s)   kubelet,node-1    Node node-1
   status is now: NodeHasSufficientPID
  Normal   NodeHasSufficientMemory  9m1s (x8 over 9m16s)   kubelet,node-1    Node node-1
 status is now: NodeHasSufficientMemory
  Warning  Rebooted                 9m1s                   kubelet,node-1    Node node-1
has been rebooted, boot id: b6a07635-a6d9-417d-853f-eb0f25e2ec1b
  Normal   Starting                 9m                     kube-proxy,node-1 Starting
   kube-proxy.
```

从截取的部分日志信息可以看出，Node 包含几个很重要的信息，如系统信息（包括名称、标签、创建时间、污点、内部 IP 地址等）、Node 状态变更的日志信息、Docker 信息等。

排查问题时，可以关注 Events 信息。Events 主要用于记录关键事件，包括事件产生的时间、重现时间、重复次数、事件类型、导致该事件的原因、相关联的资源对象等信息。例如，在上述代码的日志信息中，NodeHasNoDiskPressure 表示没有磁盘空间的压力，NodeHasSufficientPID 表示 PID 管理器正常，NodeHasSufficientMemory 表示内存空间充足。

常见的异常场景在这里可能会体现为健康检查探针的检测失败，此时可以重点排查事件原因 Reason 是不健康（Unhealthy）的信息。

5.3.2 Master 信息

Master 负责 Pod 的调度、Pod 副本数量控制、Node 管理、Endpoint 管理、服务账户和安全令牌管理等。Master 运行的 Kubernetes 系统组件主要提供集群控制功能。Master 运行的组件对 Kubernetes 集群做出全局性决策，并检测和响应集群事件。执行如下命令，查看 Master 上的 Pod 信息：

```
[root]# kubectl get pods --all-namespaces -owide | grep master
kube-system   coredns-7f6cbbb7b8-l7wpk                  1/1  Running 7 (22d ago) 33d 10.244.0.16  master-1
kube-system   coredns-7f6cbbb7b8-lwlmz                  1/1  Running 7 (22d ago) 33d 10.244.0.17  master-1
kube-system   etcd-master-1                             1/1  Running 1 (22d ago) 33d 192.168.0.121 master-1
kube-system   kube-apiserver-master-1                   1/1  Running 1 (22d ago) 33d 192.168.0.121 master-1
kube-system   kube-controller-manager-master-1          1/1  Running 1 (22d ago) 33d 192.168.0.121 master-1
kube-system   kube-flannel-ds-g7cbx                     1/1  Running 6 (22d ago) 32d 192.168.0.121 master-1
kube-system   kube-flannel-ds-k8j66                     1/1  Running 6 (22d ago) 32d 192.168.0.123 master-3
kube-system   kube-flannel-ds-rgpc6                     1/1  Running 6 (22d ago) 32d 192.168.0.122 master-2
kube-system   kube-proxy-gnnd6                          1/1  Running 7 (22d ago) 33d 192.168.0.123 master-3
kube-system   kube-proxy-ld6zj                          1/1  Running 7 (22d ago) 33d 192.168.0.122 master-2
kube-system   kube-proxy-r9bm5                          1/1  Running 8 (22d ago) 33d 192.168.0.121 master-1
kube-system   kube-scheduler-master-1                   1/1  Running 7 (22d ago) 33d 192.168.0.121 master-1
```

从上述信息中可以看出，Master 也有 kube-flannel 和 kube-proxy，这意味着 Master 也能运行业务 Pod，Master 后台也在运行 kubelet 进程。

kube-flannel 是网络插件的控制器，负责容器联通。etcd 负责持久化 Kubernetes 集群的各种配置信息和状态，并监控部分数据是否变化。kube-apiserver 即 Kubernetes API，是 HTTP/HTTPS 的 RESTful 接口，可以提供给客户端和控制台管理 Kubernetes 集群。kube-controller-manager 用来管理集群中不同的控制器，包括 Deployment、StatefulSet、DaemonSet、Namespace 等。kube-scheduler 负责调度 Pod，分配 Pod 运行的具体节点，处理节点负载均衡。

5.3.3 可视化管理界面

Kubernetes 集群包含 Master 和 Node。通常情况下，生产环节集群节点数量比较多，为了方便管理集群节点、配置安全策略和资源限制策略，需要安装可视化管理界面，并创建 Namespace 实现资源隔离。本节在 5.2 节安装的 8 个节点的集群环境基础上详细介绍集群可视化管理界面。

5.2 节介绍 Kubernetes 集群环境时，所有操作示例均需在控制台通过输入命令来完成。当然，Kubernetes 也支持通过 Web UI 网页端来管理集群，网页端提供包括查看部署的应用、资源对象管理、容器日志查询，以及系统监控等功能。

Kubernetes 官方提供了 dashboard 项目来部署 Web UI 网页端，协议是 Apache License 2.0。用户需要自行在 GitHub 上 Kubernetes 的官方仓库中搜索找到 dashboard 项目，如图 5-4 所示。

图 5-4　GitHub 上 Kubernetes 官方仓库的 dashboard 项目

下载 dashboard 项目，其中配置文件路径为/dashboard/blob/master/aio/deploy/recommended.yaml。执行如下命令，安装 dashboard 项目：

```
[root]# kubectl create namespace kubernetes-dashboard
[root]# kubectl apply -f recommended.yaml
```

如有错误提示，则需在 kubectl apply 后面加上提示里描述的 valid 参数。

此时，执行 kubectl -n kubernetes-dashboard describe svc kubernetes-dashboard 命令，查看 dashboard 服务，会发现 Type 是 ClusterIP，那就需要执行如下命令，并且修改 Type 为 NodePort：

```
[root]# kubectl -n kubernetes-dashboard edit svc kubernetes-dashboard
```

再次执行查看 dashboard 服务的命令：

```
[root]# kubectl -n kubernetes-dashboard edit svc kubernetes-dashboard
Name:                     kubernetes-dashboard
Namespace:                kubernetes-dashboard
Labels:                   k8s-app=kubernetes-dashboard
Annotations:              Selector:  k8s-app=kubernetes-dashboard
Type:                     NodePort
IP:                       10.98.208.70
Port:                     <unset>  443/TCP
TargetPort:               8443/TCP
NodePort:                 <unset>  30941/TCP
```

```
Endpoints:                10.244.247.1:8443
Session Affinity:         None
External Traffic Policy:  Cluster
Events:                   <none>
```

这里的 NodePort 端口号 30941 为访问地址端口号（当前也可以再次编辑 svc 修改这个端口号）。通过浏览器访问 https://192.168.0.121:30941 打开页面，如图 5-5 所示。

图 5-5　Kubernetes Web UI 网页端

页面中提示需要 Token，执行查询 Token 的命令：

```
[root]# kubectl -n kube-system describe secret $(kubectl -n kube-system get secret | grep admin-user | awk '{print $1}')
//页面日志
Type:  kubernetes.io/service-account-token
Data
====
ca.crt:      1025 bytes
namespace:   11 bytes
token:       eyJhbGciOiJSUzI1NiIsImtpZCI6ImplLVRCeS01X3h***
```

在登录界面输入最后一行的 Token，即可完成登录。登录成功界面如图 5-6 所示。

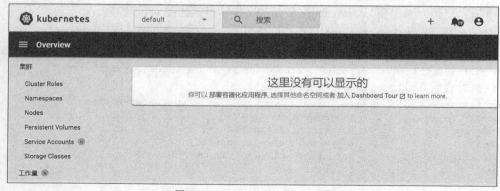

图 5-6　Kubernetes Web 登录界面

单击"集群" → "Nodes" 显示集群当前 8 个节点的信息和状态，如图 5-7 所示。

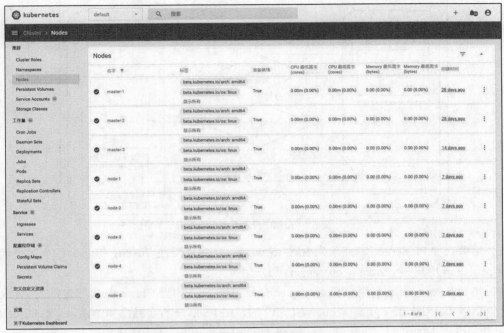

图 5-7　Kubernetes 管理界面

通过上述方法进入可视化管理界面后，就不需要执行命令去确认节点状态信息。dashboard 提供了很多管理工具，如节点管理、Pod 管理、ConfigMap 管理、秘钥管理、Volume 管理、Deployment 管理、StatefulSet 管理、Service 管理等私有云常用的功能。很多第三方私有云的管理界面都是模仿 dashboard 界面开发的，或者把 dashboard 界面翻译优化，增加登录界面就可以正式使用。

5.3.4　集群安全策略

默认的安全环境下，Kubernetes 使用 HTTP 和 Token 方式实现简单认证。在生产环境下，需要升级成基于 CA 证书的 HTTPS 双向认证通信。关于 HTTPS 证书的制作方式，请读者自行查阅相关资料。

虽然 Kubernetes 可以通过配置实现手动管理证书，但集群节点增多后，每个节点都要管理一套证书，操作起来不方便。Kubernetes 官方建议使用 TLS bootstrapping 功能管理证书。

TLS bootstrapping 功能就是让 kubelet 先使用一个预定的低权限用户连接到 API Server，然后向 API Server 申请证书，API Server 动态签署证书供 kubelet 使用。该模型可以称为基于角色的访问控制（role-based access control，RBAC）授权模型，其工作流程如图 5-8 所示。

TLS 数字签名的通信方式可以保证数据的完整性不被篡改。RBAC 授权模型规定了一个用户或者用户组（subject）具有哪些 API 的请求权限，RBAC 在配合 TLS 加密时，实际上 API Server 读取客户端证书的 CN 字段作为用户名，读取 O 字段作为用户组。

当然，kubelet 首次请求时是没有证书的，那么整个流程是如何运转的呢？

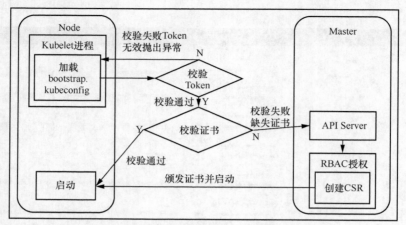

图 5-8 RBAC 授权模型工作流程

首先需要在 API Server 节点预先内置 token.csv 文件来配置 Token，Token 的内容指代的是 kubelet-bootstrap 用户和 system:bootstrappers 用户组。

然后将 kubelet-bootstrap 用户和 system:node-bootstrapper 内置 ClusterRole 绑定，否则首次进行证书认证请求（certificate signing request，CSR）时，API Server 将会抛出 401 错误。Kubernetes 1.8 及以上版本自动创建的 ClusterRole 名称为 system:certificates.k8s.io:certificatesigningrequests:nodeclient。Kubernetes 旧版本需要手动创建 ClusterRole。如果不想手动创建 ClusterRole，也可以手动批准首次 CSR。

kubelet 首次启动时，通过加载 bootstrap.kubeconfig 中的用户 Token 向 API Server 发起首次 CSR。默认签署的证书只有 1 年有效期，如果要调整证书有效期，可以重新设置 kube-controller-manager 的 --experimental-cluster-signing-duration 选项。

对于证书的自动续签，需要通过协调如下两方面来实现。

（1）需要配置 kubelet 在证书到期后自动发起续期请求。具体实现方法是，在 kubelet 启动时增加如下选项和参数：

```
--feature-gates=RotateKubeletClientCertificate=true,RotateKubeletServerCertificate=true
```

（2）需要使用 kube-controller-manager 自动批准续签的 CSR。具体实现方法是，在 kube-controller- manager 启动时增加一个选项，并绑定对应的 RBAC 规则：

```
--feature-gates=RotateKubeletServerCertificate=true
```

Kubernetes 1.8 及以上版本如果开启自动续签的配置，即实现不重启即可自动重新加载新证书的功能，需要配置 kubelet 启动参数选项：

```
--rotate-certificates
```

Kubernetes 旧版本不支持热加载新证书，自动续签后，需要手动重启 kubelet。

5.3.5 理解 Namespace

Kubernetes 的 Namespace 指的是命名空间，用于实现多租户的资源隔离，这里的隔离是逻辑上的隔离。Namespace 主要用于安全范围和资源限制的隔离。

Kubernetes 集群在启动后，会创建一个名为 default 的 Namespace，如果在创建资源时不指定 Namespace，那么该资源将会被创建到 default 命名空间中。如果执行 kubectl 查询命令时不指定 Namespace，那么将会返回 default 命名空间的查询结果。注意，default 命名空间是不能够删除的。

Kubernetes 在安装时还会自动创建一个 kube-system 命名空间。Kubernetes 的系统组件均使用 kube-system 命名空间。如果用户不想使用 kube-system 命名空间，可以创建独立的 Namespace。独立的 Namespace 可以实现安全隔离和资源隔离。例如，可以执行如下命令，创建名称为 test 的 Namespace：

```
kubectl create namespace test
```

无论用户是否创建独立的 Namespace，默认的 Namespace 都是 default。在执行 kubectl 命令时，每次都要指定 Namespace 名称，非常不方便。用户可以执行 kubens test 命令切换 kubectl 默认的 Namespace 设置。

5.3.6 理解 ConfigMap 和 Secret

ConfigMap 是 Kubernetes 集群中的配置中心，提供了从集群外部向集群内部的应用注入配置信息的功能，ConfigMap 所有的配置内容都存储在 etcd 数据库中。ConfigMap 定义了 Pod 的配置信息，可以以存储卷的形式挂载至 Pod 中的应用程序配置文件目录，从 ConfigMap 中读取配置信息；也可以以环境变量的形式，从 ConfigMap 中获取变量注入 Pod 容器中使用。但是 ConfigMap 是以明文存储的，如果用来存储数据库账号、密码这样的敏感信息就非常不安全。

Secret 类似于 ConfigMap，不过 Secret 是通过 Base64 的编码机制加密存储配置信息的。Secret 主要用于存储敏感信息，如密码、OAuth token 和 SSH key 等。将敏感信息存储在 Secret 中，和直接存储在 Pod 的定义或 Docker 镜像定义中相比，更加安全和灵活。Secret 和 ConfigMap 的使用方式极其相似，本节重点阐述 ConfigMap。

在 Kubernetes 提出 ConfigMap 配置方式之前，业务应用有 4 种常见的配置方式。

（1）将配置文件通过 Dockerfile 直接打包到镜像当中。这样会有一个明显的缺点，即如果需要修改配置文件，那么将变得非常棘手。

（2）使用环境变量的方式来配置文件。这种方式也相当于每一次调整镜像包了，修改镜像包终究不是一个稳妥的方案。

（3）通过配置 Chart 包的启动参数来修改配置文件，即在 Deployment 里面配置启动命令和启动参数。如果采用这种方式，那么每一次发布新版本时都需要调整 Chart 包。

（4）通过挂载卷将配置文件直接挂载到容器里面。这种方法是相对较好的解决方式，但是有可能会面临管理不方便、更新配置麻烦、加密配置等问题。

由于上述 4 种配置方式存在诸多问题，因此使用 ConfigMap 或 Secret 配置的方式是目前 Kubernetes 平台最佳的解决方案之一。下面来详细分析 ConfigMap 的运行机制。

ConfigMap 实质上是将镜像和配置文件解耦，以实现镜像跨平台部署，在不同的私有云和公有云环境下具备可移植性，可实现在不同的云环境下，轻松使用相同的镜像文件和不同的

ConfigMap 配置文件来部署。ConfigMap 以 Key: Value 形式的 HashMap 键值对来存储数据，配置在 data 属性下面，如 httpd-config.yaml：

```yaml
kind: ConfigMap
apiVersion: v1
metadata:
  name: httpd-config
data:
  serviceName: hello-world
  servicePort: 8091
```

用户可以执行如下导入命令，创建 ConfigMap：

```
[root]# kubectl -n kube-system create configmap httpd-config --from-
literal=serviceName=hello-world --from-literal=servicePort=8091
```

日志 configmap/httpd-config created 表示创建成功。创建成功后，可通过如下命令查询具体的键值对：

```
[root]# kubectl -n kube-system get configmaps httpd-config -o yaml
apiVersion: v1
data:
  serviceName: hello-world
  servicePort: "8091"
kind: ConfigMap
metadata:
  creationTimestamp: "2020-08-23T15:18:25Z"
…
```

ConfigMap 的值没有长度限制，甚至可以把整个配置文件通过 Base64 编码序列化成字符串，当作 Value 放在上面。

实际在使用 ConfigMap 时，有两种注入配置参数的方式。

（1）以 Volume 的方式，将 ConfigMap 注入容器中，将完整的配置文件封装起来。在容器中应用是以读取 Volume 文件然后解析的方式获取参数。这种方式似乎和通过 Volume 将配置文件直接挂载到容器里面没有太大区别。

（2）以环境变量的形式，将 ConfigMap 通过 env 中的 configMapKeyRef 注入容器中。这种方式对容器内部来说，每一个配置项都是一个环境变量。应用是通过读取容器环境变量的方式来获得参数。

下面用示例分别介绍这两种注入方式，以 Volume 的方式注入配置参数，如代码清单 5-1 所示。

代码清单 5-1　test-config-volume.yaml 的 Deployment

```yaml
apiVersion: apps/v1
kind: Deployment
metadata:
  name: test-config-volume
spec:
  replicas: 1
  selector:
    matchLabels:
      app: test-config-app
  template:
    metadata:
      labels:
        app: test-config-app
```

```
    spec:
      containers:
      - name: my-app
        image: centos:latest
        command: ["/bin/sh", "-c", "sleep 365d"]
        env:
        - name: MY_SERVICE_PORT
          valueFrom:
            configMapKeyRef:
              name: httpd-config
              key: servicePort
        volumeMounts:
        - name: httpd-config-volume
          mountPath: /home/paas/config
      volumes:
        - name: httpd-config-volume
          configMap:
            defaultMode: 384
            name: httpd-config
```

示例中的 replicas 配置项表示副本数量，command 指定了让容器启动后进入休眠状态。把 httpd-config 当作 Volume，挂载到容器内的/home/paas/config 路径，用户可以通过该路径下面的文件获取数据。其中，MY_SERVICE_PORT 环境变量直接来自 httpd-config 配置项，key 为 servicePort 对应的值，不需要从 Volume 里面再次读取。

然后执行如下命令，创建 test-config-volume Pod：

```
[root]# kubectl -n kube-system apply -f test-config-volume.yaml
```

注意，在执行上述命令时至少要保证有一个 Node 是正常工作的，因为 Kubernetes 默认不会在 Master 上部署业务 Pod。要想启动该功能，需要做特殊的配置。建议不要在 Master 上部署业务应用，因为这样会占用 Master 的开销，后期加入的业务 Node 多了，就会提高 Master 的性能开销和网络带宽占用。

接下来，可以执行如下命令，进入容器：

```
[root]# kubectl -n kube-system get pod | grep test
test-config-volume-5f66fd4658-2x24q    1/1   Running   0   30m
[root]# kubectl -n kube-system exec -it test-config-volume-5f66fd4658-2x24q bash
```

在容器中执行如下命令，查看 Volume：

```
[root@test-config-volume-5f66fd4658-2x24q /]# ls -lh /home/paas/config
total 0
lrwxrwxrwx 1 root root 19 Aug 23 15:19 serviceName -> ..data/serviceName
lrwxrwxrwx 1 root root 19 Aug 23 15:19 servicePort -> ..data/servicePort

[root@test-config-volume-5f66fd4658-2x24q /]# ls -lh /home/paas/config/..data
total 8.0K
-rw------- 1 root root 11 Aug 23 15:19 serviceName
-rw------- 1 root root  4 Aug 23 15:19 servicePort
```

如上述代码所示，容器中的 Volume 本质上是创建一个软连接，把/home/paas/config 指向/home/paas/config /..data，所以进入..data 目录下，才能看到文件的真正权限。因为代码清单 5-1 里面 configMap 的 defaultMode 配置成了 384，对应 Linux 文件 600 读写权限，所以上述代码中 serviceName 和 servicePort 文件的权限都是读写权限。此外，defaultMode 还可以配置为 420，对应 Linux 文件 640 权限。

这里也可以指定具体的 items，指定 Key: Value，如果不指定，默认将 ConfigMap 所有键值对都挂载进去。

执行如下命令，将 Deployment 配置的环境变量注入容器：

```
[root@test-config-volume-5f66fd4658-2x24q /]# env | grep MY_SERVICE_PORT
MY_SERVICE_PORT=8091
```

当然，也可以使用 envFrom 关键词，把 ConfigMap 或 Secret 中定义的所有 Key: Value 形式的 HashMap 键值对自动转换成环境变量：

```
spec:
  template:
    spec:
      containers:
      - name: my-app
        image: centos:latest
        command: ["/bin/sh", "-c", "sleep 365d"]
        envFrom:
        - configMapRef
            name: httpd-config
```

需要注意，环境变量必须符合 POSIX 命名规范（[a-zA-Z_][a-zA-Z0-9_]），建议以字母开头。最后还需要理解使用 ConfigMap 和 Secret 的限制条件。

（1）必须在 Pod 创建之前完成 ConfigMap 和 Secret 的创建。也就是说，Pod 依赖 ConfigMap 和 Secret。

（2）Kubernetes 通过 Namespace 隔离 ConfigMap 和 Secret，只有处于相同 Namespace 下的 Pod，才能挂载到对应的 ConfigMap 和 Secret。

（3）如果在 Pod 内部，Volume 配置的地址有其他文件，那么将会被 ConfigMap 和 Secret 挂载的文件覆盖。

（4）ConfigMap 或 Secret 都支持动态更新。以 Volume 方式挂载时，可通过执行 Kubernetes 命令修改里面的内容，会立即在容器里面更新文件。

ConfigMap 是以明文存储数据的，配置的值是明文字符串。而 Secret 是以密文的方式存储数据的，避免直接在配置文件中存储敏感信息。其使用方式和 ConfigMap 较为相似，通过 Volume 的方式将文件挂载到容器内部。Secret 需要配置成 Key：Value 形式的 HashMap 键值对。Secret 配置的值是 Base64 字符串，字符串本质上是由二进制格式文件转换的。

5.3.7 理解 Service

Kubernetes 采用 Endpoint 机制支撑 Pod 对外提供服务。Endpoint 由 Pod 的 IP 地址和容器端口（containerPort）共同组成，Endpoint 代表了 Pod 里一个服务进程对外通信的唯一地址，一个 Pod 可以有多个 Endpoint。Kubernetes 在做负载转发时，通过标签选择器连接到后端的 Pod 副本集群。每个 Pod 提供一个或多个 Endpoint 实现容器对外通信。

每个请求转发到具体 Pod 上面有一个过程，每个 Node 运行着的 kube-proxy 进程负责负载均衡的运算，kube-proxy 把请求转发到具体的 Pod 实例上，该进程同时负责实现会话保持机制。

如果 Pod 实例比较多，业务应用之间需要相互访问，此时业务应用依靠自身进程管理大量的

Pod IP 地址将会变得非常困难。业务应用除了可以使用 Endpoint 访问容器的业务进程，还可以通过 Service 调用。

Service 是 Kubernetes 的核心资源对象之一，通过创建 Service，可以为一组具有相同功能的容器应用提供统一的访问地址，并将接收的请求负载转发到后端的相应的容器应用上。这里的 Service 指的就是人们常常提起的微服务架构中的微服务。

Service 为 Kubernetes 集群定义了一组服务的访问入口，Service 通过标签选择器来选择具体的 Pod 实例转发请求。一个 Service 对应着集群里的一组微服务，Kubernetes 由多组微服务组成，微服务之间通过 TCP/IP 进行通信。

Service 支持多端口提供服务的功能，用于支撑某些应用需要同时提供业务服务端口和管理服务端口的场景。Service 实质上通过多个 Endpoint 对外提供服务，并且每个 Endpoint 需要定义一个不重复的名称，如代码清单 5-2 所示。

代码清单 5-2　Service 端口配置示例

```
apiVersion: v1
kind: Service
metadata:
  name: tomcat-svc
spec:
  ports:
  - port: 8080
    name: service-port
  - port: 8081
    name: manage-port
  selector:
    app: front-entrance
```

传统分布式系统的服务发现是通过提供特定 API 实现的。Kubernetes Service 对外提供统一虚拟 Cluster IP 的服务发现机制，对比传统分布式系统，降低了系统的入侵性。Cluster IP 是 Kubernetes 管理和分配的虚拟 IP 地址，并且在 Service 整个生命周期中，Cluster IP 不会发生改变。

为了更好地理解 Service 机制，需要区分 3 种 IP 地址类型，如表 5-2 所示。

表 5-2　Service 机制中的 3 种 IP 地址类型

名称	描述
Node IP	Node 物理网卡或虚拟机的 IP 地址，是一个实际的网络节点。Node 的所有 TCP/IP 消息都要通过该 IP 地址进行通信。在大型集群中，通常是一个由 IaaS 层虚拟化出来的 IP 地址
Pod IP	Pod IP 是 Docker 配合 Kubernetes 网络插件分配的虚拟 IP 地址，通常是一个二层网络，地址需要根据 docker0 网桥的 IP 地址池进行分配。Pod 的所有 TCP/IP 消息，本质上都要通过 Node 所在的物理网卡 IP 地址进行通信
Cluster IP	Cluster IP 是 Kubernetes 管理和分配的虚拟 IP 地址，只能用于 Service 对象，地址池由 Kubernetes 管理。Cluster IP 不支持通信操作，不具备外部的 TCP/IP 通信能力，是 Kubernetes 内部封闭的网络空间

下面分析用户访问 Service 的两种方式，即直接访问方式和 DNS 间接访问方式。

- 直接访问指的是直接访问 Service 的虚拟 IP（virtual IP，VIP）地址的方式。比较常用的解决方案是暴露 NodePort 端口。Kubernetes 为每个 Service 开启一个 TCP 监听端口。这个 TCP 监听端口是 Node 级别的，所以用户只需要调用指定 Node 的 IP 地址，加上具体的 NodePort 端口号，就可以访问对应的 Service。但是，通过 Node IP 地址加 NodePort 端口号的方式，无法实现负载均衡的功能。可以配合 Kubernetes 集群外部的 Load Balancer 组件实现请求派发，如 Ingress、Nginx、GCE、HAProxy 等组件。

- DNS 间接访问指的是访问 Service 的 DNS。这种方式还可以具体细分成两种实现：Normal Service 和 Headless Service。在 Normal Service 的情况下，访问 DNS 记录时，解析得到的是 Service 的 VIP 地址。在 Headless Service 的情况下，Kubernetes 不需要给 Service 分配一个 VIP 地址，应用请求访问 DNS 记录时，解析的是某一个 Pod 的 IP 地址。简而言之，Headless Service 可以直接以 DNS 记录的方式解析出被代理 Pod 的 IP 地址。Headless Service 地址解析格式如表 5-3 所示，其中，$(namespace)是当前 Service 所在的命名空间，$(serviceName)是创建 Service 时配置的名称，通常 Service 名称不能重复，$(hostname)是每个 Pod 自己的主机名。

表 5-3　Headless Service 地址解析格式

名称	描述
Service 地址解析格式	$(serviceName).$(namespace).svc.cluster.local
Pod 的 DNS 解析格式	$(hostname).$(serviceName).$(namespace).svc.cluster.local

通常情况下，Service 是 Kubernetes 集群内部服务之间请求的默认方式，外部应用无法直接访问 Service。为了让外部应用访问到 Kubernetes 集群内部服务，有一种做法是将内部服务以 NodePort 类型暴露在宿主机的端口上，外部应用通过直接请求宿主机端口实现通信。这种 NodePort 方案造成一个应用需要占用一个宿主机端口，如果应用数量过多，很容易造成端口冲突。

为了更好地解决外部应用访问到 Kubernetes 集群内部服务的问题，Kubernetes 提供了 Ingress 组件，Ingress 组件应用在 Service 之前。Ingress 统一对外暴露入口，采用反向代理的机制将请求转发到指定 Service，整个调用链关系为：物理机端口→Ingress→Service→标签选择器→Pod→App 端口。

Ingress 暴露从集群外到集群内服务的 HTTP 或 HTTPS 路由。Ingress 可用于提供外部可访问的服务 URL 配置、负载均衡配置、SSL 终端配置和提供虚拟主机名配置等。Ingress 由两部分组成：Ingress Controller 和 Ingress 组件，具体定义如表 5-4 所示。

表 5-4　Ingress 的组件

名称	描述
Ingress Controller	Ingress Controller 是外部流量的入口，是一个实体软件，具体实现反向代理及负载均衡，对 Ingress 定义的规则进行解析，根据配置的规则实现请求转发，如 ingress-nginx、GCE、HAProxy 等
Ingress	Ingress 配置具体的路由规则。Ingress 本质上是 Kubernetes 中的一个 API 对象，一般通过 YAML 配置。Ingress 的作用是定义请求如何转发到 Service 的规则，可以理解为配置模板

Ingress 可以为多个命名空间服务，一个集群中可以有多个 Ingress Controller，在 Ingress 中可

以指定使用哪一个 Ingress Controller。Ingress Controller 本身需要以 HostPort 或者 Service 形式暴露出来。Ingress 可以配置全局超时时间，并支持 GZIP 压缩。

5.3.8 理解 API Server

API Server 提供了 Kubernetes 各类资源对象（如 Pod、Service、Deployment、PV、PVC 等）的增删改查等 HTTP 的 RESTful 接口，API Server 是整个 Kubernetes 系统的数据总线。API Server 的功能还包括认证授权、数据校验、集群状态变更、资源配额控制、模块之间的数据交互和通信枢纽等，只有 API Server 能直接操作 Kubernetes etcd 数据库。

本节介绍常用的 API Server 客户端工具 Go 和 Java，并阐述 API Server 的工作原理和授权机制，读者可以参考示例与 API Server 进行交互。

Kubernetes 的 API Server 是通过 kube-apiserver 进程提供服务的，该进程通常在 Master 上面运行。kube-apiserver 默认启动端口为本地主机的 8080 端口，提供基于 HTTP 的 RESTful 服务。可以通过修改启动参数--insecure-port 修改默认端口号，通过修改启动参数--insecure-bind-address 修改默认绑定的 IP 地址。

用户通常使用 kubectl 命令、client-go SDK 或 client-java SDK 来实现与 kube-apiserver 通信。kube-apiserver 本身也是一个 Service，名称是 kubernetes。可执行如下命令，查询 Service 地址：

```
[root]# kubectl get service
NAME           TYPE        CLUSTER-IP    EXTERNAL-IP    PORT(S)    AGE
146ubernetes   ClusterIP   10.233.0.1    <none>         443/TCP    96d
```

如上述代码所示，日志中的 Cluster IP 为 10.233.0.1，端口号 443 表明是 HTTPS 双向证书校验的端口。这里的 Cluster IP 和端口通常会结合 RBAC 权限控制系统一起使用。

执行如下命令，可查看指定 Service 详细信息：

```
[root]# kubectl describe svc 146ubernetes
Name:                   147ubernetes
Namespace:              default
Labels:                 component=apiserver
                        provider=147ubernetes
Annotations:            <none>
Selector:               <none>
Type:                   ClusterIP
IP:                     10.233.0.1
Port:                   https  443/TCP
TargetPort:             6443/TCP
Endpoints:              192.168.0.121:6443
Session Affinity:       None
Events:...
```

kube-apiserver 包含 API 层、鉴权层、注册表层和 etcd 层，每层的功能如表 5-5 所示。

如表 5-5 所示，etcd 数据库提供 Watch 接口来实现事件通知，Watch 机制类似观察者设计模式。当 API Server 监听 etcd 的数据更新事件后，如果 etcd 发生数据更新事件，etcd 会主动给 API Server 推送事件通知。例如，etcd 监听到 RS（ReplicaSet）数据的创建、更新、删除操作，会主动给 API Server 推送 RS 更新事件通知。

表 5-5 kube-apiserver 分层架构中各层的功能

架构层级	功能描述
API 层	API 层对外暴露访问入口，报文数据采用 RESTful 的风格，如查询操作、健康检查、UI、日志、指标监控等
鉴权层	用于用户的身份鉴权、访问权限控制与管理
注册表层	用于存储 Kubernetes 系统信息，如 Pod、Service、Deployment、Namespace 等
etcd 层	etcd 数据库用于持久化存储数据，etcd 提供 Watch 接口来实现事件通知

API Server 监听 etcd 后，Kubernetes 每个系统组件（如 controller-manager、调度器、kubelet）都需要监听 API Server 以获取数据变更的事件通知。API Server 借助 etcd 实现了观察者设计模式。

API Server 为客户端提供了 List-Watch 接口。客户端在首次连接 API Server 时，会调用 List 接口获取相关资源的全量数据，并缓存到客户端内存中。然后客户端注册对应的 Watch 接口，等接收到 API Server 推送的事件通知后，根据操作类型对客户端本地缓存的数据做同步更新。

List-Watch 机制和 ZooKeeper 客户端 Curator 缓存数据的方式如出一辙，本质上是为了简化客户端调用的复杂性。下面以创建 RS 和 Pod 为例，具体分析 List-Watch 机制工作流程，如图 5-9 所示。

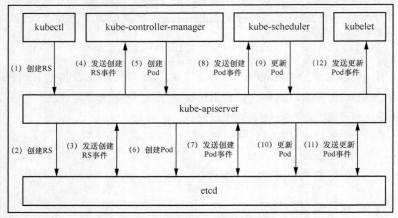

图 5-9 List-Watch 机制工作流程

图 5-9 中，步骤（3）、步骤（7）、步骤（11）发送的事件通知依赖 etcd 的 Watch 机制。步骤（4）、步骤（8）、步骤（12）发送的事件通知依赖 API Server 的 List-Watch 机制。在这两种机制的作用下，最终 Pod 状态被同步给集群各个组件。

由于 API 在不断升级，这样就会面临版本兼容问题，不同版本之间的数据需要相互转换，可能存在多种逻辑组合，如同一个网状结构，API Server 采用星状拓扑图的方式，每一个接口版本的资源对象都会被转换成一个相对不容易变化的内部版本类型。这个内部版本类型可以在其他 Kubernetes 版本之间进行相互转换，这样就如同以内部版本为中心模板标准，展开了一个星状图的版本控制模型。

API Server 支持多种鉴权方式，可通过配置启动参数--authorization-mode 进行设置。常用鉴权参数如表 5-6 所示。

表 5-6 常用鉴权参数

参数	描述
AlwaysAllow	表示允许所有请求，该模式下没有鉴权功能，也是 Kubernetes 默认的配置
AlwaysDeny	表示阻止所有请求，用于特殊场景
Node	节点授权是一种特殊用途的授权模式，专门授权由 kubelet 发出的请求
RBAC	该模式使用 API Server 创建和存储策略
ABAC	基于属性的访问控制，该模式使用本地文件配置策略。配置文件以 Map 格式的 JSON 对象进行存储
WebHook	基于 HTTP 回调模式的访问控制，该模式使用远程 REST 端口管理授权

Kubernetes 官方文档建议使用 RBAC 鉴权方式。RBAC 是 Kubeadm 安装方式的默认选项，分别围绕 Role、ClusterRole、RoleBinding 和 ClusterRoleBinding 这 4 个资源对象进行管理，如表 5-7 所示。

表 5-7 RBAC 资源对象

资源对象	描述
Role	角色信息，表示一组权限的集合，Role 只能对 Namespace 内的资源进行授权。可以授权的特殊元素有 Pod、Deployment 等
ClusterRole	集群角色，表示集群级别的范围权限集合，ClusterRole 只能对 Namespace 内的资源进行授权。可以授权的特殊元素有 Node、路径、Pod 等
RoleBinding	角色绑定，用于把 Role 绑定到一个目标上。支持和 Role 绑定的资源主要有 3 种：用户（user account）、组（group）、服务账号（service account）
ClusterRoleBinding	集群角色绑定，用于把 ClusterRole 绑定到一个目标上。支持和 ClusterRole 绑定的资源主要有 3 种，和 RoleBinding 类似

创建 Role 的示例，如代码清单 5-3 所示。

代码清单 5-3 创建 Role

```
apiVersion: rbac.authorization.k8s.io/v1
kind: Role
metadata:
  namespace: kube-system
  name: test-role
rules:
- apiGroups: ["", "extensions", "apps"]
  resources: ["pods", "deployments", "replicasets"]
  verbs: ["get", "list", "watch", "create", "update", "patch", "delete"]
```

上述代码创建了一个名称为 test-role 的角色，指定 Namespace 为 kube-system，并且在 rules 里面配置了角色规则。常用的角色规则如表 5-8 所示。

表 5-8 常用的角色规则

角色规则	描述
apiGroups	用于配置支持的 API 列表，数组格式
Resources	用于配置支持的资源对象列表，数组格式，如 pods、deployments、replicasets、jobs 等
Verbs	用于配置支持的资源对象操作方法列表，数组格式，如 get、list、watch、create、update、patch、delete 等。也可以配置为["*"]，表示全部支持

Kubernetes 主要有 3 种资源支持和 Role 绑定，如表 5-9 所示。

表 5-9 Role 资源列表

绑定资源	描述
UserAccount	用户账号，由外部独立服务进行管理，不能通过 Kubernetes API 管理，因为用户和 Kubernetes 没有关联的资源对象
Group	组，用于关联多个 Kubernetes 用户，如 cluster-admin
ServiceAccount	服务账号，为 Pod 中的进程和外部用户提供身份信息，通过 Kubernetes API 管理用户服务账号，需要通过 API 鉴权，也需要指定 Namespace 进行关联

ServiceAccount 通常用于 Pod 的进程通过 Kubernetes API 访问 Kubernetes 集群。创建一个 ServiceAccount 的示例，如代码清单 5-4 所示。

代码清单 5-4 创建 ServiceAccount 的示例

```
apiVersion: v1
kind: ServiceAccount
metadata:
  namespace: kube-system
  name: test-service-account
```

把 Role 规则绑定到 ServiceAccount，如代码清单 5-5 所示。

代码清单 5-5 把 Role 规则绑定到 ServiceAccount

```
apiVersion: rbac.authorization.k8s.io/v1
kind: RoleBinding
metadata:
  namespace: kube-system
  name: test-role-bind
subjects:
- kind: ServiceAccount
  name: test-service-account
  namespace: kube-system
roleRef:
  kind: Role
  name: test-role
  apiGroup: rbac.authorization.k8s.io
```

常用的 API Server 客户端工具有 GoSDK 和 Java SDK，下面介绍 GoSDK。

client-go SDK 是 Kubernetes 官方的 SDK，主要功能是操作 Kubernetes API，实现对集群的自

定义管理。用户可以在 GitHub 上 Kubernetes 的官方仓库下面搜索找到 client-go 项目，如图 5-10 所示，官方示例 Demo 路径为/examples/in-cluster-client-configuration。

图 5-10　GitHub 上 Kubernetes 官方仓库的 client-go 项目

以该官方示例 Demo 为例，使用 client-go SDK 时，用户需自行准备 Go 开发环境，并配置好环境变量。使用 client-go SDK 的具体流程包含如下 4 个步骤。

（1）为了实现利用 SDK 工具开发每 10 秒查询一次集群中 Pod 数的功能，需要先初始化 SDK 工具配置，然后获取所有 Namespace 中的 Pod，如代码清单 5-6 所示。

代码清单 5-6　使用 client-go SDK 轮询集群中 Pod 数的示例

```
package main
import (
"context"
"fmt"
"time"
"k8s.io/apimachinery/pkg/api/errors"
metav1 "k8s.io/apimachinery/pkg/apis/meta/v1"
"k8s.io/client-go/kubernetes"
"k8s.io/client-go/rest"
)
func main() {
  //创建集群内配置
  config, err := rest.InClusterConfig()
  if err != nil{
    panic(err.Error())
  }
  //创建客户端集
  clientset, err := ubernetes.NewForConfig(config)
  if err != nil{
    panic(err.Error())
  }
  for{
    //通过省略 Namespace 获取所有 Namespace 中的 Pod
    pods, err := clientset.CoreV1().Pods("").List(context.TODO(),
metav1.ListOptions{})
```

```
        if err != nil{
          panic(err.Error())
        }
        fmt.Printf("There are %d pods in the cluster\n", len(pods.Items))
        time.Sleep(10 * time.Second)
    }
}
```

（2）用户开发好业务逻辑后，编译适用于 Linux 的应用程序：

```
cd in-cluster-client-configuration
GOOS=linux go build -o ./app .
```

（3）使用提供的 Dockerfile 将其打包成 Docker 镜像以在 Kubernetes 集群上运行。Dockerfile 文件参考 Demo 里的例子，修改一下基础镜像地址就行，具体操作步骤请参考本书与 Docker 相关的章节。打包命令如下：

```
docker build -t in-cluster
```

（4）在具有单个实例部署的 Pod 中运行镜像：

```
kubectl run -rm -i demo -image=in-cluster
There are 8 pods in the cluster
There are 8 pods in the cluster
There are 8 pods in the cluster
…
```

至此，GoSDK 介绍完毕，常用的 API Server 客户端工具还有 Java SDK。client-java SDK 是 Kubernetes 社区维护的 SDK，主要功能是通过操作 Kubernetes API 实现对集群的自定义管理。client-java SDK 使用方式和 client-go SDK 相似，也需要打包成 Docker 镜像并在 Kubernetes 集群上运行。本节把重点放在如何使用 client-java SDK 进行开发上。

如果是 Maven 用户，将 client-java SDK 依赖添加到项目的 POM 中：

```xml
<dependency>
    <groupId>io.kubernetes</groupId>
    <artifactId>client-java</artifactId>
    <version>10.0.0</version>
</dependency>
```

如果是 Gradle 用户，添加依赖方式如下：

```
compile 'io.kubernetes:client-java:10.0.0'
```

Kubernetes 1.18 建议匹配 client-java 10.0.0 以后的版本，因为高版本 client-java 兼容低版本的 Kubernetes。

使用 client-java SDK 列出集群中所有 Pod 的名称，如代码清单 5-7 所示。

代码清单 5-7　使用 client- java SDK 列出集群中所有 Pod 名称的示例

```java
import io.kubernetes.client.openapi.ApiClient;
import io.kubernetes.client.openapi.ApiException;
import io.kubernetes.client.openapi.Configuration;
import io.kubernetes.client.openapi.apis.CoreV1Api;
import io.kubernetes.client.openapi.models.V1Pod;
import io.kubernetes.client.openapi.models.V1PodList;
import io.kubernetes.client.util.Config;
import java.io.IOException;

public class Example {
```

```java
public static void main(String[] args) throws IOException, ApiException{
    ApiClient client = Config.defaultClient();
    Configuration.setDefaultApiClient(client);

    CoreV1Api api = new CoreV1Api();
    V1PodList list = api.listPodForAllNamespaces(null, null, null, null, null, null,
    null, null, null);
    for (V1Pod item : list.getItems()) {
        System.out.println(item.getMetadata().getName());
    }
}
}
```

使用 client-java SDK 可以实现动态监听,构建 Watch 对象,如代码清单 5-8 所示。

代码清单 5-8　使用 client- java SDK 实现动态监听的示例

```java
public class WatchExample {
    public static void main(String[] args) throws IOException, ApiException{
        ApiClient client = Config.defaultClient();
        Configuration.setDefaultApiClient(client);
        CoreV1Api api = new CoreV1Api();

        Watch<V1Namespace> watch = Watch.createWatch(
                client,
                api.listNamespaceCall(null, null, null, null, null, 5, null, null,
                    Boolean.TRUE, null, null),
                new TypeToken<Watch.Response<V1Namespace>>(){}.getType());

        for (Watch.Response<V1Namespace> item : watch) {
            System.out.printf("%s : %s%n", item.type,
                item.object.getMetadata().getName());
        }
    }
}
```

除了上面介绍的功能,client-java 还有很多其他功能:以各种受支持的修补程序格式修补资源对象,等价于执行 kubectl patch 命令;从某些资源订阅监视事件,等价于执行 kubectl get <resource> -w 命令;从正在运行的容器中获取日志,等价于执行 kubectl logs 命令;配合运行容器建立 exec 会话,等价于执行 kubectl exec 命令;将本地端口映射到 Pod 上的端口,等价于执行 kubectl port-forward 命令;附加到已在现有容器中运行的进程,等价于执行 kubectl attach 命令;将文件和目录复制到容器或从容器中复制文件和目录,等价于执行 kubectl cp 等。

5.4　深入理解 Pod 组件原理

本节开始将逐步分析 Kubernetes 集群核心组件的工作方式和原理。

5.4.1　理解 Pod 核心概念

在部署 Docker 应用时,得到一个容器镜像后,只需要执行 docker run 命令就可以把应用运行起来,然而单个容器应用很难满足生产环境下的业务需求。例如,一个 Web 前端的应用,可能依赖后端的一个容器服务和数据库服务，后端的服务可能需要多副本等场景。在这些假设的场景中，比较真实的需求就是这些容器应用需要共享同一个网络栈、同一个存储卷等。在这种情况下，仅依靠容器无法解决这个问题，Kubernetes 引入 Pod 作为其运行的最小单位。本节将对 Pod 进行探讨，包括 Pod 使用、配置、管理、调度、升级等。

下面从 4 个方面认识和理解 Pod 的核心概念。

（1）Pod 和容器的关系。Pod 可运行一个或多个容器。当 Pod 中运行多个容器时，这组容器形成紧密的耦合关系，它们共用同一个网络环境，容器之间可以通过本地主机或 127.0.0.1 进行通信，它们处于同一个虚拟本地主机环境。从安全性的角度来看，只要不对外暴露端口，容器与容器之间直接通过本地主机通信是没有安全隐患的。多个容器封装在 Pod 中一起调度，适用于容器之间有数据交互和调用的场景，Pod 内部共享相同的网络命名空间、存储命名空间和进程命名空间等。

（2）同一个 Pod 里面的容器也会共享 Volume。容器会共享 Volume，但是具体的挂载路径需要每个容器自行配置。对于相同的宿主机，Volume 在每个容器中的挂载地址可以是不同的，这种挂载方式支持宿主机一个文件同时共享给多个容器。如果一个容器修改了 Volume 里面的文件，那么其他容器读取到的文件也会被修改。Volume 通常用于实现证书管理、配置文件存储、日志文件存储等功能。

（3）Pod 必须要在前台执行一个长时间的命令。Kubernetes 对 Pod 有一个隐形的要求，即 Pod 必须要在前台执行一个长时间的命令，也可以是无限休眠的命令。如果 Pod 中的前台命令执行完毕后，被系统监控到其处于停止运行状态，那么 Kubernetes 将会走销毁流程销毁 Pod。之后 Kubernetes 会根据 Deployment 中定义的 replicas 副本数量来生成一个新的 Pod，如此无限循环。

（4）静态 Pod 不能通过 Kubernetes API 进行管理。通常，由 Kubernetes 系统创建的 Pod 被称为静态 Pod，静态 Pod 运行在特定的 Node 上，它不能通过 Kubernetes API 进行管理，没有配备健康检查，也无法与各种 Deployment 进行关联。例如，直接通过执行 kubectl 命令删除静态 Pod 时，无法删除静态 Pod，只会将其状态变为 pending 状态。

5.4.2 理解 Pod 生命周期

Pod 的一个生命周期经历了创建、调度、部署启动和结束等 4 个过程。通常用挂起（Pending）、运行中（Running）、成功（Succeeded）、失败（Failed）和未知（Unknown）这 5 种不同的 Pod 状态，表示其处于不同的运行环节中，可执行 kubectl get pods --all-namespaces -o wide 命令查看当前 Kubernetes 集群所有的 Pod 信息，包括 Kubernetes 系统自带的 Pod。Pod 状态及其描述如表 5-10 所示。

表 5-10 Pod 状态及其描述

状态	描述
Pending	Pod 正在创建中，包括正在下载必要的镜像、启动多个容器等。通常该状态发生在 Master 对 Pod 的调用过程中
Running	Pod 处于运行中，Pod 的所有容器都已经创建完成，并且至少有一个容器处于运行状态
Succeeded	Pod 处于完成状态，Pod 内所有容器都已经运行成功并且正常退出，而且 Pod 定义了不会重启
Failed	Pod 处于失败状态，至少有一个容器状态为失败，并且所有的容器都已经退出
Unknown	可能由于网络等原因，当前 Kubernetes 无法获取 Pod 的状态

由于 Pod 存在异常退出的情况，因此需对其设置重启策略（restart policy）。Pod 的 spec 中包含一个 restartPolicy 字段，其可能的取值包含 Always、OnFailure、Never。这 3 种重启策略及其描述如表 5-11 所示。

表 5-11 Pod 重启策略及其描述

重启策略	描述
Always	Always 是默认值，当容器失效时，自动重启该容器。除非明确停止容器，否则本策略会无限重启容器
OnFailure	当容器非正常退出时（退出状态非 0），重启该容器
Never	Kubernetes 忽略容器的运行状态，任何情况都不重启容器

这 3 种重启策略和前文介绍的 Docker 容器重启策略类似，Docker 容器重启策略配置主要有 4 种：no、always、unless-stopped、on-failure。Kubernetes 对容器的管理本质上还是通过 Docker API 对容器进行操作，因而 Kubernetes 势必要兼容 Docker 容器的生命周期和重启策略。有一点不同的是，Kubernetes 对容器的默认重启策略是 Always，即只要容器失效就重启，该策略会无限重启容器。但是 Docker 对容器的默认重启策略是 no，即容器正常退出时不重启容器。

Kubernetes 在某个容器异常退出或者健康检查失败时，会根据重启策略进行相应操作。如果 Pod 总是启动失败，Kubernetes 将不会按照固定的周期重启 Pod，而是以 sync-frequency 的倍率来计算重启 Pod 的时间间隔。假设时间间隔为 n s，每次失败时间间隔乘 2，可能的重启间隔是 $1×n$、$2×n$、$4×n$、$8×n$ 等。最长的重启间隔上限为 5 min，如果 Pod 重启成功，那么 Pod 正常运行 10 min 之后，会重置该间隔时间。

如果 Pod 状态和重启策略组合在一起，Kubernetes 在触发重启策略时至少有如下 4 种场景，如表 5-12 所示。

表 5-12 Pod 重启策略下容器状态

重启策略	全部容器正常退出	全部容器失败退出	部分容器失败退出	容器被系统杀掉
Always	Running	Running	Running	Running
OnFailure	Succeeded	Running	Running	Running
Never	Succeeded	Failed	Running	Failed

在应用程序启动后，不仅可通过 Kubernetes 监控 Pod 的状态，也可通过配置探针对 Pod 进行存活性探测（livenessprobe）和就绪性探测（readinessprobe），如表 5-13 所示。

表 5-13 livenessprobe 和 readinessprobe

探针	描述
livenessprobe	用于判断容器是否处于 Running 状态，如果发现容器不处于 Running 状态，将会杀掉容器，并根据重启策略做相应的处理。这部分模块是相对独立的，业务完全可以通过配置自定义脚本实现容器健康检查
readinessprobe	用于判断容器是否处于可用状态，这种可用状态不会影响容器运行状态标识，但是会影响 Kubernetes Service 的管理。如果当前 readiness 判断失败，那么 Service 将会取消该容器提供服务的权力，也就是说，其他应用无法通过 Service 访问到该容器。当然，业务可以通过配置自定义脚本实现 readiness 健康检查的逻辑。例如，容器里有多个进程时，可通过自定义脚本精准控制检测逻辑，设置当特定几个进程挂断后，即认为健康检查失败

5.4.3 理解 Pod 资源限制

业务进程使用的服务器资源主要指 CPU、内存、GPU、网络带宽等提供的资源。由于网络带宽通常不是瓶颈，GPU 在常规业务进程使用较少，因此本节主要针对 CPU 和内存的资源限制展开讨论。Pod 的两个重要参数是 CPU 需求（CPU request）和内存需求（memory request），分别代表 Pod 运行过程中所需要的 CPU 和内存资源。如果在创建 Pod 时未定义这两个参数，Kubernetes 将不会限制 Pod 的资源消耗，允许 Pod 占用任意多的资源。Pod 负载意外增多会导致 Node 系统资源不足，影响其他 Pod 的正常运行。为了避免 Node 系统"挂掉"，Kubernetes 则有可能选择某些 Pod 进行驱逐，以释放足够的资源。所以用户在创建 Pod 时，需要充分评估业务应用占用的资源，并设置合理的 CPU 和内存的资源限制。

Kubernetes 采用绝对值的方法来限制 CPU 和内存的资源。通常来说，一个 Node 所占用的 CPU 资源配额相当大，需要按照 CPU 单位计算能力划分配额给业务容器使用。例如，Node 占用的 CPU 总资源为单位 1，把其 CPU 资源划分为 1000 份，CPU 配额最小单位可以记为 m，即 Node 的 CPU 总计 1000。通常一个容器的 CPU 配额为 0.1～0.2 个 CPU，可以记为 100 m～200 m。这里的 m 单位为绝对值，也就是说，无论 Node 上 CPU 的资源为几个核心——双核或 8 核，都是一样的计算方式，分配的 m 在该 Node 上面的任何容器里都是同样的资源开销。

Kubernetes 对容器内存的限制比较直观，同样也是一个绝对值，单位是字节。例如，一个进程占用的内存通常是 500 MB～1 GB。Kubernetes 配置资源限制时，需要设置两种参数，如表 5-14 所示。

表 5-14 Kubernetes 配置资源限制的参数

资源限制参数	描述
requests	初始化容器申请资源最小的量，系统必须满足要求，否则容器无法创建。通常会将该值设置为一个较小的值，以满足容器最少需要的资源
limits	容器运行过程中所能使用该资源最大允许的值。当容器试图使用超过该设定值的资源时，容器可能会被 Kubernetes 系统当作异常杀掉并重启。通常会将该值设置为一个较大的值，即容器达到负载上限时所占用的资源

通过设置这两个参数限制容器占用的资源范围介于 requests 和 limits 之间。容器实际使用的资源可以进入容器通过执行 top -c 命令查看：

```
[root]# kubectl -n kube-system exec -it test-config-volume-5f66fd4658-2x24q sh
sh-4.4# top -c
top - 10:48:24 up  3:49,  0 users,  load average: 0.11, 0.13, 0.14
Tasks:   3 total,   1 running,   2 sleeping,   0 stopped,   0 zombie
%Cpu(s):  0.7 us,  0.7 sy,  0.0 ni, 98.7 id,  0.0 wa,  0.0 hi,  0.0 si,  0.0 st
MiB Mem :   1837.9 total,     91.8 free,    894.9 used,    851.2 buff/cache
MiB Swap:      0.0 total,      0.0 free,      0.0 used.    743.4 avail Mem
```

以 Development 为例介绍如何进行资源限制，如代码清单 5-9 所示。

代码清单 5-9 Development 资源限制参数配置

```
spec:
  template:
```

```
    spec:
      containers:
      - name: my-app
        image: centos:latest
        resources:
          requests:
            cpu: 100m
            memory: 128Mi
          limits:
            cpu: 200m
            memory: 256Mi
```

resources 参数配置了 CPU 最小的需求为 100 MB，上限为 200 MB；内存最小的需求为 128 MiB，上限为 256 MiB。注意，"内存最小的需求为 128 MiB" 作为 Kubernetes 管理容器运行的依据，不会作为任何参数传递给 Docker，本质上是一个虚假的限制。如果是 Java 项目，需要配合设置 JVM 启动参数，否则业务进程如果因为内存不够启动失败，会造成容器无限重启。

Kubernetes 底层对 Pod 的资源限制本质上是通过操作 Docker 来实现的。Kubernetes 的一个 Pod 对应一个或多个 Docker 容器。Docker 容器对内存的限制比较直观，是大小上的限制，但是对 CPU 的限制比较复杂。Kubernetes 底层利用 Docker 实现资源限制的方式如表 5-15 所示。

表 5-15 Kubernetes 底层利用 Docker 实现资源限制的方式

资源限制参数	Docker 对应实现方式
requests.cpu	对应 Docker 选项 --cpu-quota，配置容器最大可以使用的 CPU 时间，通常配合 --cpu-period 值使用。--cpu-period 表示的是设置 CPU 时间周期，默认值是 100000，单位是微秒（μs），即默认为 0.1 s。例如 --cpu-quota=200000，即 0.2 s。也就是说，在 0.1 s 周期内该容器可以使用 0.2 s 的 CPU 时间
limits.cpu	对应 Docker 选项 --cpu-shares，容器使用 CPU 的权重，默认值是 1024，数值越大权重越大。这是一个"软限制"。当有足够的 CPU 周期可用时，所有容器都会使用它们需要的 CPU。该参数仅当有多个容器竞争同一个 CPU 时生效。对于单核 CPU，仅当两个容器需要使用的 CPU 时间超过整个 CPU 周期时，容器会被按权重比例分配 CPU 的占用时间；对于多核 CPU，仅当多个容器竞争同一个 CPU 时该值生效
requests.memory	该参数作为 Kubernetes 管理容器运行的依据，不会作为任何参数传递给 Docker，本质上是一个虚假的限制
limits.memory	对应 Docker 选项 --memory，当然该参数需要转换为字节的整数。如果 Pod 使用内存超过该设置上限，有可能会被杀掉

实际上，Kubernetes 对资源限制的逻辑比较复杂，通过一个计算方式得出 Docker 操作配置参数。资源限制功能是 Kubernetes 编排引擎比较核心的功能，建议读者对照源码阅读。

可执行如下命令，查看指定节点的资源占用状况：

```
[root]# kubectl describe node node-1
Name:                node-1
Roles:               node
…
Capacity:
  cpu:                 2
  ephemeral-storage:   51175Mi
  hugepages-2Mi:       0
  memory:              1882000Ki
```

```
  pods:                    110
Allocatable:
  cpu:                     2
  ephemeral-storage:       48294789041
  hugepages-2Mi:           0
  memory:                  1779600Ki
  pods:                    110
…
Non-terminated Pods:          (6 in total)
  Namespace                   Name                                                   CPU Requests  CPU Limits   Memory Requests  Memory Limits  AGE
  ---------                   ----                                                   ------------  ----------   ---------------  -------------  ---
  kube-system                 kube-flannel-ds-xktzp                                  100m (5%)     100m (5%)    50Mi (2%)        50Mi (2%)      32d
  kube-system                 kube-proxy-5brbs                                       0 (0%)        0 (0%)       0 (0%)           0 (0%)         33d
  kube-system                 test-config-volume-5696b5bbfb-bhrh8                    0 (0%)        0 (0%)       0 (0%)           0 (0%)         12d
  kube-system                 test-config-volume-5696b5bbfb-m8nf4                    0 (0%)        0 (0%)       0 (0%)           0 (0%)         13d
  kube-system                 test-config-volume-5696b5bbfb-qh6lg                    0 (0%)        0 (0%)       0 (0%)           0 (0%)         13d
  kubernetes-dashboard        dashboard-metrics-scraper-6b4884c9d5-wnr5j             0 (0%)        0 (0%)       0 (0%)           0 (0%)         16d
Allocated resources:
  (Total limits may be over 100 percent, i.e., overcommitted.)
  Resource           Requests     Limits
  --------           --------     ------
  cpu                100m (5%)    100m (5%)
  memory             50Mi (2%)    50Mi (2%)
  ephemeral-storage  0 (0%)       0 (0%)
  hugepages-2Mi      0 (0%)       0 (0%)
…
```

该命令查询到的信息包含节点汇总的资源占用状况和该节点上每个 Pod 的资源占用情况。例如，该日志中段展示了 6 个 Pod 的 CPU 和内存资源占用情况，该日志末尾对节点资源占用状况进行汇总展示。

该命令查询到的信息展示了 hugepages-2Mi 的占用情况，这表明该节点支持大页面（huge page）功能，因为该节点的操作系统为 CentOS 7 x86-64，支持 2MB 的大内存页。大内存页减少了页表（page table）的数量，也减少了地址转换，从而减少了 TLB 缓存失效的次数，提高了内存访问的性能。x86 架构的 CPU 默认使用 4KB 的内存页面。查询 CPU 默认使用的内存页大小的命令如下：

```
[root]# getconf PAGESIZE
4096
```

Kubernetes 通过设置 --feature-gates=HugePages=true，允许容器直接引用 Node 上的 HugePage。开启 x86 架构的 CPU 支持 2MB 的大内存页，HugePage 作为 Volume，如代码清单 5-10 所示。

代码清单 5-10　HugePage 作为 Volume 的示例

```
apiVersion: v1
kind: Pod
metadata:
```

```yaml
  name: huge-pages-example
spec:
  containers:
  - name: example
    image: fedora:latest
    command:
    - sleep
    - inf
    volumeMounts:
    - mountPath: /hugepages-2Mi
      name: hugepage-2mi
    - mountPath: /hugepages-1Gi
      name: hugepage-1gi
    resources:
      limits:
        hugepages-2Mi: 100Mi
        hugepages-1Gi: 2Gi
        memory: 100Mi
      requests:
        memory: 100Mi
  volumes:
  - name: hugepage-2mi
    emptyDir:
      medium: HugePages-2Mi
  - name: hugepage-1gi
    emptyDir:
      medium: HugePages-1Gi
```

当然，HugePage 是 Pod 级别的隔离，请求和限制的配置必须相等。如果同一个 Pod 使用不同的 HugePage，必须对所有 Volume 指明 hugepages-xx 大小配置。

5.4.4 理解 QoS

多数情况下用户在创建 Pod 时没有指定其 CPU 和内存的限制参数，如果此时节点资源不足，Kubernetes 则有可能对 Pod 进行驱逐，驱逐优先考虑服务质量不好的 Pod，这里就引入了 Pod 的服务质量（quality of service，QoS）评判机制。QoS 可以分为 3 个等级，如表 5-16 所示。

表 5-16 Pod 的 QoS 评判机制

QoS 等级	描述
Guaranteed	完全可靠的。如果 Pod 中所有容器对所有资源类型都定义了 requests 和 limits，并且所有容器相同资源类型的 requests 和 limits 的值全部相等，那么 Pod 的 QoS 等级就是 Guaranteed。简而言之，就是 Pod 申请的资源和限制的资源完全相同
Burstable	弹性波动且较可靠的。如果 Pod 中部分容器定义了资源限制，或者定义的 requests 和 limits 不相等，那么 Pod 的 QoS 等级就是 Burstable。如果容器未定义 limits 值，limits 默认为节点资源的容量上限。（简而言之，就是 Pod 申请的资源和限制的资源不相同）
BestEffort	尽力而为且不太可靠的。如果 Pod 中所有容器对资源都未定义 requests 和 limits，那么 Pod 的 QoS 等级就是 BestEffort。简而言之，就是 Pod 未配置和资源限制相关的参数

容器的 QoS 等级直接继承 Pod 的 QoS 等级。这 3 种 QoS 等级的划分和 requests、limits 息息

相关。将 Pod 的 QoS 等级设置为 Guaranteed，Pod 配置的 requests 和 limits 的值相等：

```
apiVersion: v1
kind: Pod
metadata:
  name: qos-guaranteed-demo
  namespace: kube-system
spec:
  containers:
  - name: qos-guaranteed-docker
    image: centos:latest
    resources:
      limits:
        memory: "200Mi"
        cpu: "500m"
      requests:
        memory: "200Mi"
        cpu: "500m"
```

如上述代码所示，Pod 中唯一容器 qos-guaranteed-docker 对所有资源类型都定义了 requests 和 limits，内存值为 200 MB，CPU 为 500 MB，并且容器相同资源类型的 requests 和 limits 的值全部相等，那么 Pod 的 QoS 等级就是 Guaranteed。简而言之，就是 Pod 申请的资源和限制的资源完全相同。

如果 requests.memory 的配置改为 150 MiB，低于 limits 的内存值限制，那么此时 Pod 的 QoS 等级为 Burstable，表示内存的配置是弹性的：

```
spec:
  containers:
  - name: qos-burstable-demo
    image: centos:latest
    resources:
      limits:
        memory: "200Mi"
        cpu: "500m"
      requests:
        memory: "150Mi"
        cpu: "400m"
```

limits 默认为节点资源的容量上限，去掉 limits 的限制也能实现弹性效果：

```
spec:
  containers:
  - name: qos-burstable-demo
    image: centos:latest
    resources:
      requests:
        memory: "150Mi"
        cpu: "400m"
```

还有一种特殊情况，当一个 Pod 里面有多个容器时，如果至少存在一个容器没有完整配置内存和 CPU 资源限制，那么该 Pod 也是 Burstable 的。

示例中如果没有设置 Pod 资源的 requests 和 limits 值，意味着 Pod 里的容器想占用多少资源就占用多少资源，其资源使用上限实际上即所在 Node 的 capacity 值，那么该 Pod 的 QoS 等级就是 BestEffort，表示尽力而为且不太可靠。当某个 Node 资源被严重消耗时，使用 BestEffort 策略的

Pod 将会最先被 kubelet 杀死，其次是 Burstable（该策略的 Pod 如有多个，也是按照内存使用率来由高到低地终止的），最后是 Guaranteed。

5.5 深入理解 Pod 调度原理

Kubernetes 平台实现了对 Pod 的自动化部署管理功能，极大地减少了传统 IT 环境下需手动完成的运维工作量，如实例存活监控、实例部署、实例升级、多版本实例管理、故障恢复等。Pod 的自动化部署保证了系统的高可用性。Pod 调度指的是由 Master 的调度器进程经过一系列的算法计算，得出 Pod 应调度到哪个节点上运行的过程。

早期 Kubernetes 版本中 Pod 调度主要依赖复制控制器（replication controller，RC）组件。RC 定义了一个期望的部署场景，声明了期望的副本数量和部署的节点类型。RC 通过标签这个松耦合关联关系，控制 Pod 实例的创建和销毁。当存活的 Pod 副本数量小于 replicas 定义的值时，RC 会创建新的 Pod 模板，由 Pod 模板创建实际的 Pod 实例。当存活的 Pod 数量超过定义的副本数量时，Kubernetes 会主动停止一些 Pod 实例。

随着 Kubernetes 的发展，在 RC 的基础上，Kubernetes 继承和扩展了 Deployment、ReplicaSet、DaemonSet、StatefulSet、Job 等控制器，本节将深入理解并实践这些 Pod 控制器的功能和特性。

Pod 调度的匹配关系有两种：Pod 和 Node 的匹配关系、Pod 和当前 Node 上已经运行的 Pod 实例的匹配关系。

5.5.1 理解标签和选择器定向调度

标签（label）是 Kubernetes 中另外一个核心概念，是一组绑定到 Kubernetes 资源对象上的键值对。同一个对象的 labels 属性的键必须唯一。标签可以附加到各种资源对象上，如 Node、Pod、Service、RC 等。Kubernetes 通过给指定的资源对象捆绑一个或多个标签来实现多维度的资源分组管理功能，以便灵活、方便地进行资源分配、调度、配置、部署等管理工作。

默认情况下，每个 Pod 副本最终在哪个 Node 上运行，是由 Master 的 kube-scheduler 进程经过一系列计算得出的，用户无法干预计算调度的过程。但在实际运作过程中，可能需要将 Pod 调度到特定的 Node 上，完成对 Pod 的精准调度。此时可依赖 Kubernetes 的标签选择器功能，通过将 Node 的标签和 Pod 的 nodeSelector 属性相匹配，以达到上述目的。

标签选择器是 Kubernetes 核心的分组机制，通过该机制客户端能够识别一组有共同特征或属性的资源对象。首先，Node 必须配置标签，标签以 Key: Value 形式的键值对来定义。然后，Pod 需要在 RC 里面配置标签选择器需要匹配的属性，选择器会使用基于等式的（equality-based）或基于集合的（set-based）方式来匹配，如表 5-17 所示。

表 5-17 Kubernetes 标签选择器示例

标签选择器	描述
name=node-1	基于等式，会匹配到名称为 node-1 的 Node 上

标签选择器	描述
disk!=NTFS	基于等式，会匹配到 disk 类型非 NTFS 的 Node 上
name in(node-1,node-2)	基于集合，会匹配到名称为 node-1/node-2 的 Node 上
disk not in(NTFS, FAT32)	基于集合，会匹配到 disk 类型非 NTFS/FAT32 的 Node 上

如果想使用基于等式的选择器，只需要指定标签：

```
spec:
  replicas: 1
  selector:
    name: node-1
```

或使用 matchLabels 这一基于等式的选择器等价写法：

```
spec:
  replicas: 1
  selector:
    matchLabels:
      name: node-1
```

如果要使用复杂的表达式，那么只能配合 matchLabels 使用：

```
spec:
  replicas: 1
  selector:
    matchLabels:
      name: commonservice
    matchExpressions:
      - {key: disk, operator: In, values: [NTFS,FAT32]}
      - {key: mytype, operator: NotIn, values: [ETCD,WEB]}
```

如上述代码所示，标签选择器会为该 Pod 匹配符合要求的 Node，Node 需要同时满足如下 3 个条件：Node 的名称为 commonservice；disk 标签是 NTFS 或 FAT32；mytype 标签不能是 ETCD 或 WEB 值。

代码中 matchLabels 的 name: commonservice 写法可以等价于 matchExpressions 的- {key: name, operator: In, values: [commonservice]}。matchExpressions 有效的运算符包括 In、NotIn、Exists 和 DoesNotExist。对于 In 和 NotIn，设置的值必须为非空。如果是多个运算符组合的情况，条件是 And 的关系。

如果用户需求只是配置 Pod 副本在指定的 Node 上运行，也可以称为 NodeSelector 定向调度。NodeSelector 定向调度是节点级别的硬限制选择器，通常需要在 Deployment 里面配置 NodeSelector 选择器。NodeSelector 为一种定向调度策略，给 Node 打上标签后，可以在副本控制器创建 Pod 时，通过节点选择器来指定可调度的节点范围，这种方式足够精准，但在一定程度上缺乏灵活性。如果指定了 Pod 的 NodeSelector 条件，且集群中不存在包含相应标签的 Node，则即使集群中还有可用的 Node，这个 Pod 也无法被成功调度。

5.5.2　理解 Pod 亲和性和互斥调度

NodeSelector 定向调度的限制可能会导致 Pod 副本没有合适的节点可以运行，Kubernetes 引入了节点亲和性等多维度的设置来配合 NodeSelector 定向调度，用于支撑更灵活的调度策略。

Kubernetes 集群常用的 3 种亲和性调度策略如表 5-18 所示。

表 5-18 集群常用的亲和性调度策略

调度策略名称	匹配目标	支持的操作符
NodeAffinity	Node 标签	In、NotIn、Exists、DoesNotExist、Gt、Lt
PodAffinity	Pod 标签	In、NotIn、Exists、DoesNotExist、Gt、Lt
PodAntiAffinity	Pod 标签	In、NotIn、Exists、DoesNotExist、Gt、Lt

其中，Node 亲和性调度（NodeAffinity）是一种软限制调度，优先寻找最合适的 Node，如果无法找到合适的 Node，会退而求其次，继续使用不完全合适的 Node 运行 Pod 副本。由于 NodeAffinity 依赖 Node 标签，因此 Node 需要提前配置好标签，匹配方式类似于标签选择器。NodeAffinity 和 NodeSelector 定向调度是冲突的，建议二者选其一。如果 Pod 同时定义了 NodeSelector 和 NodeAffinity，则 Node 必须同时符合这两个选择器对应的条件，Pod 才能最终运行在该 Node 上。

与 NodeAffinity 不一样的是，PodAffinity 和 PodAntiAffinity 是根据 Node 上运行的 Pod 标签进行判断和调度的，和 Node 标签没有任何关系。

PodAffinity 表示 Pod 的亲和性，通常用来联合部署高度相关的一组 Pod。PodAffinity 指的是在某 Node 上匹配运行的一个或多个符合条件的 Pod，那么该 Pod 也应和匹配的 Pod 一起部署在该 Node 上。

PodAntiAffinity 表示 Pod 的互斥性，指的是拒绝和匹配符合条件的 Pod 运行在相同的 Node 上。

Kubernetes 集群的 NodeAffinity、PodAffinity 和 PodAntiAffinity 除了使用操作符强制指定匹配内容，还可以设置仅调度期间强制要求的规则和调度期间尽量满足要求的规则。常见的调度策略规则设置如表 5-19 所示。

表 5-19 常见的调度策略规则设置

调度策略规则序号	规则名称	描述
1	RequiredDuringSchedulingRequiredDuringExecution	调度与运行期间强制要求的规则
2	RequiredDuringSchedulingIgnoredDuringExecution	仅调度期间强制要求的规则
3	PreferredDuringSchedulingIgnoredDuringExecution	调度期间尽量满足要求的规则

调度策略规则 1 可以理解为一旦 Pod 被成功调度到指定 Node，在后续 Pod 运行过程中，该 Node 不再满足 Pod 定义的调度规则 1，例如修改标签导致匹配规则不再满足，Kubernetes 会尝试把 Pod 从该 Node 上面移走。调度策略规则 2 和 3，指的是调度成功之后，不管该 Node 属性如何变化，不再调整 Pod 副本和 Node 的绑定关系。

下面通过示例说明配置 NodeAffinity 调度策略，需要满足两个条件：只支持在 CPU 为 amd64 架构的系统上面运行；优先选择内存为 ddr4 或 ddr3 的 Node 运行，该优先级的权重为 1，如果内存模式不支持，再选择其他 Node 运行，示例代码如代码清单 5-11 所示。

代码清单 5-11　配置 NodeAffinity 调度策略示例

```
apiVersion: v1
kind: Pod
metadata:
  name: node-affinity-demo
spec:
  affinity:
    nodeAffinity:
      requiredDuringSchedulingIgnoredDuringExecution:
        nodeSelectorTerms:
        - matchExpressions:
          - key: beta.kubernetes.io/arch
            operator: In
            values:
            - amd64
      preferredDuringSchedulingIgnoredDuringExecution:
      - weight: 1
        preference:
          matchExpressions:
          - key: memory-type
            operator: In
            values:
            - ["ddr4","ddr3"]
  containers:
  - name: my-app
    image: centos:latest
```

需要注意两点：如果 NodeAffinity 配置中定义了多个 nodeSelectorTerms，那么只要满足任意一个 nodeSelectorTerms 匹配即可运行 Pod 副本；如果 nodeSelectorTerms 配置了多个 matchExpressions，那么所有的 matchExpressions 必须都匹配成功，该 nodeSelectorTerms 才算匹配成功。

操作符 NotIn 和 DoesNotExist 给所有策略提供了反向排斥的功能。可使用 NodeAffinity 调度策略配合操作符 DoesNotExist 实现反亲和的规则，示例代码如代码清单 5-12 所示。

代码清单 5-12　使用 NodeAffinity 调度策略实现反亲和规则示例

```
affinity:
  nodeAffinity:
    requiredDuringSchedulingIgnoredDuringExecution:
      nodeSelectorTerms:
      - matchExpressions:
        - key: error
          operator: DoesNotExist
```

下面通过示例说明配置 PodAffinity 调度策略，要求满足两个条件：只能部署在安全级别为 level2 或 level3 的区域；优先选择与 ZooKeeper 或 Redis 部署在相同的节点运行，如果 ZooKeeper 标签不存在或者该节点资源已满，再选择其他节点运行，示例代码如代码清单 5-13 所示。

代码清单 5-13　配置 PodAffinity 调度策略示例

```
apiVersion: v1
kind: Pod
```

```yaml
metadata:
  name: pod-affinity-demo
spec:
  affinity:
    podAffinity:
      requiredDuringSchedulingIgnoredDuringExecution:
      - labelSelector:
          matchExpressions:
          - key: securityzone
            operator: In
            values:
            - ["level2","level3"]
        topologyKey: failure-domain.beta.kubernetes.io/zone
      preferredDuringSchedulingIgnoredDuringExecution:
      - labelSelector:
          matchExpressions:
          - key: app
            operator: In
            values:
            - ["zookeeper","redis"]
  containers:
  - name: my-app
    image: centos:latest
```

示例中设置 PodAffinity 调度策略时,还需要配置关键词 topologyKey 拓扑域,用于指定扫描的 Pod 范围。topologyKey 的配置方式如表 5-20 所示。

表 5-20 topologyKey 的配置方式

topologyKey 取值	描述
kubernetes.io/hostname	同一个 Node
failure-domain.beta.kubernetes.io/zone	同一个区域
failure-domain.beta.kubernetes.io/region	同一个地域

zone 标签的取值来源于 cloudprovider 中定义的区域信息。如果未使用 cloudprovider,则不会设置该标签。如果部署在谷歌云 GCE 或亚马逊云 AWS 环境中,准入控制器 PersistentVolumeLabel 会自动添加区域标签。区域和地域的实际值无关紧要,两者的层次含义也没有严格的定义。

5.5.3 理解 Taints 和 Tolerations

5.5.2 节介绍的 NodeAffinity 策略能帮助 Pod 优先或强制运行在特定的 Node 上。而污点(Taints)刚好相反,它的作用是让 Node 拒绝 Pod 的运行。

污点(Taints)和容忍(Tolerations)是搭配使用的。Taints 是在 Node 上定义的一种属性,声明污点及标准行为,Tolerations 定义在 Pod 上,声明可容忍的污点标签。命令的格式是 kubectl taint nodes [node_name] [key=value]:[effect]。其中,effect 取值有 3 种,如表 5-21 所示。

表 5-21 effect 取值

effect 取值	描述
NoSchedule	表示不允许接受新的调度,已调度的不影响
PreferNoSchedule	表示尽量不调度到该节点
NoExecute	表示完全不允许调度,已调度的 Pod 会被驱逐,在 tolerationSeconds 秒后删除,tolerationSeconds 参数定义在 Tolerations 配置项里面

例如,Node 声明为 NoSchedule 类型时,除非 Pod 明确声明容忍该属性标签,否则不会调度到该节点上运行。

下面通过示例介绍 Pod 声明 Tolerations。当 Pod 的 Tolerations 声明中 key、value 与 Node 中 Taints 的设置相同时,Pod 会忽略 Node 的污点配置,能够调度到该 Node 上运行;如果 Pod 已经在 Node 上运行,此时 Node 追加设置了具有 NoExecute 效果的 Taints,例如 Node 硬盘故障并配置 Taints 为 "SSD=broken:NoExecute",该 Pod 将在存活 120 秒后被驱逐:

```
tolerations:
- key: "key"
  operator: "Equal"
  value: "value"
  effect: "NoSchedule"
- key: "SSD"
    operator: "Equal"
    value: "broken"
    effect: "NoExecute"
    tolerationSeconds: 120
  effect: "NoSchedule"
```

其中,operator 可以定义为两种模式,如表 5-22 所示。

表 5-22 operator 模式

模式	描述
Equal	默认的比较方式,表示 key 是否等于 value
Exists	表示 key 是否存在,此时无须定义 value

Node 上可以定义多个 Taints,同样地,Pod 上也可以定义多个 Tolerations。kube-scheduler 的调度方式类似于过滤机制,会根据具体定义进行筛选。当发起新 Pod 调度时,kube-scheduler 的调度过程包括如下 3 个步骤。

(1)如果 Node 中存在至少一个 effect 取值为 NoSchedule 的 Taints,则该 Pod 不会被调度到该 Node,已调度到该 Node 上面的 Pod 继续运行,不受影响。

(2)如果 Node 中存在至少一个 effect 取值为 NoExecute 的 Taints,则该 Pod 不会被调度到该 Node,并且会驱逐已经调度到该 Node 的 Pod 副本。

(3)如果与上述两种取值都不冲突,Node 中存在至少一个 effect 取值为 PreferNoSchedule 的 Taints,则 Pod 会尽量不调度到该 Node 上。

当然,如果此时没有任何一个满足资源要求的其他 Node,Pod 还是有可能调度到存在 Taints 的 Node 上的。

5.5.4 理解 Pod 优先级与抢占调度

为了提高资源利用率，Kubernetes 平台引入了优先级抢占的调度策略，允许所有负载所需资源总量超过集群可提供的资源。当发生资源不足时，系统释放不重要的负载，保障重要的负载能够获取足够的资源来运行。Pod 优先级体现了某一 Pod 与其他 Pod 相比的重要程度。如果高优先级的 Pod 无法调度到具体的 Node 上，则 kube-scheduler 会尝试抢占（preemption）或驱逐（eviction）低优先级的 Pod，从而使处于等待状态的高优先级 Pod 被调度。

Pod 创建时会被放入一个队列中等待调度，调度器从队列中选择 Pod，尝试将其调度到某 Node 上。如果找不到能够满足 Pod 所设置的必要资源需求的 Node，就会触发 Pod 的抢占逻辑。触发 Pod 的抢占逻辑后，调度器会试图找到这样一个 Node，假设在该 Node 上移除一个或多个优先级比该 Pod 低的 Pod 副本，释放的资源满足该等待状态 Pod 所设置的最小资源需求，那么，这些优先级较低的 Pod 就会被 Node 驱逐，该等待状态的 Pod 将在此 Node 上面初始化并运行。被驱逐的 Pod 会被调度到其他 Node 上或加入调度等待队列中。

调度器的抢占逻辑在选择抢占目标时不会考虑 QoS 因素。抢占考虑的是 Pod 优先级，并选择优先级最低的 Pod 作为抢占目标。只有在移除最低优先级的 Pod，也不足以允许调度器调度抢占者 Pod 时，或者最低优先级的 Pod 受到 Pod 干扰预算（Pod Disruption Budget，PDB）保护时，才会考虑抢占优先级稍高的 Pod。

优先级抢占策略中抢占和驱逐行为的使用场景不同，抢占发生在 Pod 调度过程中，是 kube-scheduler 进程的行为；驱逐发生在 Node 资源不足时，是 kubelet 进程的行为，实施抢占和驱逐的进程不同，但都是为了缓解 Node 资源不足的问题。

在 Node 资源不足时，kubelet 驱逐机制会综合考虑 Pod 优先级和 QoS。kubelet 首先根据 Pod 对"濒危资源"的使用是否超出其请求值来筛选需要被驱逐的 Pod，然后对这些 Pod 按优先级排序，最后同等优先级的 Pod 再按其所耗用的濒危资源占用量排序。kubelet 在资源不足时，不会驱逐 Pod 资源用量未超出其请求值的 Pod。这意味着，如果优先级较低的 Pod 未超出其请求值，它们不会被驱逐。其他优先级较高的且资源占用量超出请求值的 Pod，有可能被驱逐。驱逐这种操作，本质上还是为了满足高优先级 Pod 对资源的需求。

Kubernetes 安装时会默认创建两个公共 PriorityClass，分别是 system-cluster-critical 和 system-node-critical。这两个系统对象用来保证关键系统组件总是能够优先被调度。

如果要使用优先级和抢占特性，首先要由集群管理员创建 PriorityClass 对象。PriorityClass 定义的是从优先级类名向优先级整数值的映射。优先级类名用 PriorityClass 对象的元数据的 name 字段指定，优先级整数值在 value 字段中指定。优先级 value 越大，优先级越高。value 的取值范围为小于或等于 1 亿的整数，超过 1 亿的取值为系统组件的保留值。

下面创建 Pod 优先级 PriorityClass 对象：

```
apiVersion: scheduling.k8s.io/v1
kind: PriorityClass
metadata:
  name: high-priority
```

```
  value: 65536
globalDefault: false
description: "Description for priority class."
```

如上述代码所示，PriorityClass 对象配置了 high-priority 的优先级为 65536。globalDefault 用来表明此 PriorityClass 的数值应该用于未设置 priorityClassName 的 Pod，通常设置为 false。系统中只能存在一个 globalDefault 设置为 true 的情况。description 就是描述信息的意思。

创建 PriorityClass 对象后，就可以配置 Pod 的 priorityClassName 参数，指定绑定的 PriorityClass 对象：

```
apiVersion: v1
kind: Pod
metadata:
  name: app
  labels:
    env: test-priority
spec:
  containers:
  - name: app
    image: centos:latest
    priorityClassName: high-priority
```

上述代码中 Pod 的 YAML 配置了 PriorityClass 类，优先级准入控制器检查 Pod 的规约并将 Pod 优先级解析为 65536。

如果用户删除已经创建的自定义 PriorityClass，正在使用该 PriorityClass 对象的现有 Pod 均不受影响，但是删除该 PriorityClass 对象后，不可以再创建绑定该 PriorityClass 名称的新 Pod 副本。

5.5.5　理解 Deployment

Deployment 是目前应用最广泛的 Pod 调度模型之一，其主要职责也是保证 Pod 数量和健康，作为 RC 的新一代继任者，Deployment 继承了 RC 的全部功能。除此之外，Deployment 增加了事件和状态查看功能，能够查看 Deployment 的升级详细进度和状态；增加了回滚机制，当升级 Pod 镜像或者相关参数时发现问题，可以使用回滚操作回滚到上一个稳定的版本或者指定的版本；增加了版本记录功能，每一次对 Deployment 的操作都能存储下来，供后续可能的回滚使用；增加了暂停和启动功能，对于每一次升级，都能够随时暂停和启动；提供多种升级方案，Recreate 能够删除所有已存在的 Pod，重新创建新的 Pod，RollingUpdate 滚动升级使用逐步替换的策略，在滚动升级时支持更多的附加参数，如设置最大不可用 Pod 数量、最小升级间隔时间等。

可通过执行 kubectl -n kube-system create -f xxx-deployment.yaml 命令来创建 Deployment。Deployment 创建后会立刻"拉起"对应的 Pod 实例。执行如下命令，查看 Deployment 列表：

```
[root]# kubectl -n kube-system get deployments
NAME                  READY   UP-TO-DATE   AVAILABLE   AGE
coredns               2/2     2            2           42d
test-config-volume    1/1     1            1           14d
```

Deployment 列表显示的参数详情如表 5-23 所示。

表 5-23　Deployment 列表显示的参数详情

参数	描述
READY	表示当前运行的 Pod 副本数量和期望数量的对比关系
UP-TO-DATE	最新版本的 Pod 副本数量。用于表示在滚动升级过程中，有多少个 Pod 副本已经成功升级到了最新版本
AVAILABLE	表示当前集群中处于可用状态的 Pod 副本数量
AGE	Deployment 模型创建的累计时间。可以用来表示业务模型在 Kubernetes 平台上运行的总时长

Deployment 模型会转换成 ReplicaSet 模型，最终 Kubernetes 通过 ReplicaSet 的配置来实例化 Pod。执行如下命令，查看对应的 ReplicaSet 信息：

```
[root]# kubectl -n kube-system get rs
NAME                               DESIRED   CURRENT   READY   AGE
coredns-7f6cbbb7b8                 2         2         2       42d
test-config-volume-5696b5bbfb      1         1         1       14d
test-config-volume-5f66fd4658      0         0         0       14d
test-config-volume-67b47d9bdc      0         0         0       14d
test-config-volume-7d6ff87756      0         0         0       14d
```

对 Deployment 的每一次修改都触发了滚动升级，每次升级对应创建一个新的 ReplicaSet 模型。Kubernetes 通过 ReplicaSet 控制 Pod 滚动升级的过程，ReplicaSet 模型参数如表 5-24 所示。

表 5-24　ReplicaSet 模型参数

参数	描述
DESIRED	Pod 副本期望的数量
CURRENT	当前 Pod 副本数量，在滚动升级过程中，CURRENT 数值会不断增加，直到达到 DESIRED 的数值为止
READY	当前集群中处于可用状态的 Pod 副本数量
AGE	ReplicaSet 模型创建的累计时间

执行如下命令，查看指定 ReplicaSet 具体信息：

```
[root]# kubectl -n kube-system describe rs test-config-volume-5696b5bbfb
Name:           test-config-volume-5696b5bbfb
Namespace:      kube-system
Selector:       app=test-config-app,pod-template-hash=5696b5bbfb
Labels:         app=test-config-app
                pod-template-hash=5696b5bbfb
Annotations:    deployment.kubernetes.io/desired-replicas: 1
                deployment.kubernetes.io/max-replicas: 2
                deployment.kubernetes.io/revision: 4
Controlled By:  Deployment/test-config-volume
Replicas:       1 current / 1 desired
Pods Status:    1 Running / 0 Waiting / 0 Succeeded / 0 Failed
...
```

5.5.6　理解 HPA

Pod 在实际运行环境中的负载往往不是固定的，如果通过人工监控系统手动调整 Pod 数量，无疑增加了巨大的工作量，所以 Kubernetes 提供了自动横向扩容的功能。

Pod 横向自动伸缩（Horizontal Pod Autoscaler，HPA）技术，指的是能够根据 CPU 运行指标或应用程序自定义指标进行度量，对通过 Deployment、ReplicaSet、DaemonSet、StatefulSet、Job 等 Pod 调度模型中定义的 Pod 数量进行横向动态伸缩，使运行在上面的业务服务有一定的自适应能力。

Kubernetes 从 1.8 版本开始，通过基础性能数据采集监控框架（monitoring architecture）来获取系统指标。例如，CPU、内存等资源的指标信息可以通过 Metrics API 获取。用户可以直接通过执行 kubectl 命令获取这些系统指标信息（例如通过执行 kubectl top 命令）。HPA 使用这些系统指标信息来实现动态伸缩。在更旧的版本里，Kubernetes 使用 Heapster 收集系统指标，Heapster 已经在 1.8 版本废弃了，建议读者实践 Metrics API。

首先，执行 kubectl version 命令查看具体的版本号。1.8 以下版本部署 Heapster，1.8 及以上版本部署 MetricServer。MetricServer 不随 Kubernetes 一起安装，需要单独部署，具体部署方式请参考相关官网。

相关官网建议，MetricServer 和 kubectl top 不要用于非 HPA 的场合。例如，不要使用它将指标转发到监控组件，或者将其作为监控解决方案指标的数据来源。Metrics Server 还可以用于实现垂直 Pod 自动伸缩（Vertical Pod Autoscaler）。对于不支持的集群监控场景，官方建议采用 Prometheus 的指标监控解决方案。

HPA 有如下两种常用的度量指标。

（1）系统指标。例如，CPUUtilizationPercentage 系统指标，度量的是 Pod 所有副本 CPU 利用率的算术平均值。系统指标的计算公式为 Pod 实际 CPU 使用量除以 Pod 申请的 CPU 资源绝对值。其中，Kubernetes 通过 Metrics API 获取 Pod 实际 CPU 使用量。

（2）应用程序自定义指标。HPA 支持 4 种类型的应用程序自定义指标，分别是 Object、Resource、Pods、External。Kubernetes 官方示例如代码清单 5-14 所示。

代码清单 5-14　Pod 横向自动伸缩示例

```
apiVersion: autoscaling/v2beta2
kind: HorizontalPodAutoscaler
metadata:
  name: php-apache
  namespace: default
spec:
  # HPA 的伸缩对象描述，HPA 会动态修改该对象的 Pod 副本数量
  scaleTargetRef:
    apiVersion: apps/v1
    kind: Deployment
    name: php-apache
  # HPA 的最小 Pod 数量和最大 Pod 数量
  minReplicas: 1
  maxReplicas: 10
  # 监控的自定义指标数组，支持多种类型的指标共存
  metrics:
  # Object 类型的指标，指的是第三方适配器提供的 Kubernetes 内部对象的指标
  - type: Object
    object:
      metric:
        # 指标名称
        name: requests-per-second
```

```yaml
      # 监控指标的描述对象，指标数据来源于该对象
      describedObject:
        apiVersion: networking.k8s.io/v1beta1
        kind: Ingress
        name: main-route
      # Value 类型的目标值，Object 类型的指标只支持 Value 和 AverageValue 类型的目标值
      target:
        type: Value
        value: 10k
  # Resource 类型，当前伸缩对象下的 Pod 的 CPU 和内存指标
  - type: Resource
    resource:
      name: cpu
      # Utilization 类型的目标值，Resource 类型的指标只支持 Utilization 和 AverageValue 类型的
      # 目标值
      target:
        type: Utilization
        averageUtilization: 50
  # Pods 类型的自定义指标，例如 Deployment 定义的指标
  - type: Pods
    pods:
      metric:
        name: packets-per-second
      # AverageValue 类型的目标值，Pods 指标类型只支持 AverageValue 类型的目标值
      target:
        type: AverageValue
        averageValue: 1k
  # External 类型的指标，指的是第三方适配器提供的 Kubernetes 外部对象的指标
  - type: External
    external:
      metric:
        name: queue_messages_ready
        # 该字段与第三方的指标标签相关联
        selector:
          matchLabels:
            env: "stage"
            app: "myapp"
      # External 指标类型只支持 Value 和 AverageValue 类型的目标值
      target:
        type: AverageValue
        averageValue: 30
```

代码清单 5-14 中 target 共有 3 种类型：Utilization 表示平均使用率，Value 表示裸值，AverageValue 表示平均值。

HPA 是通过 Metrics。Server 获取对应 Pod 集合的监控数据，每隔一段时间循环检查，检查每个 HPA 中监控的指标是否达到触发条件。默认的时间间隔是 15 s。一旦达到触发条件，控制器将向 Kubernetes 发送一个请求，修改 RC 模型控制的副本数量，实现动态修改 Pod 的数量。

5.5.7 理解 StatefulSet 和 Job

除了 Deployment 的 Pod 调度模型，常见的 RC 调度模型还有 StatefulSet。前文介绍的 RC 调度模型（Deployment、DaemonSet、Job）都是用于部署无状态应用的。简单来说，无状态应用的

Pod 可以运行在任一节点上面。

但是在实际部署过程中，有一些复杂的数据库或者中间件应用，它们需要固定的身份标识 ID、存储环境、角色标识等。这些应用就需要通过 StatefulSet 部署为有状态应用。

StatefulSet 部署的应用有如下 4 个特点。

（1）StatefulSet 部署的 Pod 都有固定的身份标识 ID，有固定的网络标识，其他应用可以容易地识别出 Master 和 Node。

（2）每个 Pod 都是有状态的，通常依赖于把数据持久化到磁盘上，不能轻易地更换 Node。如果 Node 发生硬件损坏，通常会影响到 StatefulSet 应用的可用性。所以 StatefulSet 使用 PV 或 PVC 来实现数据持久化，保证数据的安全。

（3）StatefulSet 部署的 Pod 有固定的启停顺序，每个 Pod 启动时，它的前置 Pod 必须处于运行状态。

（4）每个 StatefulSet 定义里都需要配置应用属于哪个 Headless Service。应用通过解析 Headless Service 获取 Service 对应 Pod 的 Endpoint 列表，而普通 Service 是通过集群虚拟 IP 来调用的。

组成 StatefulSet 应用还需要另外两个核心模块：Headless Service 和 volumeClaimTemplates。Headless Service 用来定义 Pod 网络标识；volumeClaimTemplates 是存储卷申请模板，用于创建 PVC、配置 PVC 等。

StatefulSet 中反复强调"稳定的网络标识"，稳定的网络标识主要指 Pod 的 HostName 以及对应的 DNS Records。HostName 的格式是 $(statefulset name)-$(ordinal)，参数 ordinal 取值范围为 0～$N-1$（N 为期望副本数）。DNS Records 指的是 Headless Service 的 DNS 解析。

StatefulSet 实现了持久化存储，每个 Pod 对应一个 PVC，当 Pod 发生重置（re-schedule，其实是 recreate）后，它所对应的 PVC 绑定的 PV 仍然会自动地挂载到新的 Pod 中。也就是说，在异常场景下，Pod 重置后，PV Volume 还是原来的。当通过级联删除 StatefulSet 时并不会自动删除对应的 PVC，此时 PVC 需要手动删除。如果在级联删除 StatefulSet 时直接删除 Pod，Pod 对应的 PV 并不会自动删除，此时 PV 需要手动删除。

除了 StatefulSet 这种每个节点运行一个实例的 Deployment 模型，Kubernetes 还支持使用 Kubernetes 模型部署一次性执行的任务。Kubernetes 的 Job 调度模型用于控制一个批处理的任务。这里用机器学习的 TensorFlow 框架来类比，例如，将一个机器学习的计算任务分发到多台机器上面，在每台机器上面都运行一个进程来执行计算任务，然后进行汇总操作。这种运算派发的方式，本质上是通过 Kubernetes 的 Job 生成多个 Pod 副本并派发到不同的 Node 上面启动。

Job 生成多个 Pod 副本运行都是一次性的，它是一组 Docker 容器，Job 的 restartPolicy 都被强制设置为 Never，也就是说，Job 生成的 Pod 副本是不能够重启的。

如果需要重复执行 Job，可以使用 Kubernetes 的 CronJob 调度模型，CronJob 使用定时任务框架解决该问题。

5.5.8 理解调度器原理

调度器是用来运行 Pod 调度算法和调度策略的工具，其本质功能是为新创建的 Pod 在集群中寻找最合适的 Node，并将 Pod 调度到 Node 上，其对应进程为 kube-scheduler。调度器从集群所有 Node 中，根据调度算法挑选出所有可以运行该 Pod 的 Node，再根据调度算法从上述筛选后的 Node 中选择最优 Node 作为最终结果。调度器运行在 Master 上，它的核心功能是通过监听 API Server 来获取 spec.nodeName 为空的 Pod，然后为 Pod 创建一个 binding，指示 Pod 应该调度到哪个 Node 上，调度结果写入 API Server。

调度器调度主要可以分为两个步骤：预选（predicate）调度过程和确定优选（priority）节点。预选调度过程本质上是过滤的操作，可以通过配置多种预选策略过滤掉不满足条件的 Node。常用的预选策略及其描述如表 5-25 所示。

表 5-25　常用的预选策略及其描述

预选策略	描述
NoDiskConflict	检查备选 Pod 请求的 Volume（即 spec.volume）是否就绪和冲突。如果 Node 上已经挂载了某个卷，则使用相同卷的 Pod 不能调度到该 Node 上。当然，使用的 Volume 类型不同，过滤逻辑也不同
PodFitsResources	检查 Node 的资源是否满足备选 Pod 的需求。Node 资源的计算将运行 Pod 请求的资源作为参考，而不是度量 Pod 实际占用的资源。主要是对 CPU 和内存资源进行计算
PodSelectorMatches	检查 Node 标签是否满足备选 Pod 的标签选择器要求（即 spec.nodeSelector）。还包括亲和性调度 NodeAffinity 中定义的标签
PodFitsHost	如果 Pod 指定了 spec.nodeName，就需要校验 Node 名称是否匹配。Node 名称如果不匹配就无法运行该 Pod
PodFitsPorts	检查备选 Pod 申请的 Node 端口是否已经被其他 Pod 占用，如果被占用则不能调度
CheckNodeLabelPressure	判断列出的标签在备选 Node 中存在时是否选择该 Node
CheckServiceAffinity	判断备选 Node 是否包含指定标签，目的是将相同 Service 的 Pod 实例放置到同一个或同一类 Node 上以提高运行速率

经过预选调度过程的过滤后，进入选择最优节点的环节。确定最优节点本质上是根据配置的多种优选策略给 Node 进行打分排序，最终得分最高的 Node 作为优选结果，该 Pod 就绑定到这个 Node 上。常用的优选策略及其描述如表 5-26 所示。

表 5-26　常用的优选策略及其描述

优选策略	描述
LeastRequestedPriority	本策略主要是选出资源消耗最少的 Node。统计所有备选 Node 上运行 Pod 和备选 Pod 所请求的 CPU 占用量 TotalMilliCPU 和内存占用量 TotalMilliMemory，计算得分
BalancedResourceAllocation	本策略用于从备选 Node 列表中，选出各项资源使用率最均衡的 Node。这个策略也会计算 CPU 和内存占用量，在计算得分时会考虑这两种资源的均衡程度
CalculateNodeLabelPriority	本策略用于判断策略配置的标签在备选 Node 中存在时是否选择该 Node

不同优选策略的计算公式不同，假设备选 Node 理论上 CPU 最大算力是 MaxCPU，最大物理内存是 MaxMemory，那么 LeastRequestedPriority 的计算公式如下：

$$cpuScore = ((MaxCPU - TotalMilliCPU) \times 10) / MaxCPU$$
$$memScore = ((MaxMemory - TotalMilliMemory) \times 10) / MaxMemory$$
$$lastScore = (cpuScore + memScore) / 2$$

如果是 BalancedResourceAllocation 优选策略，计算公式如下：
$$cpuScore = TotalMilliCPU / MaxCPU$$
$$memScore = TotalMilliMemory / MaxMemory$$
$$lastScore = 10 - math.Abs(cpuScore - memScore) \times 10$$

调度器在确定最优节点阶段不会移除任何备选 Node，只是对 Node 添加一个分值，根据分值排序。调度器把待调度 Pod 调度到分值最高的 Node 上，如果分值最高的 Node 有多个，那么调度器将随机从中选择一个 Node 作为目标 Node。

5.6 深入理解驱逐机制

在 Kubernetes 中，Pod 使用的资源主要是 CPU、内存和磁盘 I/O，这些资源可以被分为可压缩资源（如 CPU）和不可压缩资源（如内存、磁盘 I/O）。可压缩资源不可能导致 Pod 被驱逐，因为当 Pod 的 CPU 使用量很多时，系统可以通过重新分配权重来限制 Pod 的 CPU 使用。而对于不可压缩资源，如果资源不足，也就无法继续申请资源，此时 Kubernetes 会从该节点上驱逐一定数量的 Pod，以保证该节点上有充足的资源。

驱逐机制不仅仅是针对 Pod 的操作，驱逐机制也会回收节点层级资源。驱逐机制涉及信号、阈值、Node、Pod、监控、调度器等，有丰富的配置参数。驱逐机制是 Kubernetes 提供的一种针对资源管理的高可用的解决方案。除了驱逐机制，Kubernetes 本身提供了垃圾回收策略，本节先分析垃圾回收策略，再分析驱逐机制。无论是垃圾回收策略还是驱逐机制都是为了更好地管理资源，未来驱逐机制将成为主流。

5.6.1 理解 kubelet 垃圾回收策略

垃圾回收（garbage collection）是 kubelet 自带的功能，用来清理未使用的镜像和容器。Kubernetes 官方文档强调不建议使用外部垃圾回收工具，以免发生外部工具误删除容器进而破坏 kubelet 的行为。

kubelet 镜像回收功能借助 cadvisor，通过 imageManager 管理所有镜像的生命周期。默认每 5 min 执行一次对镜像的垃圾回收。镜像垃圾回收策略只考虑两个因素：磁盘使用率上限阈值（即 HighThresholdPercent）和磁盘使用率下限阈值（即 LowThresholdPercent）。当磁盘使用率超过 HighThresholdPercent 上限阈值时，将触发垃圾回收，垃圾回收将删除最近最少使用的镜像，直到磁盘使用率满足 LowThresholdPercent 下限阈值。这里的镜像回收策略算法类似于最近最少使用（least recently used，LRU），在有限的磁盘空间里尽可能保证存储常用的镜像。

kubelet 容器回收功能相对比较复杂，默认每分钟对容器执行一次垃圾回收。容器垃圾回收的 3 个阈值如表 5-27 所示。

表 5-27 容器垃圾回收的阈值及其描述

容器回收阈值	描述
MinAge	容器可以被执行垃圾回收的最小生命周期。设置为 0 表示禁用该参数
MaxPerPodContainer	每个 Pod 内允许存在的死亡容器的最大数量。设置为小于 0 的值表示禁用该参数
MaxContainers	全部死亡容器的最大数量。设置为小于 0 的值表示禁用该参数

kubelet 只能回收被 kubelet 管理的容器,不被 kubelet 管理的容器不受该策略影响。kubelet 对已删除的、无法辨识的、超过上述 3 个阈值的容器进行处理时,会优先移除时间最久的容器。Pod 内已经被删除的容器,只要超过 MinAge 设定的值就会被立刻清理。如果 MaxPerPodContainer 和 MaxContainer 发生冲突,就会自动减小 MaxPerPodContainer 数值,并驱逐相对时间最久的容器。

kubelet 垃圾回收功能的启动参数如表 5-28 所示。

表 5-28 垃圾回收功能的启动参数

启动参数	描述
image-gc-high-threshold	触发镜像垃圾回收的磁盘使用率百分比,默认值为 85%
image-gc-low-threshold	镜像垃圾回收试图释放资源后达到的磁盘使用率百分比,默认值为 80%
minimum-container-ttl-duration	完成任务的容器,在执行垃圾回收之前的最小"年龄",默认值是 0 min,表示下一次触发垃圾回收就会被立刻清理掉
maximum-dead-containers-per-container	每个容器允许保留的旧实例的最大数量,默认值为 1
maximum-dead-containers	全局允许保留的旧容器实例的最大数量,默认值为 -1,表示无限制

除了直接配置垃圾回收的启动参数,kubelet 还支持通过驱逐机制实现与垃圾回收相同的效果,两种驱逐参数配置示例如下。未来驱逐机制将成为主流,最终垃圾回收的相关参数会被废弃。

(1)参数 image-gc-high-threshold 可以被 --eviction-hard 或 --eviction-soft 代替,这个是驱逐回收信号,可以达到触发镜像垃圾回收相同的效果。

(2)参数 image-gc-low-threshold 可以被 --eviction-minimum-reclaim 代替,这个是驱逐试图释放资源后达到的资源占用阈值。

5.6.2 理解驱逐信号和驱逐阈值

Kubernetes 储存文件元信息的区域是 inode,inode 包含文件创建者、文件创建日期、文件大小等信息。对 Kubernetes 系统来说,属性 inodesFree 表示文件系统上空闲 inode 的数量,属性 inodes 表示文件系统上 inode 的总量。

在节点资源不足的情况下,kubelet 为保证节点稳定性,会启用驱逐策略驱逐一个或多个 Pod 以释放紧缺资源。当节点资源不足或资源占用超过自定义驱逐阈值时,Kubernetes 能够根据告警资源类型产生对应的驱逐信号,驱逐信号为 kubelet 后续操作提供决策依据,kubelet 依据驱逐信号触发驱逐行为。常用的驱逐信号及其取值如表 5-29 所示。

表 5-29　常用的驱逐信号及其取值

驱逐信号	取值
memory.available	node.status.capacity[memory]−node.stats.memory.workingSet
nodefs.available	node.stats.fs.available
nodefs.inodesFree	node.stats.fs.inodesFree
imagefs.available	node.stats.runtime.imagefs.available
imagefs.inodesFree	node.stats.runtime.imagefs.inodesFree

每种驱逐信号都支持整数值或百分比的表示方法。memory.available 的值从 cgroupfs 获取，这里的内存信息无法通过类似 free -m 的命令获取。nodefs 指 node 自身的存储，存储守护进程的运行日志等，一般指/root 分区。imagefs 指 Docker 守护进程用于存储镜像和容器可写层（writable layer）的磁盘。如果 nodefs 达到驱逐阈值，kubelet 通过驱逐 Pod 及其容器来释放磁盘空间。如果 imagefs 达到驱逐阈值，kubelet 通过删除所有未使用的镜像来释放磁盘空间。

用户可以自定义 kubelet 的驱逐阈值，一旦超出阈值，就会触发资源回收的操作。驱逐阈值的表达式为[eviction-signal][operator][quantity]。其中，eviction-signal 表示驱逐信号；operator 表示关系运算符，常用<或>运算符；quantity 表示驱逐阈值，可以支持整数值或百分比的值，如 memory.available<20%或 memory.available<2 Gi。对同一个驱逐信号，不能同时设置整数值和百分比的值，只能选择其一。

驱逐操作支持配置两种标记：软驱逐（soft eviction）阈值和硬驱逐（hard eviction）阈值。软驱逐阈值需要配合宽限期 eviction-soft-grace-period 和 eviction-max-pod-grace-period 一起使用。只有在系统资源达到软驱逐阈值并超过宽限期之后才会执行驱逐动作。如果缺失宽限期配置，kubelet 启动时会报错。设定硬驱逐阈值后，只要系统资源达到硬驱逐阈值，就立即执行驱逐动作。

软驱逐阈值的配置支持参数标记，阈值参数如表 5-30 所示。

表 5-30　软驱逐阈值参数列表

软驱逐阈值标记	描述
--eviction-soft	驱逐阈值的集合
--eviction-soft-grace-period	驱逐宽限期的集合
--eviction-max-pod-grace-period	当满足软驱逐阈值并终止 Pod 时允许的最大宽限期的值（单位：s），在宽限期和 spec.TerminationGracePeriodSeconds 的配置值中取小的值生效

如果指定了 spec.TerminationGracePeriodSeconds 值，kubelet 将取其和宽限期二者中较小的一个。如果没有指定，kubelet 将立即终止 Pod，而不是优雅地结束。

在硬驱逐情况下，kubelet 将立即结束 Pod，而不是优雅终止。硬驱逐阈值标记为--eviction-hard。硬驱逐阈值配置如下，多个驱逐信号用英文逗号隔开：

```
--eviction-hard=memory.available<1Gi,nodefs.available<1Gi,imagefs.available<10Gi
```

kubelet 通过--housekeeping-interval 配置驱逐阈值生效的延迟时间，让 Pod 有充分的时间稳定资源的占用情况，该参数也是容器管理时间间隔。

5.6.3 理解驱逐策略对 Node 的影响

如果 Kubernetes 启用了软驱逐阈值配置，当达到驱逐阈值且超过宽限期时，kubelet 将启动回收紧缺资源的过程，直到紧缺资源低于设定的阈值为止。kubelet 接收到驱逐信号的第一时间不会立刻驱逐终端用户 Pod，而是尝试在驱逐终端用户 Pod 前回收节点层级资源，如果释放的节点层级资源达到驱逐阈值的限制，kubelet 将终止驱逐操作。

当 Kubernetes 发现节点磁盘空间不足时，如果节点针对容器运行时配置有独占的 imagefs，kubelet 回收节点层级资源的方式将会不同。如果是 nodefs 达到驱逐阈值，在使用 imagefs 的情况下，kubelet 通过驱逐 Pod 及其容器释放磁盘空间；在未使用 imagefs 的情况下，kubelet 先删除停止运行的 Pod 或容器，再删除全部没有使用的镜像。如果是 imagefs 达到驱逐阈值，kubelet 直接通过删除所有未使用的镜像释放磁盘空间。

kubelet 会将一个或多个驱逐信号映射到对应的节点状态。当达到硬驱逐阈值或超期软驱逐阈值时，kubelet 会周期性地报告该节点处于磁盘空间存在压力的状态。

当触发驱逐操作时，节点状态需要更新，kubelet 将以 --node-status-update-frequency 指定的频率连续报告节点状态，其默认值为 10s。节点状态和驱逐信号的匹配关系如表 5-31 所示。

表 5-31 节点状态和驱逐信号的匹配关系

节点状态	驱逐信号	描述
MemoryPressure	memory.available	节点上可用内存量达到驱逐阈值
DiskPressure	nodefs.available nodefs.inodesFree imagefs.available imagefs.inodesFree	nodefs 或 imagefs 上可用磁盘空间达到驱逐阈值

如果节点状态按照指定频率更新，可能造成节点状态振荡，表现为节点状态在 true 和 false 之间来回切换。为了避免节点状态振荡干扰调度规则，kubelet 使用配置参数 --eviction-pressure-transition-period 限制节点从压力状态中退出必须等待的时长，确保在设定的时间段内，kubelet 没有发现和指定压力条件对应的驱逐阈值被满足时，才会将节点状态变回 false。

节点状态和调度器行为的匹配关系如表 5-32 所示。

表 5-32 节点状态和调度器行为的匹配关系

节点状态	调度器行为
MemoryPressure	新的 BestEffort Pod 不会被调度到该节点
DiskPressure	新的 Pod 都不会被调度到该节点

5.6.4 理解驱逐策略对 Pod 的影响

如果 kubelet 回收节点层级资源后，仍然无法满足资源需求，kubelet 将开始驱逐终端用户 Pod。

这个操作本身是个高危操作，势必要对 Pod 提供的服务造成影响。

kubelet 首先会参考 Pod 要求的 QoS，根据 Pod 的 QoS 等级由低到高排序，即 BestEffort＜Burstable＜Guaranteed，并依据 Pod 对短缺资源的使用是否超过请求来确定 Pod 的驱逐行为，通过相对于 Pod 的调度请求消耗急需的计算资源来筛选实际需驱逐的 Pod。kubelet 对 Pod 优先级的排序主要考虑如下 3 种影响因素。

（1）在 Pod QoS 等级是 BestEffort 的情况下，Pod 对短缺资源的使用超过了其请求，此类 Pod 按优先级排序，驱逐使用量超过请求资源最多的 Pod。由于磁盘空间是一种特殊资源，当节点处于 DiskPressure 状态时，kubelet 将逐个驱逐 Pod，回收磁盘空间。如果 kubelet 响应 inodes 短缺，它会首先驱逐 QoS 等级最低的 Pod 来回收 inodes。如果 kubelet 响应缺少可用磁盘，它会在评估 Pod 的 QoS 等级相同的 Pod 里面，优先驱逐消耗磁盘多的 Pod。

（2）在 Pod QoS 等级是 Burstable 的情况下，Pod 对短缺资源的使用超过了其请求，或使用率低于预期阈值，此类 Pod 按超过请求资源严重程度排序，驱逐使用量超过请求资源最多和优先级最低的 Pod。如果没有 Burstable Pod 超过短缺资源的消耗阈值，那么就会驱逐短缺资源消耗量最大的 Burstable Pod。

（3）在 Pod QoS 等级是 Guaranteed 的情况下，通常此类 Pod 不会因为短缺资源消耗被驱逐。如果系统进程（如 kubelet、docker）消耗了过多的短缺资源且 Node 上只有 QoS 等级为 Guaranteed 的 Pod，此时，为了保证 Node 的稳定性，防止异常消耗，降低对该 Node 中所有 Pod 的影响，最后还是会选择一个 QoS 等级为 Guaranteed 的 Pod 进行驱逐。此类 Pod 按超过请求资源严重程度排序，驱逐短缺资源消耗量最大和优先级最低的 Pod。

如果 Node 针对容器运行时配置有独占的 imagefs，kubelet 回收资源的方式将会不同。如果是 nodefs 触发驱逐，在使用 imagefs 的情况下，kubelet 将按"nodefs 用量-本地卷 + Pod 的所有容器日志的总和"对其排序，再回收资源；在未使用 imagefs 的情况下，kubelet 会根据磁盘的总使用情况对 Pod 进行排序，同时会考虑所有容器的日志及其可写层，再回收资源。如果是 imagefs 触发驱逐，kubelet 直接按照 Pod 所有可写层的用量对其进行排序并回收资源。

kubelet 驱逐用户 Pod 时，最重要的考量因素是 Pod 的优先级。对业务来说，非常重要的 Pod 一定要设置较高的优先级，以防止 Node 资源不够时被率先驱逐出去，造成服务不可用。

最小驱逐回收（eviction-minimum-reclaim）用来解决某些场景下驱逐 Pod 只会释放少量的资源，导致反复地触发驱逐阈值的问题，尤其是磁盘资源的驱逐操作比较耗时。

kubelet 可以为每个资源配置最小驱逐回收量，当触发驱逐条件时，kubelet 回收的资源量至少要达到 --eviction-minimum-reclaim 配置的最小驱逐回收量。该选项需要配合驱逐阈值使用，所有资源的 minimum 默认值为 0。

这里结合硬驱逐阈值，配置最小驱逐回收策略的示例代码，如代码清单 5-15 所示。

代码清单 5-15　最小驱逐回收策略配置示例

```
--eviction-hard=memory.available<1Gi,nodefs.available<1Gi,imagefs.available<10Gi
--eviction-minimum-eclaim="memory.available=100Mi,nodefs.available=500Mi,imagefs.av
ailable=2Gi"
```

代码清单 5-15 可以从如下 3 种情形进行分析。

（1）如果 memory.available 驱逐阈值被触发，kubelet 将保证 memory.available 至少为 1.1 GiB。这里的数值 1.1 GiB 由 eviction-hard + minimum-reclaim 对应的 memory.available 计算得到。

（2）如果 nodefs.available 驱逐阈值被触发，kubelet 将保证 nodefs.available 至少为 1.5 GiB。这里的数值 1.5 GiB 由 eviction-hard + minimum-reclaim 对应的 nodefs.available 计算得到。

（3）如果 imagefs.available 驱逐阈值被触发，kubelet 将保证 imagefs.available 至少为 12 GiB。这里的数值 12 GiB 由 eviction-hard + minimum-reclaim 对应的 imagefs.available 计算得到。

5.6.5 理解节点 OOM 内存不足

当节点系统发生内存不足（out of memory，OOM）时，kubelet 将不再按原有的内存回收策略进行处理，而是基于 OOM killer 机制做出响应。OOM killer 机制可以迅速释放系统内存资源，防止节点因内存资源不足继续恶化，导致节点操作系统崩溃。

kubelet 评估每个 Pod 的 QoS 等级后，为每个容器设置 oom_score_adj 值，对应关系如表 5-33 所示。

表 5-33 Pod 的 QoS 等级与 oom_score_adj 值的对应关系

QoS 等级	oom_score_adj
Guaranteed	−998
BestEffort	1000
Burstable	min(max(2,1000−(1000×memoryRequestBytes)/machineMemoryCapacityBytes),999)

OOM killer 的目标是停止运行拥有最低 QoS 等级，且消耗和调度请求相关内存量最多的容器。OOM killer 先计算容器在节点上使用内存的百分比，得出一个初始 oom_score 分数，再加上 oom_score_adj 配置的值，得到容器的有效 oom_score 分数，最后筛选出得分最高的容器并终止运行该容器。和 Pod 驱逐不同，如果一个 Pod 的容器是被 OOM killer 结束的，基于其重启策略，该 Pod 可能会被 kubelet 重新启动。

5.6.6 实践驱逐机制

在实际使用过程中，驱逐策略是通过 kubelet 添加启动参数配置的。本节举例演示具体配置驱逐策略的方法。假设有一个案例场景，节点内存容量为 32 GiB，期望为系统守护进程保留 3%内存容量（Linux 内核、kubelet 等），期望在内存使用量达到 95%时驱逐低优先级的 Pod，以防止节点内存不足。

为了满足这个场景的要求，kubelet 添加如下启动参数用于配置驱逐策略：

```
--eviction-hard=memory.available<1.6Gi
--system-reserved=memory=2.56Gi
```

可以看出，当系统的剩余内存小于 1.6 GiB 时，就会满足驱逐策略 memory.available，驱逐低优先级的 Pod。eviction-hard 的数值计算公式如下：

$$\text{eviction-hard} = \text{节点内存容量} \times (1 - \text{OOM 防御阈值})$$

示例如下:

$$32 \text{ GiB} \times (1-95\%) = 1.6 \text{ GiB}$$

--system-reserved 选项表示系统需保留且包含被驱逐阈值的内存大小,本质上是预防性的策略。这个配置选项能够保证,在 Pod 使用量都不超过其配置的请求值前提下,Kubernetes 估算是否可能引起内存压力,估算是否可能触发驱逐;如果 Kubernetes 估算认为该 Pod 未来会引起资源问题,调度器将不会再把 Pod 调度到该节点上面。驱逐策略数值的计算公式如下:

$$\text{system-reserved} = \text{节点内存容量} \times \text{守护进程占比} + \text{memory.available}$$

示例如下:

$$32 \text{ GiB} \times 3\% + 1.6 \text{ GiB} = 2.56 \text{ GiB}$$

5.7 深入理解 Pod 滚动升级

当集群中的某个服务需要升级时,用户需要停止目前与该服务相关的所有 Pod,重新下载镜像并创建新的 Pod 实例。如果集群规模比较大,停止所有 Pod 和重新创建 Pod 实例的操作将会非常耗时,导致业务服务较长时间不可用。因而,Kubernetes 提供了滚动升级功能来解决 Pod 升级耗时长的问题。

5.7.1 滚动升级产生的背景

在介绍滚动升级以前,先来了解常见的分布式系统中 4 种不停机的发布方式。

(1)"蓝绿"发布。蓝绿发布就是按照蓝和绿分别部署两套环境,假设旧环境是绿环境,新环境为蓝环境。在新环境进行测试验证,如果测试通过,将流量一次性导入新环境,最终停止旧环境的服务。在旧环境和新环境流量切换过程中,有可能会引起数据异常的情况。例如,旧环境正在处理业务请求,此时流量全部切换到新环境,旧环境处理完请求后发现业务通信中断,会造成业务请求异常。蓝绿发布必须要处理好数据的同步与迁移工作。

(2)"灰度"发布。灰度发布是在黑与白之间平滑过渡的一种发布方式。具体发布过程是让一部分用户继续用旧服务,一部分用户开始用新服务。如果用户对新服务没有意见,那么逐步扩大范围,把所有用户都迁移到新服务上面来。灰度发布可以实现在业务部署初期发现问题,但新版本需要处理好兼容性问题。

(3)"金丝雀"发布。金丝雀发布和灰度发布有些类似。首先,需要选择一个正常运行业务应用的节点作为"金丝雀"节点,该节点用于后续的预先升级或回滚操作,实现实验性升级的功能。然后,从负载均衡主机节点列表里面移除"金丝雀"节点,或停止用户请求访问"金丝雀"节点。升级"金丝雀"节点的应用,进行自动化测试。将"金丝雀"节点重新添加到负载均衡列表中,此时用户请求可以正常访问"金丝雀"节点。如果用户对"金丝雀"应用没有意见,升级剩余的其他节点,否则就回滚"金丝雀"节点的应用。为防止回滚时发生丢数据事件,"金丝雀"节点的应用需要记录好相关日志。

（4）"滚动"发布。滚动发布是指取出一个或者多个服务器停止服务，执行更新操作，并重新将其投入使用。周而复始，直到集群中所有的实例都更新成新版本。

Kubernetes 中 Pod 部署默认采用滚动升级。当然，如果用户不想使用滚动升级操作，也可以手动实现其他几种升级方式，只是需要对负载均衡服务器做相应的调整。

5.7.2 理解 Pod 滚动升级过程

Pod 滚动升级（rolling-update）过程首先由 Kubernetes 创建一个新的 RC，然后自动控制旧的 RC 中的 Pod 副本数量逐渐减少到 0，同时新的 RC 中的 Pod 副本的数量从 0 逐步增加到目标值，最终实现 Pod 的升级。滚动升级过程中比较重要的参数及其作用如表 5-34 所示。

表 5-34　与滚动升级相关的参数及其作用

参数	作用
strategy	更新策略，可以是 RollingUpdate 或者 Recreate。默认值为 RollingUpdate 滚动升级。Recreate 表示重建式更新，即"删一个建一个"的方式
minReadySeconds	启动 Pod 以后可以提供服务的最小等待时间，单位为 s。Kubernetes 在启动 Pod 以后会等待该时间后才进行下一个 Pod 的升级操作。默认值为 0
revisionHistoryLimit	存储的历史版本记录，默认存储 5 个记录
maxSurge	升级过程中最多可以比 replicas 设置多出的 Pod 数量
maxUnavailable	升级过程中最多有多少个 Pod 处于无法提供服务的状态。该配置需要大于或等于 maxSurge 数值

在表 5-34 中，minReadySeconds 默认为 0，如果没有设置该值，Kubernetes 会假设该 Pod 启动后就能够提供服务。用户是否要设置该值，取决于 Pod 的状态是否能够代表业务进程的状态。如果 Pod 的状态已经是 Running，但是业务进程还没有启动好，就需要设置 minReadySeconds 来延迟时间，否则在某些连续滚动升级的场景下会出问题。

maxUnavailable 参数必须大于或等于 maxSurge 数值，这是因为整个滚动升级过程中最多会有 maxSurge 个 Pod 处于无法服务的状态。maxUnavailable 配置得小了，就会产生冲突。

滚动升级有两种方法，一种方法是主动触发，先更新 Deployment 对应磁盘上的 YAML 文件，然后执行如下命令，触发滚动升级：

```
[root]# kubectl apply -f test.yaml --record
```

其中，--record 的作用是将当前命令记录到 revision 记录中，这样后期处理回滚操作时，就可以知道每个 revison 对应的是哪个配置文件。

另一种方法是被动触发，例如通过执行 kubectl edit deploy 或 kubectl set image 命令来修改 Deployment 文件里的镜像地址或版本，触发滚动升级。

例如，修改 Deployment 文件配置的镜像版本，如代码清单 5-16 所示。

代码清单 5-16　修改 Deployment 文件配置的镜像版本

```
apiVersion: apps/v1
kind: Deployment
```

```
metadata:
  name: test-config-volume
spec:
  replicas: 5
  minReadySeconds: 20
  revisionHistoryLimit: 10
  strategy:
type: RollingUpdate
rollingUpdate:
  maxSurge: 1
  maxUnavailable: 2
selector:
  matchLabels:
    app: test-config-app
emplate:
  metadata:
    labels:
      app: test-config-app
  spec:
    containers:
    - name: my-app
      image: centos:latest
      command: ["/bin/sh", "-c", "sleep 365d"]
```

在代码清单 5-16 中，replicas 参数设置为 5，表示共需要 5 个 Pod 副本。revisionHistoryLimit 参数设置为 10，表示存储 10 个历史版本记录。minReadySeconds 参数设置为 20，表示 Pod 启动成功后，理论上 20 s 后就能提供服务。type 参数设置为 RollingUpdate，表示启用滚动升级。

maxSurge 参数设置为 1，表示开始滚动升级，Kubernetes 每次启动一个新的 Pod 后，等待 20 s，再删掉一个旧的 Pod，整个滚动升级过程中最多会有 5+1 个 Pod。maxUnavailable 参数设置为 2，表示同一时刻包括启动中的新 Pod 在内，最多允许两个 Pod 不可用。

滚动升级同样适用于 DaemonSet，但通过更新 DaemonSet 模板触发的滚动升级不能突破 DaemonSet 自身的约束，同一时刻节点上面只能有一个 DaemonSet 实例。所以会先停掉旧的 DaemonSet 实例，然后创建一个新的 DaemonSet 实例。

DaemonSet 默认的升级方式是滚动升级 RollingUpdate，也支持配置 OnDelete 修改为手动删除升级。如果采用 OnDelete 配置，更新模板不会触发升级。只有用户手动删除该 DaemonSet 实例才会触发升级。可执行如下命令，暂停升级：

```
[root]# kubectl -n kube-system rollout pause deployment test-config-volume
```

执行如下命令，继续升级：

```
[root]# kubectl -n kube-system rollout resume deployment test-config-volume
```

在滚动升级过程中，可执行如下命令，查看当前升级的状态：

```
[root]# kubectl -n kube-system rollout status deployment test-config-volume
Waiting for deployment "test-config-volume" rollout to finish: 1 of 3 updated replicas are available...
Waiting for deployment "test-config-volume" rollout to finish: 2 of 3 updated replicas are available...
deployment "test-config-volume" successfully rolled out
```

该日志可以持续跟踪 Pod 的升级状态，如果 Pod 副本数量比较多，它会实时展示当前更新到第几个 Pod 实例。全部 Pod 副本更新完成，日志会显示 successfully rolled out。

5.7.3 理解 Rollout 回滚

Pod 滚动升级后，如果不是期望的结果，那么将涉及 Rollout 回滚操作。在讨论回滚操作以前，先来分析历史版本记录的概念。

可执行如下命令，查看历史版本记录：

```
[root]# kubectl -n kube-system rollout history deployment test-config-volume
deployment.apps/test-config-volume
REVISION    CHANGE-CAUSE
1           <none>
2           kubectl apply --filename=test-config-volume.yaml --record=true
3           kubectl apply --filename=test-config-volume.yaml --record=true
```

如上述代码所示，如果之前执行 kubectl apply --filename=test-config-volume.yaml 命令时没有设置--record=true，那么这里可能显示<none>，不会显示具体的执行命令。如果执行 edit deployment 命令触发升级，那么这里也会记录为<none>。只有每次升级都带该选项，才会每次都记录历史版本并将数据存储到 etcd 数据库。随着升级次数增加，历史版本记录会逐渐变多。可以通过 revisionHistoryLimit 参数限制记录历史版本的数量，默认存储 5 个记录。

rollout history 展示的历史记录都和 ReplicaSet 一一对应，如果手动删除某个 RC，那么它对应的 revision 记录也会一起级联删除。执行如下命令，查看指定 ReplicaSet 记录：

```
[root]# kubectl -n kube-system get rs
NAME                              DESIRED  CURRENT  READY  AGE
test-config-volume-5696b5bbfb     3        3        3      48d
test-config-volume-5f66fd4658     0        0        0      48d
test-config-volume-67b47d9bdc     0        0        0      48d
```

历史版本记录列表中展示的信息较简略，可执行如下命令，查看指定版本的详细信息：

```
[root]# kubectl -n kube-system rollout history deployment test-config-volume --revision=2
deployment.apps/test-config-volume with revision #2
Pod Template:
  Labels:       app=test-config-app
    pod-template-hash=7d6ff87756
  Containers:
   my-app:
    Image:      centos:latest
    Port:       <none>
    Host Port:  <none>
    Command:
      /bin/sh -c sleep 365d
    Environment:
      MY_SERVICE_PORT: <set to the key 'service-port' of config map
      'httpd-config-volume'>    Optional: false
    Mounts:
      /home/paas/config from httpd-config-volume (rw)
  Volumes:
   httpd-config-volume:
    Type:       ConfigMap (a volume populated by a ConfigMap)
    Name:       httpd-config
    Optional:   false
```

通过上述代码可以看到历史版本的详细信息，如标签、镜像版本和地址、端口号、容器启动执行的命令、环境变量、Volume 配置等。

有了历史版本记录，可以回滚到指定的历史版本，例如，执行如下命令，回滚到 2 号版本：

```
[root]# kubectl -n kube-system rollout undo deployment test-config-volume --to-revision=2 deployment.apps/test-config-volume rolled back
```

如果回滚的版本信息和当前版本 deployment 信息完全一致，那么将跳过回滚并显示提醒日志：

```
[root]# kubectl -n kube-system rollout undo deployment test-config-volume --to-revision=4
deployment.apps/test-config-volume skipped rollback (current template already matches revision 4)
```

当回滚进程持续时间较长时，也可通过 rollout status 查看回滚进度。如果--to-revision 选项未指定，默认回滚到上一个版本。

如果滚动升级操作正在进行，此时用户再次修改 Deployment 触发滚动升级，就是多重滚动升级了。

用户在滚动升级进行时再次修改 Deployment，仍然会创建新的 ReplicaSet 和历史版本记录。当前正在扩容的 ReplicaSet 将会停止扩容和更新操作，并将其加入旧版本的 ReplicaSet 列表中，开始进行缩容至 0 的操作。新版本的 ReplicaSet 将会开始创建新的 Pod 副本。整个 Deployment 定义的 Pod 副本将会流畅地从旧版本升级过程，过渡到新版本的升级过程，最终完成新版本的升级操作。

5.8 深入理解 PV 存储

Kubernetes Pod 通过 Volume 共享文件目录，Volume 的磁盘资源有多种来源方式。Pod 的本地存储配置可以通过 hostpath 实现，但是如果使用远程存储或云存储的配置，就涉及持久卷（Persistent Volume，PV）和持久卷声明（Persistent Volume Claim，PVC）等资源。PV 系统为用户和管理员提供了一组 API，简化了底层存储功能的管理工作。

5.8.1 理解 PV

本节描述 Kubernetes 中 PV 模块的功能，在此之前先介绍挂载卷 Volume 的概念。Kubernetes 共享文件目录使用的 Volume，指的是 Pod 的 Volume，它和 Docker 的 Volume 概念不同。一个 Pod 可能包含多个容器，定义在 Pod 上面的 Volume 可以被一个 Pod 里面多个容器挂载到不同的文件目录下面，Volume 生命周期和 Pod 保持一致，但是和 Pod 内部容器的生命周期没关系。也就是说，如果 Pod 运行正常，Pod 内部容器终止或者重启时，Volume 的数据不会丢失。

Kubernetes 支持分布式文件系统作为 Volume，如 CephFS 和 Glusterfs。Volume 有几种常见的类型，如表 5-35 所示。

PV 是对底层的共享存储的一种抽象，PV 由管理员进行创建和配置，它和底层具体的共享存储技术实现方式有关，如 CephFS、Glusterfs、NFS 等都是通过插件机制实现共享存储功能的。PV 可以用于负责 Kubernetes 系统网络存储的功能，网络存储是独立于 Kubernetes 系统的实体资源。

通常 PV 是结合 StatefulSet 调度模型使用的，StatefulSet 适用于有状态应用，例如数据库通常需要持久化数据。为了数据安全，当删除 StatefulSet 中的 Pod 或者对 StatefulSet 进行缩容时，Kubernetes 系统并不会自动删除 StatefulSet 对应的 PV，而且这些 PV 默认也不能被其他 PVC 绑定。

5.8 深入理解 PV 存储

表 5-35　Volume 的常见类型

类型	描述
emptyDir	emptyDir 是一个内容为空的文件目录，本质上是一个临时目录，生命周期和 Pod 保持一致。当 Pod 被删除时，emptyDir 里面的文件也同时被永久删除。emptyDir 可以当作多个容器之间的临时共享目录
hostPath	hostPath 挂载宿主机上面的物理文件目录，该目录通常是永久存储的。通常用于存储日志文件或者配置文件
NFS	NFS 使用网络文件系统的方式提供目录存储，需要配置 NFS 远程服务器地址
公有云存储	需要提前申请公有云对应的永久磁盘空间才能使用，如谷歌公有云的 GCE Persistent Disk 和亚马逊公有云的 AWS Elastic Block Store 等

PV 的回收策略支持 3 种配置，如表 5-36 所示。

表 5-36　PV 的回收策略支持的配置

回收策略支持的配置	描述
Retain	保留数据文件
Recycle	回收文件空间，对 Linux 操作系统而言本质上是执行 rm -rf 命令的操作。建议 NFS 和 hostPath 的实现方式使用该配置
Delete	删除文件，删除方式由操作系统决定或者依赖插件进行操作。建议在谷歌公有云的 GCE Persistent Disk 或亚马逊公有云的 AWS Elastic Block Store 等公有云存储文件系统的场景下使用该配置

PV 有 4 种阶段状态，如表 5-37 所示。

表 5-37　PV 的阶段状态

阶段状态	描述
Available	该 PV 的资源处于就绪状态，并且尚未被 PVC 使用
Bound	该 PV 已经被绑定到 PVC 了。一个 PV 只能被一个 PVC 绑定
Released	PVC 被删除，PV 处于释放状态，但 PV 资源未被集群回收。该阶段下的 PV 资源无法被其他 PVC 再次使用
Failed	PV 自动回收失败，属于异常场景

PV 的访问模式有 3 种，如表 5-38 所示。

表 5-38　PV 的访问模式

访问模式	描述
ReadWriteOnce	可读可写。但是限制同一时刻只能被单个 Node 挂载
ReadOnlyMany	只读权限，不可以写。支持同时被多个 Node 挂载
ReadWriteMany	可读可写。支持同时被多个 Node 挂载

有些 PV 类型在实际使用时存在逻辑限制。例如，hostPath 类型的 PV 只支持挂载宿主机上面的物理文件目录，所以只能使用 ReadWriteOnce 访问模式。

下面介绍通过使用 NFS 的方式挂载 PV 目录存储业务日志，并且配置大小限制和读写权限：

```
apiVersion: v1
kind: PersistentVolume
metadata:
    name: pvlog
spec:
    capacity:
      storage: 2Gi
    accessModes:
      - ReadWriteOnce
    persistentVolumeReclaimPolicy: Recycle
    nfs:
      path: /nfs/log
      server: 192.168.0.101
```

5.8.2 理解 PVC

PVC 是和 PV 紧密关联的另一个概念，PVC 和 PV 是一一对应的。PVC 表达的是用户对存储的请求。Pod 会耗用节点资源，而 PVC 会耗用 PV 资源。Pod 可以请求特定数量的资源（如 CPU 和内存），同样 PVC 也可以请求特定的磁盘大小和访问模式（如 ReadWriteOnce 或 ReadOnlyMany）。

PVC 生命周期有 5 种状态，如表 5-39 所示。

表 5-39　PVC 生命周期状态

状态	描述
Provisioning	供应准备阶段，获取处于 Available 状态的 PV 资源。这里分成两种方式，静态提供 Static 和动态提供 Dynamic。 ● 静态提供：集群管理员提前创建多个 PV，它们携带真实存储的详细信息 ● 动态提供：当静态 PV 都不匹配用户的 PVC 时，集群利用 StorageClass 尝试为 PVC 动态配置 PV
Binding	绑定阶段，创建 PVC 并指定需要的资源和访问模式。在找到可用 PV 之前，PVC 会一直处于未绑定的状态。绑定成功以后，PV 的状态将变成 Bound
Using	使用阶段，用户通过类似 Volume 的方式使用 PVC
Releasing	释放阶段，用户删除 PVC 来回收存储资源，此时对应的 PV 状态将变成 Released。当然，由于 PV 还保留着历史数据，需要根据不同的策略判断是否删除这些数据，该阶段下的 PV 资源无法被其他 PVC 再次使用
Recycling	回收阶段，根据 PV 配置的回收策略进行处理，如 Retain、Recycle 或 Delete

PVC 生命周期状态展示了 PVC 整个创建流程，PVC 的删除操作有一定限制。如果已有 StatefulSet 等调度模型挂载了 PVC，此时直接删除 PVC 或 PV 的话，Pod 状态会一直处于 Terminating 的异常状态。所以删除 PVC 或 PV 要按照如下 3 个步骤进行。

（1）检查 StatefulSet 是否已经挂载该 PVC，如果已挂载就修改 StatefulSet 配置，清除 PVC 的配置项，触发自动重启 Pod 副本。

（2）Pod 副本启动成功，可以删除该 PVC。

（3）删除 PVC 对应的 PV。

下面介绍 PVC 申请存储资源，以及配置大小限制和读写权限的命令，示例如下：

```yaml
apiVersion: v1
kind: PersistentVolumeClaim
metadata:
  name: pvclog
spec:
  accessModes:
    - ReadWriteOnce
  resources:
    requests:
      storage: 2Gi
```

PVC 和 PV 主要是依赖 storage 的文件大小配置来匹配的，所以隐含的必要条件是，PVC 和 PV 两者在定义时，storage 配置的大小要保持一致。通过执行如下命令，可以查询 PVC 和 PV 的匹配情况：

```
[root]# kubectl -n kube-system get pv
NAME    CAPACITY  ACCESSMODES  RECLAIMPOLICY  STATUS  CLAIM                REASON  AGE
pvlog   2Gi       RWO          Recycle        Bound   kube-system/pvclog           1m
```

日志里的 RWO 是 ReadWriteOnce 访问模式的简写。日志中的 pvlog 是 PV 名称，CLAIM 显示的是命名空间和 PVC 名称的组合，通过日志可以准确地看出 PVC 和 PV 匹配情况。

除了直接使用 PVC 和 PV 存储日志，推荐读者采用 Kubernetes 官方建议的 ELK（Elasticsearch、Logstash、Kibana）或 Prometheus 技术方案采集 PVC 存储的日志。

通常情况下，如果运维人员发现 PVC 不满足需求，需要手动创建一个满足需求的 PV。一个 Kubernetes 集群中可能有成千上万个 PVC，对运维人员来说工作量很大。Kubernetes 提供了一个自动创建 PV 的机制——动态 PV（dynamic provisioning），而手动创建的为静态 PV（static provisioning）。

动态 PV 机制的核心是 StorageClass。StorageClass 是存储资源的抽象定义，通常结合 PVC，在不匹配静态 PV 的情况下提供动态配置 PV 的功能。StorageClass 的目的主要是创建 PV 模板。StorageClass 配置文件主要定义 PV 的属性，如存储类型、Volume 大小等。

通过 Kubernetes 官网中的一个 AWS 示例演示 StorageClass 的使用方法，如代码清单 5-17 所示。

代码清单 5-17　StorageClass 使用方法示例

```yaml
apiVersion: storage.k8s.io/v1
kind: StorageClass
metadata:
  name: local-storage
provisioner: kubernetes.io/aws-ebs
parameters:
  type: io1
  iopsPerGB: "10"
  fsType: ext4
```

代码清单 5-17 定义 PVC 时指定 volume.beta.kubernetes.io/storage-class 参数为 local-storage，如果 PVC 指定了 StorageClass，那么 PV 也需要指定相同的 StorageClass 名称。StorageClass 本质上在使用时依赖插件动态地配置 PV。例子中的插件 kubernetes.io/aws-ebs 是 AWS 的插件，这个插件需要依赖第三方插件或者由用户自行开发。

5.9　Kubernetes 实战

在 5.2 节，我们安装了一个 8 节点的 Kubernetes 集群，其中包括 3 个 Master 和 5 个 Node，部署了 Flannel 网络插件。第 4 章结合第 2 章和第 3 章的"抢购系统"案例，给出完整的"运行抢购系统运维功能"这一应用容器化案例。因此，本节在第 4 章的基础上进一步实战，把运行抢购系统运维功能的容器部署在 Kubernetes 集群，并实现多实例的高可用特性。

5.9.1　部署抢购系统运维功能的准备工作

第 3 章中实现了抢购系统运维功能，即监控端、数据中心和 ZooKeeper 的交互工作，监控端为提供者（Provider），数据中心为消费者（Consumer），数据中心需要定期请求监控端拉取指标数据，如图 5-11 所示。

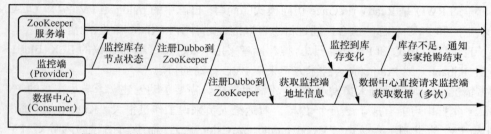

图 5-11　监控端、数据中心和 ZooKeeper 服务端的交互工作流程简化图

第 4 章在抢购系统运维功能的基础上进行 Docker 实战，把抢购系统运维功能运行到 Docker 上。本节将介绍如何将运行抢购系统运维功能的 Docker 容器部署到 8 节点的 Kubernetes 集群上。

第 4 章制作了监控端和数据中心的镜像，本节将在 Kubernetes 集群部署监控端和数据中心。数据中心 Pod 为 Consumer，监控端 Pod 为 Provider，监控端需要部署 3 个副本实例并分散在 3 个节点上面，ZooKeeper 继续使用开源镜像部署，如图 5-12 所示。

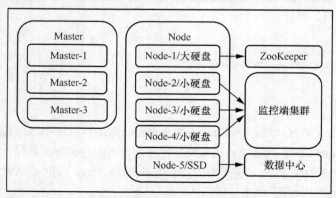

图 5-12　Kubernetes 集群部署监控端、数据中心和 ZooKeeper 的结构图

为了实现该部署方案，需要给每个 Node 创建标签：
```
[root]# kubectl label nodes node-1 disk=large
[root]# kubectl label nodes node-2 disk=small
[root]# kubectl label nodes node-3 disk=small
[root]# kubectl label nodes node-4 disk=small
[root]# kubectl label nodes node-5 disk=SSD
```
查看现有 Node 及标签时可以通过 --show-labels 选项将节点的标签显示出来：
```
[root]# kubectl get nodes --show-labels
NAME       STATUS   ROLES                  AGE     VERSION   LABELS
master-1   Ready    control-plane,master   3d22h   v1.22.0
beta.kubernetes.io/arch=amd64,beta.kubernetes.io/os=linux,kubernetes.io/arch=amd64,
kubernetes.io/hostname=master-1,kubernetes.io/os=linux,node-role.kubernetes.io/cont
rol-plane=,node-role.kubernetes.io/master=,node.kubernetes.io/exclude-from-external
-load-balancers=
master-2   Ready    master                 3d22h   v1.22.0
beta.kubernetes.io/arch=amd64,beta.kubernetes.io/os=linux,kubernetes.io/arch=amd64,kube
rnetes.io/hostname=master-2,kubernetes.io/os=linux,node-role.kubernetes.io/master=
master-3   Ready    master                 3d22h   v1.22.0
beta.kubernetes.io/arch=amd64,beta.kubernetes.io/os=linux,kubernetes.io/arch=amd64,kube
rnetes.io/hostname=master-3,kubernetes.io/os=linux,node-role.kubernetes.io/master=
node-1     Ready    node                   3d22h   v1.22.0
beta.kubernetes.io/arch=amd64,beta.kubernetes.io/os=linux,disk=large,kubernetes.io/arch=
amd64,kubernetes.io/hostname=node-1,kubernetes.io/os=linux,node-role.kubernetes.io/node=
node-2     Ready    node                   3d22h   v1.22.0
beta.kubernetes.io/arch=amd64,beta.kubernetes.io/os=linux,disk=small,kubernetes.io/arch=
amd64,kubernetes.io/hostname=node-2,kubernetes.io/os=linux,node-role.kubernetes.io/node=
node-3     Ready    node                   3d22h   v1.22.0
beta.kubernetes.io/arch=amd64,beta.kubernetes.io/os=linux,disk=small,kubernetes.io/arch=
amd64,kubernetes.io/hostname=node-3,kubernetes.io/os=linux,node-role.kubernetes.io/node=
node-4     Ready    node                   3d22h   v1.22.0
beta.kubernetes.io/arch=amd64,beta.kubernetes.io/os=linux,disk=small,kubernetes.io/arch=
amd64,kubernetes.io/hostname=node-4,kubernetes.io/os=linux,node-role.kubernetes.io/node=
node-5     Ready    node                   3d22h   v1.22.0
beta.kubernetes.io/arch=amd64,beta.kubernetes.io/os=linux,disk=SSD,kubernetes.io/arch=
amd64,kubernetes.io/hostname=node-5,kubernetes.io/os=linux,node-role.kubernetes.io/node=
```
出于安全目的，需要隔离系统安装的命名空间，执行如下命令，创建命名空间 myspace：
```
[root]# kubectl create namespace myspace
```
执行如下命令，查询所有命名空间：
```
[root]# kubectl get namespace
NAME              STATUS   AGE
default           Active   5d23h
kube-node-lease   Active   5d23h
kube-public       Active   5d23h
kube-system       Active   5d23h
myspace           Active   8m1s
```
接下来准备 Kubernetes 集群存储空间，这一部分通常可以使用网络存储资源，如 Google Compute Engine 持久盘卷、NFS 共享卷或 Amazon Elastic Block Store 卷等，本节为了突出重点，将创建一个 hostPath 类型的 PV 存储空间。hostPath 类型的 PV 使用节点上的文件或目录来模拟网络附加存储。PV 配置文件为 zk-pv.yaml，如代码清单 5-18 所示。

代码清单 5-18　PV 配置文件 zk-pv.yaml

```yaml
apiVersion: v1
kind: PersistentVolume
metadata:
  name: zk-pv
spec:
  storageClassName: manual
  capacity:
    storage: 10Gi
  accessModes:
    - ReadWriteOnce
hostPath:
path: "/pv/data"
```

执行如下命令，创建 PV：

```
[root]# kubectl apply -f zk-pv.yaml
```

执行如下命令，查询已经创建的 PV：

```
[root]# kubectl get pv
NAME    CAPACITY   ACCESS MODES   RECLAIM POLICY   STATUS      CLAIM   STORAGECLASS   REASON   AGE
zk-pv   10Gi       RWO            Retain           Available           manual                  7s
```

输出结果显示该 PV 的状态为 Available，这意味着它还没有被绑定给 PVC。接下来定义 PVC，配置文件为 zk-pvc.yaml，如代码清单 5-19 所示。

代码清单 5-19　PVC 配置文件 zk-pvc.yaml

```yaml
apiVersion: v1
kind: PersistentVolumeClaim
metadata:
  name: zk-pvc
  namespace: myspace
spec:
  storageClassName: manual
  accessModes:
    - ReadWriteOnce
  resources:
    requests:
      storage: 10Gi
```

PVC 是区分命名空间的，需要指定 namespace: myspace。执行如下命令，创建 PVC：

```
[root]# kubectl apply -f zk-pvc.yaml
```

执行如下命令，查询已经创建的 PVC：

```
[root]# kubectl get pvc -n myspace
NAME     STATUS   VOLUME   CAPACITY   ACCESS MODES   STORAGECLASS   AGE
zk-pvc   Bound    zk-pv    10Gi       RWO            manual         5s
```

输出结果显示该 PVC 的状态为 Bound，表示该卷已经绑定成功。再次查询之前使用如下命令创建的 PV：

```
[root]# kubectl get pv
NAME    CAPACITY   ACCESS MODES   RECLAIM POLICY   STATUS   CLAIM             STORAGECLASS   REASON   AGE
zk-pv   10Gi       RWO            Retain           Bound    myspace/zk-pvc    manual                  3m
```

此时，该 PV 的状态为 Bound，并且显示已经被 myspace/zk-pvc 绑定。注意，PV 不属于固定的命名空间，查询时不用指定命名空间。但是 PVC 属于指定的命名空间，查询时必须指定参数 -n myspace。

基于第 4 章已制作出的镜像，本节将制作部署模板，这里分成两部分：一部分是制作开源 ZooKeeper 镜像的部署模板，另一部分是制作监控端镜像和数据中心镜像的部署模板。

创建 ZooKeeper 的 Service 和 StatefulSet 部署模板，存储为 zk-statefulset.yml，如代码清单 5-20 所示。

代码清单 5-20　zk-statefulset.yml

```yaml
apiVersion: v1
kind: Service
metadata:
  name: zk-hs
  namespace: myspace
  labels:
    app: zk
spec:
  ports:
    - port: 2888
      name: server
    - port: 3888
      name: leader-election
  clusterIP: None
  selector:
    app: zk
---
apiVersion: v1
kind: Service
metadata:
  name: zk-cs
  namespace: myspace
  labels:
    app: zk
spec:
  ports:
    - port: 2181
      name: client
  selector:
    app: zk
---
apiVersion: apps/v1
kind: StatefulSet
metadata:
  name: zk
  namespace: myspace
spec:
  selector:
    matchLabels:
      app: zk
  serviceName: zk-hs
  replicas: 1
  emplate:
    metadata:
      labels:
```

```yaml
      app: zk
  spec:
    nodeSelector:
      disk: large
    containers:
    - name: zk
      image: zookeeper:3.7.0
      ports:
        - containerPort: 2181
          name: client
        - containerPort: 2888
          name: server
        - containerPort: 3888
          name: leader-election
      volumeMounts:
      - name: zk-data
        mountPath: /data
    volumes:
    - name: zk-data
      persistentVolumeClaim:
        claimName: zk-pvc
```

ZooKeeper 属于有状态应用,依赖磁盘挂载文件,这里使用 StatefulSet 部署模板管理,配置 PVC 为 zk-pvc。StatefulSet 生成的 Pod 具有唯一的标识,该标识包括顺序标识、稳定的网络标识和稳定的存储。该标识和 Pod 是绑定的,不管它被调度在哪个节点上。

Kubernetes 通过部署模板配置文件的 nodeSelector 属性来对节点进行选择,所以 ZooKeeper 的部署模板 spec 属性中增加了 nodeSelector 配置,用于匹配标签为 disk=large 的节点。这里创建了两个 Headless Service,用来暴露 ZooKeeper 服务端和选举功能的端口号。

创建监控端的部署模板,存储为 provider-deployment.yml,如代码清单 5-21 所示。

代码清单 5-21　provider-deployment.yml

```yaml
apiVersion: apps/v1
kind: Deployment
metadata:
  name: provider-deployment
  namespace: myspace
  annotations:
    kubernetes.io/change-cause: "provider.v1"
  labels:
    app: provider
spec:
  selector:
    matchLabels:
      app: provider
  replicas: 3
  template:
    metadata:
      labels:
        app: provider
    spec:
      nodeSelector:
        disk: small
```

```
            containers:
            - name: my-provider
              image: provider:1.0
              ports:
                - containerPort: 20880
              env:
              - name: zookeeper.address
                value: "zk-cs.myspace.svc.cluster.local"
```

provider-deployment.yml 文件通过配置 replicas: 3 实现 3 个副本实例，并且 spec 属性中增加了 nodeSelector 配置，用于匹配标签为 disk=small 的节点。

通过配置可以看出监控端配置了 zookeeper.address 环境变量，指定 ZooKeeper 服务端地址，配置值 zk-cs.myspace.svc.cluster.local 是 ZooKeeper Service 地址。启动监控端 Pod 时需要该环境变量，环境变量本质上对应 dubbo-provider.xml 文件的配置项。dubbo-provider.xml 文件内容请参考 3.2 节。

这里 kubernetes.io/change-cause 配置项 provider.v1 用于记录升级的版本信息，通常用于滚动升级失败执行回滚操作时提供参考信息。

部署模板通常用于部署无状态应用，这些应用可能需要连接数据库或者消息中间件，但是它们本身不依赖宿主机磁盘 Volume，Pod 重启时允许更换节点运行。

创建数据中心的 Job 部署模板，存储为 consumer-job.yml，如代码清单 5-22 所示。

代码清单 5-22　consumer-job.yml

```
apiVersion: batch/v1
kind: Job
metadata:
  name: consumer
  namespace: myspace
spec:
  template:
    spec:
      nodeSelector:
        disk: SSD
      restartPolicy: Never
      containers:
        - name: my-consumer
          image: consumer:1.0
          env:
          - name: zookeeper.address
            value: "zk-cs.myspace.svc.cluster.local"
```

consumer-job.yml 文件通过配置 kind: Job 实现一个副本实例，并且 spec 属性中增加了 nodeSelector 配置，用于匹配标签为 disk=SSD 的节点。

在抢购系统运维功能的使用场景下，我们会创建一个 Job 对象以便以可靠的方式运行数据中心 Pod 直到完成，Job 本质上是一次性任务。Job 会创建一个或者多个 Pod，当数据中心 Pod 失败或者被删除（如因为节点硬件失效或者重启）时，Job 对象会重新启动一个新的 Pod，直到指定数量的 Pod 成功为止。随着 Pod 运行成功，Job 跟踪记录成功完成的 Pod 个数。当数量达到指定的成功个数阈值时，任务结束。至此，抢购系统运维功能总共配置了两个 Service、一个 StatefulSet、一个 Deployment 和一个 Job 部署模板。

接下来，导入 4.3.1 节已制作的监控端和数据中心镜像，查看本地 Docker 仓库里的镜像：

```
[root]# docker images
REPOSITORY        TAG       IMAGE ID          CREATED          SIZE
provider          1.0       abe15972a425      15 hours ago     669MB
consumer          1.0       3b25609a7ecf      15 hours ago     669MB
zookeeper         3.7.0     043d5ff52cc5      10 days ago      278MB
```

执行如下命令，将 Docker 仓库里的镜像存储为磁盘文件：

```
[root]# docker save -o zookeeper-3.7.0.tar.gz zookeeper:3.7.0
[root]# docker save -o provider-1.0.tar.gz provider:1.0
[root]# docker save -o consumer-1.0.tar.gz consumer:1.0
```

将 zookeeper-3.7.0.tar.gz 复制到 Node-1 节点上，并在 Node-1 节点上执行如下命令，导入镜像：

```
[root]# docker load -i zookeeper-3.7.0.tar.gz
e8b689711f21: Loading layer [====================>]  83.86MB/83.86MB
2bf2b8c78141: Loading layer [====================>]  5.177MB/5.177MB
62763247decf: Loading layer [====================>]  3.584kB/3.584kB
260be32b4fb7: Loading layer [====================>]  142.8MB/142.8MB
250fbda29244: Loading layer [====================>]  342.5kB/342.5kB
26c1ee595d82: Loading layer [====================>]  13.51MB/13.51MB
687c937a7a70: Loading layer [====================>]  37.65MB/37.65MB
5a875239363b: Loading layer [====================>]  3.072kB/3.072kB
Loaded image: zookeeper:3.7.0
```

将 provider-1.0.tar.gz 分别复制到 Node-2、Node-3、Node-4 节点上，并在这些节点上分别执行如下命令，导入镜像：

```
[root]# docker load -i provider-1.0.tar.gz
a2ae92ffcd29: Loading layer  128.9MB/128.9MB
0eb22bfb707d: Loading layer  45.18MB/45.18MB
30339f20ced0: Loading layer  126.6MB/126.6MB
ce6c8756685b: Loading layer  1.404MB/1.404MB
a3483ce177ce: Loading layer  3.584kB/3.584kB
6ed1a81ba5b6: Loading layer  3.584kB/3.584kB
c3fe59dd9556: Loading layer  356.7MB/356.7MB
35c20f26d188: Loading layer  426kB/426kB
a682bc29afb0: Loading layer  25.93MB/25.93MB
Loaded image: provider:1.0
```

将 consumer-1.0.tar.gz 复制到 Node-5 节点上，并在 Node-5 节点上执行如下命令，导入镜像：

```
[root]# docker load -i consumer-1.0.tar.gz
a2ae92ffcd29: Loading layer  128.9MB/128.9MB
0eb22bfb707d: Loading layer  45.18MB/45.18MB
30339f20ced0: Loading layer  126.6MB/126.6MB
ce6c8756685b: Loading layer  1.404MB/1.404MB
a3483ce177ce: Loading layer  3.584kB/3.584kB
6ed1a81ba5b6: Loading layer  3.584kB/3.584kB
c3fe59dd9556: Loading layer  356.7MB/356.7MB
35c20f26d188: Loading layer  426kB/426kB
af19cfda2d0a: Loading layer  25.92MB/25.92MB
Loaded image: consumer:1.0
```

至此，所有准备工作已经完成。

5.9.2 在 Kubernetes 集群上运行抢购系统运维功能

为了在 Kubernetes 集群部署监控端、数据中心和 ZooKeeper，本节先创建 3 个配置文件，其中 Consumer 表示数据中心，Provider 表示监控端。在 Master 上执行如下命令，创建 ZooKeeper Pod：

```
[root]# kubectl apply -f zk-statefulset.yml
```

执行创建 ZooKeeper Pod 的命令后，可看到如下日志：

```
service/zk-hs created
service/zk-cs created
statefulset.apps/zk created
```

通过日志可以看出，Kubernetes 创建了两个 Service 和一个 StatefulSet 实例。

执行如下命令，查询 myspace 命名空间所有 Pod 状态：

```
[root]# kubectl get pods -n myspace -o wide
NAME   READY   STATUS    RESTARTS   AGE   IP          NODE
zk-0   1/1     Running   0          50s   10.244.3.2  node-1
```

此时 Pod 名称为 zk-0，末尾为自增序列，验证了 StatefulSet 生成的 Pod 具有唯一的标识。Pod 状态为 Running 表示运行正常，并且标签选择器已经生效，顺利地部署到 Node-1 节点。

执行如下命令，查询所有 StatefulSet 状态：

```
[root]# kubectl get sts -n myspace -o wide
NAME   READY   AGE   CONTAINERS   IMAGES
zk     1/1     11m   zk           zookeeper:3.7.0
```

执行如下命令，查询 ZooKeeper Pod 详情：

```
[root]# kubectl describe pod -n myspace zk-0
Name:         zk-0
Namespace:    myspace
Priority:     0
Node:         node-1/192.168.0.131
Start Time:   Wed, 01 Dec 2021 22:34:23 +0800
Labels:       app=zk
              controller-revision-hash=zk-6545fd6f47
              statefulset.kubernetes.io/pod-name=zk-0
Annotations:  <none>
Status:       Running
IP:           10.244.3.2
IPs:
  IP:         10.244.3.2
Controlled By: StatefulSet/zk
Containers:
  zk:
    Container ID: docker://d45cde123bf16cc997cf4c92e0358efcbb887c8121154f13c5aa258df04c04b9
    Image:        zookeeper:3.7.0
    Image ID:     docker-pullable://zookeeper@sha256:9580eb3dfe20c116cbc3c39a7d9e347d2e34367002e2790af4fac31208e18ec5
    Ports:        2181/TCP, 2888/TCP, 3888/TCP
    Host Ports:   0/TCP, 0/TCP, 0/TCP
    State:        Running
      Started:    Wed, 01 Dec 2021 22:34:53 +0800
    Ready:        True
    Restart Count: 0
    Environment:  <none>
    Mounts:
      /data from zk-data (rw)
      /var/run/secrets/kubernetes.io/serviceaccount from kube-api-access-f7bvc (ro)
Conditions:
```

```
Type                    Status
Initialized             True
Ready                   True
ContainersReady         True
PodScheduled            True
Volumes:
 zk-data:
    Type:         PersistentVolumeClaim (a reference to a PersistentVolumeClaim in the same namespace)
    ClaimName:    zk-pvc
    ReadOnly:     false
 kube-api-access-f7bvc:
    Type:                    Projected (a volume that contains injected data from multiple sources)
    TokenExpirationSeconds:  3607
    ConfigMapName:           kube-root-ca.crt
    ConfigMapOptional:       <nil>
    DownwardAPI:             true
QoS Class:           BestEffort
Node-Selectors:      disk=large
Tolerations:         node.kubernetes.io/not-ready:NoExecute op=Exists for 300s
                     node.kubernetes.io/unreachable:NoExecute op=Exists for 300s
Events:
 Type     Reason     Age    From               Message
 ----     ------     ----   ----               -------
 Normal   Scheduled  30s    default-scheduler  Successfully assigned myspace/zk-0 to node-1
 Normal   Pulling    29s    kubelet            Pulling image "zookeeper:3.7.0"
 Normal   Pulled     0s     kubelet            Successfully pulled image "zookeeper:3.7.0" in 29.022429396s
 Normal   Created    0s     kubelet            Created container zk
 Normal   Started    0s     kubelet            Started container zk
```

通过分析日志的 Events 模块可以看出，该 Pod 经历过如下几个操作：调度 Node-1 节点；拉取镜像文件，花费 29 s 成功拉取镜像；创建 Pod；成功启动 Pod。

执行如下命令，查询 Pod 内部 ZooKeeper 进程启动日志：

```
[root]# kubectl logs -f zk-0 -n myspace
ZooKeeper JMX enabled by default
Using config: /conf/zoo.cfg
2021-12-01 14:34:54,015 [myid:] -INFO  [main:QuorumPeerConfig@174] - Reading configuration from: /conf/zoo.cfg
2021-12-01 14:34:54,019 [myid:] - INFO  [main:QuorumPeerConfig@435] - clientPort is not set
2021-12-01 14:34:54,019 [myid:] -  INFO  [main:QuorumPeerConfig@448]- secureClientPort is not set
2021-12-01 14:34:54,019 [myid:] -  INFO  [main:QuorumPeerConfig@464] - observerMasterPort is not set
2021-12-01 14:34:54,021 [myid:] -INFO  [main:QuorumPeerConfig@481] - metricsProvider.className is org.apache.zookeeper.metrics.impl.DefaultMetricsProvider
…
#省略部分日志
…
2021-12-01 14:34:54,267 [myid:1]-INFO  [main:AbstractConnector@331] - Started ServerConnector@5bf0d49{HTTP/1.1, (http/1.1)}{0.0.0.0:8080}
2021-12-01 14:34:54,268 [myid:1]-INFO  [main:Server@415] - Started @781ms
2021-12-01 14:34:54,268 [myid:1]-INFO  [main:JettyAdminServer@181] - Started
```

```
AdminServer on address 0.0.0.0, port 8080 and command URL /commands
2021-12-01 14:34:54,272 [myid:1]-INFO   [main:ServerCnxnFactory@169] - Using
org.apache.zookeeper.server.NIOServerCnxnFactory as server connection factory
2021-12-01 14:34:54,272 [myid:1]-WARN   [main:ServerCnxnFactory@309] - maxCnxns is not
configured, using default value 0.
2021-12-01 14:34:54,273 [myid:1]-INFO   [main:NIOServerCnxnFactory@652] - Configuring
NIO connection handler with 10s sessionless connection timeout, 1 selector thread(s),
2 worker threads, and 64 kB direct buffers.
2021-12-01 14:34:54,281 [myid:1]-INFO   [main:NIOServerCnxnFactory@660] - binding to
port /0.0.0.0:2181
```

此时登录 Node-1 节点查询磁盘文件，可以发现 ZooKeeper 数据文件已被存储在磁盘上，路径是 zk-pv.yaml 文件配置的/pv/data：

```
[root]# tree /pv/data
/pv/data
├── myid
└── version-2
    └── snapshot.0

1 directory, 2 files
```

执行如下命令，查询 ZooKeeper Pod 的全限定域名（fully qualified domain name，FQDN）：

```
[root]# kubectl -n myspace exec zk-0 --hostname -f
zk-0.zk-hs.myspace.svc.cluster.local
```

执行如下命令，查询所有 Service：

```
[root]# kubectl -n myspace get svc
NAME    TYPE         CLUSTER-IP      EXTERNAL-IP   PORT(S)              AGE
zk-cs   ClusterIP    10.107.24.88    <none>        2181/TCP             2h
zk-hs   ClusterIP    None            <none>        2888/TCP,3888/TCP    2h
```

zk-hs Service 为所有 ZooKeeper Pod 创建了一个域 zk-hs.myspace.svc.cluster.local，这个域用于支持 ZooKeeper 群首选举。zk-cs Service 为所有 ZooKeeper Pod 创建了一个域 zk-cs.myspace.svc.cluster.local，这个域用于支持客户端访问 ZooKeeper 集群服务，它拥有虚拟 IP 地址 10.107.24.88。

然后执行如下命令，创建监控端 Pod：

```
[root]# kubectl apply -f provider-deployment.yaml --record=true
```

执行如下命令，查询 myspace 命名空间所有 ReplicaSet 状态：

```
[root]# kubectl get rs -n myspace
NAME                             DESIRED   CURRENT   READY   AGE
provider-deployment-58f6474bb8   3         3         3       5m
```

通过 ReplicaSet 状态，可以判断 Kubernetes 会创建 3 个监控端实例。ReplicaSet 确保任何时间都有指定数量的 Pod 副本在运行。与 ReplicaSet 相比，Deployment 是一个更高级的概念，它管理 ReplicaSet，并向 Pod 提供声明式的更新以及许多其他有用的功能。因此，建议使用 Deployment 而不是直接使用 ReplicaSet。

执行如下命令，查询 myspace 命名空间所有 Pod 状态：

```
[root]# kubectl get pods -n myspace -o wide
NAME                                       READY   STATUS    RESTARTS   AGE   IP            NODE
provider-deployment-58f6474bb8-5csmp       1/1     Running   0          8m    10.244.5.2    node-4
provider-deployment-58f6474bb8-jx6bv       1/1     Running   0          8m    10.244.4.2    node-2
provider-deployment-58f6474bb8-msn99       1/1     Running   0          8m    10.244.6.2    node-3
zk-0                                       1/1     Running   0          1d    10.244.3.3    node-1
```

共创建了 3 个监控端实例，分别部署在 3 个不同的节点上。每个 provider-deployment 的结尾由 ReplicaSet 的名称和随机数两部分构成。相同版本的 Pod 包含的 ReplicaSet 名称是一致的。

执行如下命令，查看监控端其中一个 Pod 的启动日志：

```
[root]# kubectl -n myspace logs -f provider-deployment-58f6474bb8-5csmp

  .   ____          _            __ _ _
 /\\ / ___'_ __ _ _(_)_ __  __ _ \ \ \ \
( ( )\___ | '_ | '_| | '_ \/ _` | \ \ \ \
 \\/  ___)| |_)| | | | | || (_| |  ) ) ) )
  '  |____| .__|_| |_|_| |_\__, | / / / /
 =========|_|==============|___/=/_/_/_/
 :: Spring Boot ::        (v2.2.9.RELEASE)
…
#省略部分日志
…
org.apache.zookeeper.ZooKeeper           : Initiating client connection,
connectString=zk-cs.myspace.svc.cluster.local:2181 sessionTimeout=60000
watcher=org.apache.curator.ConnectionState@f8c1ddd
2021-12-04 14:24:57.068  INFO 1 --- [           main]
o.a.c.f.imps.CuratorFrameworkImpl        : Default schema
2021-12-04 14:24:57.070  INFO 1 --- [ter.local:2181)]
org.apache.zookeeper.ClientCnxn          : Opening socket connection to server zk-
cs.myspace.svc.cluster.local/10.107.24.88:2181. Will not attempt to authenticate using
SASL (unknown error)
2021-12-04 14:24:57.071  INFO 1 --- [ter.local:2181)]
org.apache.zookeeper.ClientCnxn          : Socket connection established to zk-
cs.myspace.svc.cluster.local/10.107.24.88:2181, initiating session
2021-12-04 14:24:57.073  INFO 1 --- [ter.local:2181)]
org.apache.zookeeper.ClientCnxn          : Session establishment complete on server zk-
cs.myspace.svc.cluster.local/10.107.24.88:2181, sessionid = 0x100000066db0005,
negotiated timeout = 40000
2021-12-04 14:24:57.073  INFO 1 --- [ain-EventThread]
o.a.c.f.state.ConnectionStateManager     : State change: CONNECTED
2021-12-04 14:24:57.705  INFO 1 --- [           main]
org.apache.dubbo.samples.DubboProvider   : Started DubboProvider in 4.03 seconds (JVM
running for 4.768)
【dubbo service started】
```

通过日志可以看出监控端配置了 zookeeper.address 环境变量，指定 ZooKeeper 服务端地址，监控端已经将 zk-cs.myspace.svc.cluster.local:2181 解析为具体 IP 地址 10.107.24.88:2181。这个 IP 地址是 Service 的地址，可以通过执行 kubectl -n myspace get svc 命令查询。Started DubboProvider in 4.03 seconds 表示监控端已经启动成功。这里我们只查看监控端其中一个 Pod 的启动日志，其他两个操作方法相似。

接下来执行如下命令，创建数据中心 Pod：

```
[root]# kubectl apply -f consumer-job.yaml
```

执行如下命令，查询 myspace 命名空间所有 Pod 状态：

```
[root]# kubectl get pods -n myspace -o wide
NAME                                     READY  STATUS     RESTARTS  AGE  IP           NODE
consumer--1-t5np4                        0/1    Completed  0         14s  10.244.7.2   node-5
provider-deployment-58f6474bb8-5csmp     1/1    Running    0         1h   10.244.5.3   node-4
provider-deployment-58f6474bb8-jx6bv     1/1    Running    0         1h   10.244.4.3   node-2
provider-deployment-58f6474bb8-msn99     1/1    Running    0         1h   10.244.6.3   node-3
zk-0                                     1/1    Running    0         1d   10.244.3.4   node-1
```

Kubernetes 已经在 Node-5 节点创建了名称为 consumer--1-t5np4 的 Pod，状态为 Completed 表

示该 Job 已经执行完毕，READY 显示为 0/1 表示已经没有正在运行的 Pod 了，同时对应着 consumer-job.yaml 文件 restartPolicy: Never 配置项。

处于 Completed 状态的 Pod 还没有被 Kubernetes 销毁，此时依旧可以查询数据中心 Pod 日志：

```
[root]# kubectl -n myspace logs consumer--1-t5np4
  .   ____          _            __ _ _
 /\\ / ___'_ __ _ _(_)_ __  __ _ \ \ \ \
( ( )\___ | '_ | '_| | '_ \/ _` |  \ \ \ \
 \\/  ___)| |_)| | | | | || (_| |   ) ) ) )
  '  |____| .__|_| |_|_| |_\__, | / / / /
 =========|_|==============|___/=/_/_/_/
 :: Spring Boot ::        (v2.2.9.RELEASE)

…
#省略部分日志
…
org.apache.zookeeper.ZooKeeper           : Initiating client connection, connectString=zk-cs.myspace.svc.cluster.local:2181 sessionTimeout=60000 watcher=org.apache.curator.ConnectionState@794cb805
2021-12-05 04:50:52.059  INFO 1 --- [ter.local:2181)]
org.apache.zookeeper.ClientCnxn          : Opening socket connection to server zk-cs.myspace.svc.cluster.local/10.107.24.88:2181. Will not attempt to authenticate using SASL (unknown error)
2021-12-05 04:50:52.059  INFO 1 --- [           main]
o.a.c.f.imps.CuratorFrameworkImpl        : Default schema
2021-12-05 04:50:52.060  INFO 1 --- [ter.local:2181)]
org.apache.zookeeper.ClientCnxn          : Socket connection established to zk-cs.myspace.svc.cluster.local/10.107.24.88:2181, initiating session
2021-12-05 04:50:52.062  INFO 1 --- [ter.local:2181)]
org.apache.zookeeper.ClientCnxn          : Session establishment complete on server zk-cs.myspace.svc.cluster.local/10.107.24.88:2181, sessionid = 0x100000069460007, negotiated timeout = 40000
2021-12-05 04:50:52.062  INFO 1 --- [ain-EventThread]
o.a.c.f.state.ConnectionStateManager     : State change: CONNECTED
2021-12-05 04:50:53.152  INFO 1 --- [           main]
org.apache.dubbo.samples.DubboConsumer   : Started DubboConsumer in 4.412 seconds (JVM running for 5.164)
【MonitorService get data by dubbo】
【token】AABBCC
【监控端】监听到修改事件,path=/goods/stock,from=5,to=4
【监控端】监听到修改事件,path=/goods/stock,from=4,to=3
【监控端】监听到修改事件,path=/goods/stock,from=3,to=2
【监控端】监听到修改事件,path=/goods/stock,from=2,to=1
【监控端】监听到修改事件,path=/goods/stock,from=1,to=0
【监控端】即将移除分布式屏障
2021-12-05 04:50:53.220  INFO 1 --- [tor-Framework-0]
o.a.c.f.imps.CuratorFrameworkImpl        : backgroundOperationsLoop exiting
2021-12-05 04:50:53.224  INFO 1 --- [bboShutdownHook]
org.apache.zookeeper.ZooKeeper           : Session: 0x100000069460006 closed
2021-12-05 04:50:53.228  INFO 1 --- [ain-EventThread]
org.apache.zookeeper.ClientCnxn          : EventThread shut down for session: 0x100000069460006
```

通过数据中心 Pod 启动日志，可以看到末尾输出了监听到的数据日志。

至此所有 Pod 已经部署完毕，监控端的 3 个 Pod 把 Dubbo 接口和 IP 地址等信息注册到

ZooKeeper Pod 中，数据中心 Pod 在启动时注册自身实例到 ZooKeeper。双方都完成实例注册之后，数据中心通过 ZooKeeper 获取监控端地址和接口信息，数据中心请求监控端拉取数据，实现运维功能的拓展。完整的 Kubernetes 集群和抢购系统运维功能交互流程如图 5-13 所示。

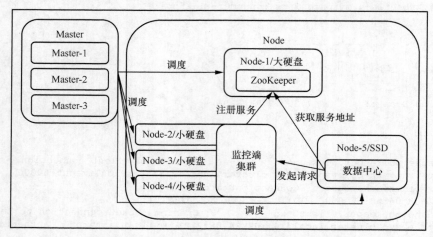

图 5-13 Kubernetes 集群和抢购系统运维功能交互流程

5.9.3 滚动升级实战

在 Kubernetes 集群部署抢购系统运维服务后，本节将深入实践 Kubernetes 滚动升级功能，实现监控端服务的缩容、扩容、滚动升级和升级失败回滚。

首先执行如下命令，查询 myspace 命名空间所有 Pod 状态：

```
[root]# kubectl get pods -n myspace -o wide
NAME                                      READY   STATUS      RESTARTS   AGE   IP           NODE
consumer--1-t5np4                         0/1     Completed   0          14s   10.244.7.2   node-5
provider-deployment-58f6474bb8-5csmp      1/1     Running     0          1h    10.244.5.3   node-4
provider-deployment-58f6474bb8-jx6bv      1/1     Running     0          1h    10.244.4.3   node-2
provider-deployment-58f6474bb8-msn99      1/1     Running     0          1h    10.244.6.3   node-3
zk-0                                      1/1     Running     0          1d    10.244.3.4   node-1
```

然后执行如下命令，查询监控端的 Deployment 模型状态：

```
[root]# kubectl get deployment provider-deployment -n myspace
NAME                  READY   UP-TO-DATE   AVAILABLE   AGE
provider-deployment   3/3     3            3           1h
```

此时监控端已经占用了 3 个实例，下面率先尝试对监控端实现缩容功能，将监控端实例缩容到一个：

```
[root]# kubectl scale deploy/provider-deployment --replicas=1 -n myspace
```

执行如下命令，查询监控端的 Deployment 模型状态：

```
[root]# kubectl get deployment provider-deployment -n myspace
NAME                  READY   UP-TO-DATE   AVAILABLE   AGE
provider-deployment   1/1     1            1           1h
```

此时 Deployment 需要的实例规模已经被调整为 1。

查询 myspace 命名空间所有 Pod 状态，此时只剩下 Node-3 节点的 Pod，其余 Pod 均已经被终止：

```
[root]# kubectl get pods -n myspace -o wide
NAME                                    READY   STATUS      RESTARTS   AGE   IP           NODE
consumer--1-t5np4                       0/1     Completed   0          10m   10.244.7.2   node-5
provider-deployment-58f6474bb8-msn99    1/1     Running     0          1h    10.244.6.3   node-3
zk-0                                    1/1     Running     0          1d    10.244.3.4   node-1
```

接下来，执行扩容命令：

```
[root]# kubectl scale deploy/provider-deployment --replicas=6 -n myspace
```

执行如下命令，查询监控端的 Deployment 模型状态：

```
[root]# kubectl get deployment provider-deployment -n myspace
NAME                   READY   UP-TO-DATE   AVAILABLE   AGE
provider-deployment    6/6     6            6           1h
```

此时 Deployment 需要的实例规模已经被调整为 6。

查询 myspace 命名空间所有 Pod 状态：

```
[root]# kubectl get pods -n myspace -o wide
NAME                                         READY   STATUS      RESTARTS   AGE   IP           NODE
consumer--1-t5np4                            0/1     Completed   0          18m   10.244.7.2   node-5
provider-deployment-58f6474bb8-22z7j         1/1     Running     0          9s    10.244.5.5   node-4
provider-deployment-58f6474bb8-4mqlc         1/1     Running     0          9s    10.244.4.5   node-2
provider-deployment-58f6474bb8-6qxkx         1/1     Running     0          9s    10.244.5.4   node-4
provider-deployment-58f6474bb8-msn99         1/1     Running     0          1h    10.244.6.3   node-3
provider-deployment-58f6474bb8-nf9f4         1/1     Running     0          9s    10.244.6.5   node-3
provider-deployment-58f6474bb8-r7x7h         1/1     Running     0          9s    10.244.4.4   node-2
zk-0                                         1/1     Running     0          1d    10.244.3.4   node-1
```

发现现在 Node-2、Node-3、Node-4 节点总共部署了 6 个监控端的 Pod，每个节点均匀分布两个 Pod。

执行如下命令，查看其中一个 Pod 的环境变量：

```
[root]# kubectl -n myspace exec provider-deployment-58f6474bb8-22z7j -- env
PATH=/usr/local/sbin:/usr/local/bin:/usr/sbin:/usr/bin:/sbin:/bin
HOSTNAME=provider-deployment-58f6474bb8-22z7j
zookeeper.address=zk-cs.myspace.svc.cluster.local
KUBERNETES_PORT_443_TCP_ADDR=10.96.0.1
ZK_CS_SERVICE_PORT_CLIENT=2181
ZK_CS_PORT_2181_TCP=tcp://10.107.24.88:2181
KUBERNETES_SERVICE_PORT_HTTPS=443
KUBERNETES_PORT_443_TCP=tcp://10.96.0.1:443
KUBERNETES_PORT=tcp://10.96.0.1:443
KUBERNETES_PORT_443_TCP_PROTO=tcp
KUBERNETES_SERVICE_HOST=10.96.0.1
KUBERNETES_SERVICE_PORT=443
ZK_CS_SERVICE_HOST=10.107.24.88
ZK_CS_PORT_2181_TCP_PROTO=tcp
ZK_CS_PORT=tcp://10.107.24.88:2181
ZK_CS_PORT_2181_TCP_PORT=2181
ZK_CS_PORT_2181_TCP_ADDR=10.107.24.88
KUBERNETES_PORT_443_TCP_PORT=443
ZK_CS_SERVICE_PORT=2181
LANG=C.UTF-8
JAVA_HOME=/usr/lib/jvm/java-8-openjdk-amd64
JAVA_VERSION=8u111
JAVA_DEBIAN_VERSION=8u111-b14-2~bpo8+1
CA_CERTIFICATES_JAVA_VERSION=20140324
```

```
myName=ChenTao
HOME=/root
```
Pod 的环境变量中包含两个自定义环境变量：zookeeper.address 是在 provider-deployment.yaml 文件中配置的，是 Pod 级别环境变量；myName 是在 Dockerfile 文件中配置的，是 Docker 容器级别环境变量。

接下来实现滚动升级的功能，修改 myName 环境变量为 newVersion：

```
[root]# kubectl set env deploy/provider-deployment myName=newVersion -n myspace
```

查看滚动升级的状态：

```
[root]# kubectl rollout status deployment provider-deployment -n myspace
deployment "provider-deployment" successfully rolled out
```

查询 myspace 命名空间所有 Pod 状态：

```
[root]# kubectl get pods -n myspace -o wide
NAME                                       READY   STATUS      RESTARTS   AGE   IP            NODE
consumer--1-t5np4                          0/1     Completed   0          1h    10.244.7.2    node-5
provider-deployment-bf897f44b-5glxq        1/1     Running     0          27s   10.244.4.6    node-2
provider-deployment-bf897f44b-9424z        1/1     Running     0          27s   10.244.6.6    node-3
provider-deployment-bf897f44b-9txxv        1/1     Running     0          26s   10.244.4.7    node-2
provider-deployment-bf897f44b-jvhvv        1/1     Running     0          25s   10.244.6.7    node-3
provider-deployment-bf897f44b-t2gxm        1/1     Running     0          27s   10.244.5.6    node-4
provider-deployment-bf897f44b-zgk9v        1/1     Running     0          26s   10.244.5.7    node-4
zk-0                                       1/1     Running     0          1d    10.244.3.4    node-1
```

此时所有 Pod 已经成功更新，更换了结尾随机数。下面继续检查 Pod 环境变量是否更新成功，执行如下命令，查看其中一个 Pod 的环境变量：

```
[root]# kubectl -n myspace exec provider-deployment-bf897f44b-5glxq -- env | grep my
zookeeper.address=zk-cs.myspace.svc.cluster.local
myName=newVersion
```

发现 Pod 里面的环境变量已经更新成功。这里 Pod 级别环境变量覆盖了 Docker 容器级别环境变量。

若升级后检测到版本存在问题，此时需要执行回滚操作回退到前一个版本。在执行回滚操作前，需要查询监控端服务的 Deployment 的历史版本：

```
[root]# kubectl rollout history deployment provider-deployment -n myspace
deployment.apps/provider-deployment
REVISION    CHANGE-CAUSE
1           provider.v1
2           <none>
```

provider.v1 是升级前的版本，该值对应 provider-deployment.yaml 文件的 kubernetes.io/change-cause 配置项，为滚动升级失败执行回滚操作提供参考信息。

对监控端的 Deployment 的环境变量进行修改，会创建一个 Deployment 版本快照，为数值 2。因为修改环境变量的操作是通过控制台执行 kubectl 命令实现的，所以对应的参考信息为 none。仅当 Deployment Pod 模板（spec.template）发生改变时，例如模板的标签或容器镜像被更新，才会触发 Deployment 滚动升级并记录版本快照。其他更新（如对 Deployment 执行扩容、缩容的操作）不会触发该操作。

回退版本时可通过使用选项 --to-revision 回滚到特定修订版本：

```
[root]# kubectl rollout undo deploy/provider-deployment --to-revision=1 -n myspace
```

回滚成功后，查询 myspace 命名空间中所有 Pod 状态：

```
[root]# kubectl get pods -n myspace -o wide
NAME                                       READY   STATUS      RESTARTS   AGE   IP           NODE
consumer--1-t5np4                          0/1     Completed   0          1h    10.244.7.2   node-5
provider-deployment-58f6474bb8-9qwbd       1/1     Running     0          32s   10.244.4.9   node-2
provider-deployment-58f6474bb8-cxzsf       1/1     Running     0          33s   10.244.4.8   node-2
provider-deployment-58f6474bb8-hlssr       1/1     Running     0          33s   10.244.6.8   node-3
provider-deployment-58f6474bb8-j46hj       1/1     Running     0          31s   10.244.5.9   node-4
provider-deployment-58f6474bb8-nl9v7       1/1     Running     0          33s   10.244.5.8   node-4
provider-deployment-58f6474bb8-vb8vs       1/1     Running     0          32s   10.244.6.9   node-3
zk-0                                       1/1     Running     0          1d    10.244.3.4   node-1
```

执行如下命令，查看其中一个 Pod 的环境变量是否已还原到历史版本：

```
[root]# kubectl -n myspace exec provider-deployment-58f6474bb8-9qwbd -- env | grep my
zookeeper.address=zk-cs.myspace.svc.cluster.local
myName=ChenTao
```

综上所述，本节深入实践 Kubernetes，实现了监控端的缩容、扩容、滚动升级和升级失败回滚。

第 6 章

Prometheus 指标监控与告警

随着信息化架构规模的日益扩大，当业务系统发生故障时，运维人员手动排查问题耗费时间长、影响范围大，业务系统故障原因难以定位。企业在注重硬件体系及应用体系建设的同时，还应重视监控运维体系的规划和建设。无论业务应用部署在传统物理机、虚拟机还是容器中，都离不开监控系统的建设，它是自动化运维的基础。

优秀的监控系统需要兼容各种硬件设备，具备稳定和高性能的特性。监控对象包括基础资源（如网络、存储、服务器 CPU、内存、I/O）监控、中间件监控、应用程序监控等。监控系统需要实时展现监控状态、性能状态，使得运维人员充分了解当前集群中真实的资源使用情况。在业务应用发生故障前，监控系统要预测异常发生概率，提前告警异常指标。在业务应用发生故障时，运维人员能够通过监控系统从多维度分析并定位故障点。

随着容器相关技术的发展，Prometheus 逐渐成为云平台标准的指标监控管理系统，它是一个开源的分布式集群监控告警解决方案。

6.1 Prometheus 基础

Prometheus 由 Go 语言编写而成，按照自定义周期，主动拉取监控指标信息，并提供多维度的数据模型和灵活的查询接口。

Prometheus 最初是在 SoundCloud 上构建的开源系统监控和告警工具包。自 2012 年发布以来，许多公司和组织都采用了 Prometheus 监控告警解决方案。Prometheus 项目拥有非常活跃的开发人员和用户社区。Prometheus 在 2016 年加入了云原生计算基金会，是继 Kubernetes 之后的第二个托管项目，独立于任何公司进行维护。

6.1.1 Prometheus 特性

Prometheus 作为分布式集群监控告警解决方案，通过周期性主动拉取监控目标上的 HTTP 端点来收集监控指标信息。Prometheus 把指标信息存入本地时序数据库，通过自定义阈值进行比较，触发告警通知。

Prometheus 有如下 8 个特性，如图 6-1 所示。

（1）多维数据模型：Prometheus 实现了多维数据模型，使用时序数据库，时间序列由指标名称和一组键值对标识。

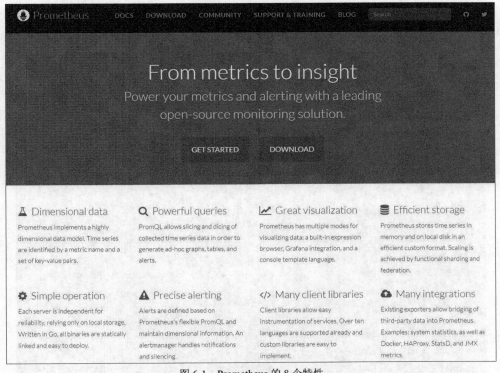

图 6-1 Prometheus 的 8 个特性

（2）强大的查询功能：Prometheus 查询语言（Prometheus query language，PromQL）内置多种函数处理方法。通过 PromQL 语句能够制作友好的监控视图。例如，PromQL 允许对收集到的时间序列数据进行切片，以生成指定的图形、表和告警等。

（3）出色的可视化功能：Prometheus 提供了多种数据可视化模式，包括内置表达式查询模式、Grafana 集成模式和控制台模板语言查询模式。Grafana 可视化界面如图 6-2 所示。

（4）高效的存储：Prometheus 以高效的自定义格式将指标信息存储在内存和本地时序数据库中。Prometheus 采集的指标有明显的特点：一次性写入，多次读取，通常不会修改或更新，数据流持续平稳，不会出现大幅波动。Prometheus 采用了时序数据库，能更好地适应指标采集的场景。传统关系数据库通常采用 B+树数据模型，时序数据库通常采用 LSM 树数据模型。时序数据库存储容量大、数据压缩比高，支持高吞吐量及高并发的数据存储。

（5）简单的操作：每个 Prometheus 服务端实例的可靠性都是独立的，仅依赖于本地存储。Prometheus 组件基于 Go 语言编写，生成的二进制格式文件都是静态资源，易于部署。Prometheus 安装包是区分操作系统的。

（6）精确的告警：Prometheus 告警是基于灵活的 PromQL 定义的，Prometheus 统一维护配置信息。告警管理器（Alertmanager）处理告警通知并消除告警。

（7）丰富的客户端库：Prometheus 社区提供了多样的客户端库，使用不同语言开发的业务应用都能支持指标监控。客户端库支持十多种语言，并且用户可以实现自定义客户端库。

（8）完善的生态圈：Prometheus 允许桥接第三方数据。例如系统统计信息、Docker、HAProxy、StatsD 和 JMX 指标等。

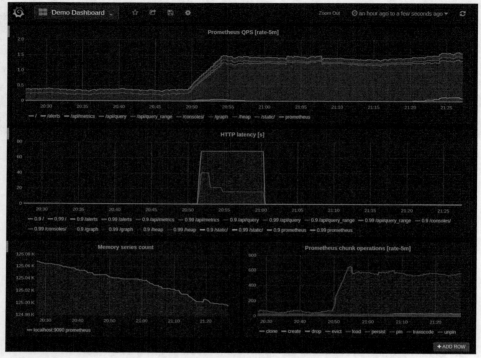

图 6-2　Grafana 可视化界面

Prometheus 监控中心周期性从监控组件中拉取指标数据，或通过 Pushgateway 网关接收监控组件发送过来的指标信息。Prometheus 与监控组件和 Pushgateway 网关通过 HTTP 对接数据。Prometheus 将采集到的样本数据进行预处理（relabel、replace、keep、drop 等）过滤或修改样本维度，并以时间序列的格式压缩后存储在本地。它可以在每个周期内触发告警，如果查询到符合告警规则的数据，则生成告警并推送告警。

Prometheus 时序数据库擅长记录数据流平稳的指标信息，它既适合监控物理机或虚拟机，也适合监控 Docker 容器或业务应用。Prometheus 的所有设计都能保证可靠性，用户在停机期间能够快速诊断问题。每台 Prometheus 服务端都是独立的，不依赖于网络存储或其他远程服务。即使在业务系统故障情况下，用户通过 Prometheus 依然可以查看业务系统有哪些可用的统计信息。

Prometheus 不支持事务的关系数据库，用户不应该依赖 Prometheus 统计的数据进行精准计算。如果用户需要 100% 的准确性，例如按请求计费，那么 Prometheus 可能不是一个好的选择，因为 Prometheus 收集的数据可能不够详细和完整。在这种情况下，最好使用其他系统来收集和分析用于计费的数据，并使用 Prometheus 进行监控。

Prometheus 架构如图 6-3 所示。

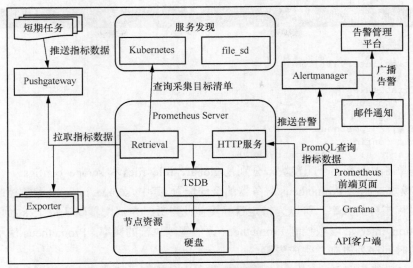

图 6-3 Prometheus 架构

如图 6-3 所示，Prometheus 系统由 Prometheus Server、Exporter、Pushgateway、Alertmanager、PromQL 等多个组件组成。

- Prometheus Server 是用于拉取指标、存储时间序列数据的组件。其自身包含 3 个组件，分别是 Retrieval、TSDB、HTTP 服务。Retrieval 负责定时在目标上拉取指标信息，每个拉取目标需要提供一个 HTTP 服务接口。Prometheus 的这种主动拉取指标的方式被称为 Pull（拉取），市面上还有一些监控系统采用了 Push（推送）方式接收监控指标。TSDB 是开源时序数据库，负责持久化指标数据。HTTP 服务主要用于对外提供访问接口。
- Exporter 是用于暴露指标让 Prometheus 任务来拉取的组件。Prometheus 借助 Exporter 进行指标采集工作，Exporter 本身属于客户端，并且 Exporter 可以对客户端数据进行简单的处理和缓存。Exporter 服务需要业务人员自己开发并维护，Exporter 本质上是一个暴露 HTTP 端口的微服务。
- Pushgateway 是以推送方式将指标数据推送到网关的组件。业务可以主动推送指标数据到 Pushgateway 代理，Prometheus Server 服务定时去 Pushgateway 上拉取缓存的指标数据。
- Alertmanager 是用于处理告警的组件。Prometheus 支持主动推送告警信息到 Alertmanager。Alertmanager 提供了灵活的告警方式，支持通过邮件、Slack 等途径推送告警信息。Alertmanager 默认支持 Gossip 协议，该协议可以有效防止重复告警。
- PromQL 是用于查询指标数据的组件。PromQL 是 Prometheus 自己开发的查询语言，内置多种函数处理方法。通过 PromQL 语句能够制作友好的监控视图。

6.1.2 Prometheus 使用方式

使用 Prometheus 之前，需要先了解它的配置方式。Prometheus 配置文件是 YAML 格式。Prometheus 官网下载文件中提供了一个示例配置文件 prometheus.yml，如代码清单 6-1 所示。

代码清单 6-1　Prometheus 示例配置

```
global:
  scrape_interval: 15s
  evaluation_interval: 15s
rule_files:
  # - "first.rules"
  # - "second.rules"
scrape_configs:
- job_name: 'prometheus'
    static_configs:
      - targets: ['localhost:9090']
```

在代码清单 6-1 中有 3 个配置块，分别是 global、rule_files 和 scrape_configs。

- global 模块控制着 Prometheus 服务器的全局配置。其中，scrape_interval 参数控制 Prometheus 拉取目标指标的频率，可以为特定目标覆盖此参数。全局配置默认每 15 s 拉取一次指标。evaluation_interval 参数控制 Prometheus 评估规则执行的频率。Prometheus 使用评估规则创建新的时间序列机制并生成告警。
- rule_files 模块指定 Prometheus 服务端加载自定义规则详情或自定义规则配置文件的地址。
- scrape_configs 模块设置 Prometheus 监控资源的目标地址。由于 Prometheus 还将自身作为 HTTP 端点公开指标数据，因此它可以拉取并监控自身的运行状况。在默认配置中，有一个名为 prometheus 的作业，它对 Prometheus 服务端公开的指标数据进行处理。该作业包含一个静态配置地址，即本地主机上的 9090 端口。Prometheus 期望在路径为/metrics 的目标上拉取指标。因此，这个默认作业通过 URL http://localhost:9090/metrics 进行拉取。

如果用户需要创建新的配置文件启动 Prometheus，可以切换到包含 Prometheus 二进制格式文件的目录并执行：

```
[root]# ./prometheus --config.file=prometheus.yml
```

Prometheus 成功启动后，用户能够在 http://localhost:9090 地址浏览到关于 Prometheus 自身状态的页面。用户首次打开该页面，需要等待大约 30 s 的时间，Prometheus 从它自身的 HTTP 端点收集指标数据。用户可以通过请求 Prometheus 自身的指标端点 http://localhost:9090/metrics，验证 Prometheus 是否提供了关于它自身的指标。

6.1.3　Prometheus 部署在 Docker

Prometheus 官方提供了适配各种操作系统的 Prometheus 安装包，并且所有 Prometheus 服务都可以在 Docker 上作为 Docker 镜像使用。用户可以在 Docker 官方仓库下载 Prometheus 镜像。

在 Docker 上运行 Prometheus，只需要执行 docker run -p 9090:9090 prom/Prometheus 命令。该命令将以默认配置启动 Prometheus，并将其公开在端口 9090 上。

Prometheus 镜像使用 Docker 的 Volume 存储实际指标数据。对于生产环境，建议使用独立 Volume 来简化 Prometheus 的数据管理。

在 Docker 中执行如下命令，启动 Prometheus 容器：

```
[root]# docker run \
        -p 9090:9090 \
```

```
            -v /path/to/prometheus.yml:/etc/prometheus/prometheus.yml \
            prom/prometheus
```
如果用户对 Prometheus 功能进行定制化的修改，也可以自己创建镜像，把配置文件打包到镜像里面。使用 Prometheus 配置创建一个新目录，Dockerfile 如下：
```
FROM prom/prometheus
ADD prometheus.yml /etc/prometheus/
```
执行如下命令，构建并运行自定义的 Prometheus 容器：
```
[root]# docker build -t my-prometheus .
[root]# docker run -p 9090:9090 my-prometheus
```
Prometheus 支持动态配置，动态配置可使用第三方配置管理系统实现，如 Ansible、Chef、Puppet、SaltStack 等。Prometheus 通过命令行参数和配置文件进行配置。要查看所有可用的命令行参数，可以执行./prometheus -h。尽管命令行参数可能配置了不可变的系统参数（例如存储位置、要保留在磁盘和内存中的数据量等），但配置文件可以扩展配置动态参数。Prometheus 配置文件定义了拉取作业及其实例相关的所有内容，以及加载哪些规则文件。

Prometheus 可以在运行时重新加载配置。如果重新配置的格式不正确，更改将不会生效。如果用户需要热加载配置文件，必须提前增加 Prometheus 启动参数（例如启动命令为./prometheus --web.enable-lifecycle），开启热加载配置的功能。开启热加载功能后，用户可以通过向/-/reload 端点发送 POST 请求（例如 curl –X POST http://localhost:9090/-/reload 命令）来触发配置重载，重载时也需要重新加载所有已配置的规则文件。

6.1.4 Prometheus 部署在 Kubernetes

随着云计算的发展，很多公司已经逐步把业务迁移到 Kubernetes 集群中，Kubernetes 和 Prometheus 均是从属于云原生计算基金会的项目，因而 Prometheus 对 Kubernetes 有先天支持的优势。Prometheus 不仅在拉取指标设计上完美兼容 Kubernetes 平台，还在 Go 语言代码层面原生支持 Kubernetes 平台。Prometheus 部署在 Kubernetes 平台的架构图如图 6-4 所示。

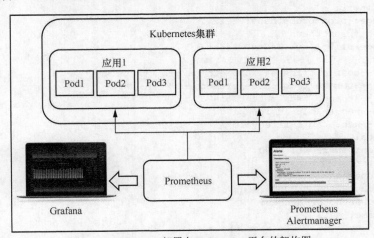

图 6-4 Prometheus 部署在 Kubernetes 平台的架构图

如图 6-4 所示，Prometheus 监控系统可以对 Kubernetes 集群的每个 Pod 节点进行指标采集，把采集后的指标数据存储在本地。Prometheus 支持指标查询和 Grafana 前端页面图形化显示。Prometheus 告警组件 Alertmanager 可以根据指标采集结果实时推送告警信息。

把 Prometheus 部署在 Kubernetes 上和部署在 Docker 上的原理是相似的，本节仅以 Prometheus 部署在 Kubernetes 平台为例。用户需要提前准备配置文件，把 prometheus.yml 配置文件制作成 Kubernetes 的 ConfigMap：

```yaml
apiVersion: v1
kind: ConfigMap
metadata:
  name: prometheus-config
data:
  prometheus.yml: |
    global:
      scrape_interval: 15s
      scrape_timeout: 15s
    scrape_configs:
    - job_name: 'prometheus'
      static_configs:
      - targets: ['localhost:9090']
```

然后创建 Prometheus 所需 Pod 资源的部署模板：

```yaml
apiVersion: extensions/v1beta1
kind: Deployment
metadata:
  name: prometheus
  labels:
    app: prometheus
spec:
  template:
    metadata:
      labels:
        app: prometheus
    spec:
      containers:
      - image: prom/prometheus:v2.22.1
        name: prometheus
        imagePullPolicy: IfNotPresent
        args:
        - "--config.file=/etc/prometheus/prometheus.yml"
        - "--storage.tsdb.path=/prometheus"
        - "--storage.tsdb.retention=7d"
        - "--web.enable-admin-api"
        - "--web.enable-lifecycle"
        ports:
        - containerPort: 9090
          name: http
        volumeMounts:
        - mountPath: "/prometheus"
          subPath: prometheus
          name: data
        - mountPath: "/etc/prometheus"
          name: config
        resources:
```

```yaml
        requests:
          cpu: 1000m
          memory: 2Gi
        limits:
          cpu: 1000m
          memory: 2Gi
  securityContext:
    runAsUser: 0
  volumes:
  - name: config
    configMap:
      name: prometheus-config
  - name: data
    persistentVolumeClaim:
      claimName: prometheus
```

最后，在 Kubernetes 平台上面创建 Deployment 并自动部署 Prometheus 实例，完成 Prometheus 部署。

6.2　Prometheus 指标概念

每种监控系统都有对指标的定义和规范，指标的数据格式直接影响指标的采集和存储，用户在定义指标时需要充分考虑可理解性和扩展性。本节主要介绍 Prometheus 指标的定义、分类和实践。

6.2.1　Prometheus 指标名称

Prometheus 业务指标的自定义格式由两部分构成：指标名称和标签。指标名称用于定义指标的含义，可以包含 ASCII、字母和数字，以及下划线和冒号，且指标名称必须匹配正则表达式：

```
[a-zA-Z_:][a-zA-Z0-9_:]*
```

标签用于定义指标的维度特征，也可以体现过滤某种特征值。标签以标签名和标签值组成的键值对的形式表示，可包含任何 Unicode 字符。相同的指标名称允许匹配不同的标签，标签值为空的标签等同于不存在标签。下面举例介绍合理的指标名称和标签：

```
#HELP demo_help
#TYPE demo_type gauge
http_requests_total{method="POST"} 11
http_requests_total{method="GET"} 33
http_requests_total{method="DELETE"} 22
user_total 20
user_classification{age="22",equipment="1",address="a"} 10
user_classification{age="22",equipment="0",address="b"} 10
```

如上述代码所示，# HELP 表示指标描述信息，# TYPE 表示指标类型，接下来就是具体指标信息。指标名称为 http_requests_total 的指标可以利用标签方式区分 3 个维度，请求方式 method 分别为 POST、GET、DELETE。指标名称为 user_total 的指标不携带标签，表示用户总数为 20。指标名称为 user_classification 的指标携带多个标签，用于精确分类用户。

指标名称必须符合有效的数据模型。指标名称应具有与指标所属域相关的应用程序前缀。对于特定应用程序的指标名称，前缀通常是应用程序名称。例如，客户端上报的标准化指标名称如表 6-1 所示。

表 6-1 客户端上报的标准化指标名称的示例

指标名称	描述
prometheus_notifications_total	特指 Prometheus 服务端通知总和
process_cpu_seconds_total	进程占用 CPU 总时间（单位为 s）
http_request_duration_seconds	所有 HTTP 请求时间（单位为 s）

指标名称应具有以复数形式描述单位的后缀。累计计数的指标名称以 total 作为后缀，附加在单位之后，如表 6-2 所示。

表 6-2 指标名称单位和后缀的示例

指标名称	描述
http_request_duration_seconds	所有 HTTP 请求时间（单位为 s）
node_memory_usage_bytes	节点内存占用字节
http_requests_total	所有 HTTP 请求时间，无单位累计计数
process_cpu_seconds_total	进程占用 CPU 总时间（单位为 s），有单位累计计数
foobar_build_info	提供正在运行的二进制格式文件的元数据的指标

使用标签来区分被测事物的特征。不可以将标签名称放在指标名称中，因为这会引入冗余，并且在各个标签汇总时会引起混淆。用户应该在所有标签维度中表示相同的监控逻辑，如要求期限、数据传输字节、瞬时资源使用率（百分比）等。特定指标所有维度上的 sum() 或 avg() 都应该是有意义的。如果没有意义，则应将数据分解为多个指标。使用标签来区分被测事物特征的示例如表 6-3 所示。

表 6-3 使用标签来区分被测事物特征的示例

指标名称和标签	描述
api_http_requests_total{ operation =" create " }	区分请求类型：operation="create|update|delete"
api_http_requests_total{ operation =" update " }	
api_http_requests_total{ operation =" delete " }	
api_request_duration_seconds{ stage =" extract " }	区分请求阶段：stage="extract|transform|load"
api_request_duration_seconds{ stage =" transform " }	
api_request_duration_seconds{ stage =" load " }	

每个键值对的标签组合都代表一个新的时间序列，以显著增加存储的数据量。不要使用标签来存储具有高维度的值，如用户 ID、电子邮件地址或其他无界值集等。

指标名称必须有一个单位，且应使用基本单位，例如 s、B、m，而不是 ms、MB、km。Prometheus 没有任何数据单位的编码要求。为了获得更好的兼容性，应使用基本单位。常用的指标名称及其基本单位如表 6-4 所示。

表 6-4 常用的指标名称及其基本单位

指标名称	基本单位	描述
时间	seconds	单位为 s
温度	celsius	摄氏温度优于热力学温度。在色温或温度必须为绝对值的特殊情况下，Kelvin 可以用作基本单位
长度	metres	单位为 m
字节数	bytes	为了避免混淆不同的指标名称，请始终使用 bytes，即使"位"看起来更常见
百分比	ratio	值范围为 0~1（而不是 0~100）。ratio 仅用作名称之类的后缀，如 disk_usage_ratio
电压	volts	单位为 V
电流	amperes	单位为 A
功率	watts	最好输出一个焦耳计数器，然后 rate(watts[5m]) 以 W 为单位提供功率
重量	grams	为避免千克前缀出现问题，克数优先于千克数

6.2.2 Prometheus 指标类型

Prometheus 客户端库提供了 4 种指标类型，这些指标类型仅在客户端库提供，指标数据由客户端计算和汇总。Prometheus 服务端尚未使用类型信息，而是将所有数据展平为纯数值的指标数据。

（1）计数器（counter）。计数器代表一个累积指标，是单调递增计数器，只能在客户端重启时归零。例如，可以使用计数器来计算服务请求次数、已完成任务或错误的数量等。不要使用计数器显示可以减小的值。例如，请勿使用计数器显示当前正在运行的进程数，而应使用数值。

（2）数值（gauge）。数值为单个数值，通常用于表示测量值这类可以任意地上升和下降的指标，如温度或当前的内存使用情况；还用于表示可能上升和下降的"计数"，如当前并发请求数。

（3）直方图（histogram）。直方图利于统计样本观察值和计数，还提供所有观察值的总和。例如请求持续时间或响应时长。直方图数据是累积的，和数值类型完全不一样。如下为 3 个示例。

- 观察桶的累积计数器，如<basename>_bucket{le="<upper inclusive bound>"}。
- 所有观察值的总和，如<basename>_sum。
- 已观察到的事件的计数，如<basename>_count（等同于<basename>_bucket{le="+Inf"}）。

（4）汇总（summary）。类似于直方图类型，汇总会汇总观察值，通常用于表示请求持续时间和响应时长之类的指标。汇总除了提供观测对象的总数和所有观测值的总和，还可以计算滑动时间窗口内的指标。如下为 3 个示例。

- 滑动时间窗口内（$0 \leqslant \phi \leqslant 1$）观察到的事件，例如<basename>{quantile="<ϕ>"}。
- 所有观察值的总和，例如<basename>_sum。
- 已观察到的事件的计数，例如<basename>_count。

6.3 Prometheus 监控

6.1.4 节介绍了 Prometheus 结合 Kubernetes 进行容器监控的部署形态，本节介绍 Prometheus 在容器集群中监控的具体实现。

6.3.1 监控 Kubernetes 集群节点

Kubernetes 集群节点的指标监控主要涉及节点 CPU、内存、磁盘、网络带宽等指标。用户需要自行开发 node_exporter 进程用于采集节点指标数据，通常这类采集指标的进程被称为 Exporter。Prometheus 官方提供了 Exporter 的 Demo，用户可以在 GitHub 上 Prometheus 的官方仓库中搜索找到 node-exporter 项目，如图 6-5 所示。

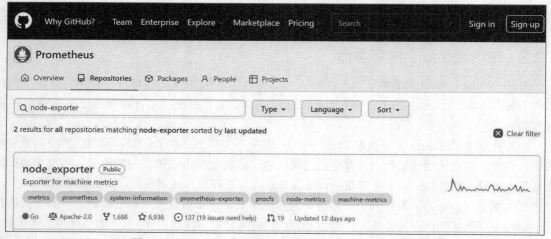

图 6-5　GitHub 上 Prometheus 官方仓库的 node_exporter 项目

Prometheus 将它拉取的指标的数据源称为端点。为了拉取这些端点的数据，Prometheus 定义了一个目标，这个目标包含拉取数据所必需的信息，如目标的标签、建立连接所需的身份验证，或者其他定义数据拉取的信息。由若干目标构成的集合称为作业（job），作业里每个目标都有一个名为实例（instance）的标签，用来唯一标识这个目标。

如果 Prometheus 拉取的数据的目标标签与服务端本地标签发生同名冲突，则根据 honor_labels 配置进行标签覆盖。

Prometheus 官方提供了 Prometheus Exporter 程序，用于采集硬件和操作系统指标。该程序使用 Go 语言开发指标收集器，同时也支持 Windows 操作系统。如果用户要采集 NVIDIA GPU 指标，可以使用 prometheus-dcgm 组件。

Prometheus Exporter 通过调用操作系统的指标收集器实现指标采集，每种操作系统对指标收集器的支持各不相同。表 6-5 中列出了常用的指标收集器及其支持的系统。

表 6-5 常用的指标收集器及其支持的系统

名称	描述	支持的系统
cpu	CPU 统计数据	Darwin、Dragonfly、FreeBSD、Linux、Solaris
cpufreq	CPU 频率统计信息	Linux、Solaris
diskstats	磁盘 I/O 统计信息	Darwin、Linux、OpenBSD
filesystem	文件系统统计信息，如所使用的磁盘空间	Darwin、Dragonfly、FreeBSD、Linux、OpenBSD
ipvs	IPVS 状态来自/proc/net/ip_vs，stats 来自/proc/net/ip_vs_stats	Linux
meminfo	内存统计信息	Darwin、Dragonfly、FreeBSD、Linux、OpenBSD
netdev	网络接口统计数据，如传输的字节数	Darwin、Dragonfly、FreeBSD、Linux、OpenBSD
netstat	来自/proc/net/netstat 的网络统计信息，这些信息与 netstat -s 相同	Linux
nfs	从/proc/net/rpc/nfsd 公开 NFS 内核服务器统计信息。这与 nfsstat -s 信息相同	Linux
pressure	从/proc/pressure/处公开的压力统计数据	Linux
sockstat	公开来自/proc/net/sockstat 的各种统计数据	Linux
time	当前系统时间	Linux
uname	由 uname 系统调用提供的系统信息	Darwin、FreeBSD、Linux、OpenBSD

除了参考官方提供的 Prometheus Exporter，用户也可以自行选择其他编程语言开发自定义 node-exporter 进程。完成 node-exporter 进程开发后，有两种部署方式。第一种部署方式是用户直接在每个节点上面运行 node-exporter 进程。这种情况下，node-exporter 进程将能直接采集到主机节点上的数据，不需要分配额外的权限。缺点是如果集群新增节点，用户需要做额外的部署操作或者开发自动化脚本。

第二种部署方式是用户通过 Dockerfile 把 node-exporter 进程打包成镜像文件，托管给 Kubernetes 集群管理。如果用户通过 Kubernetes DaemonSet 控制器部署 node-exporter Pod，可以保证每个节点只运行一个 node-exporter Pod 实例。后续从集群节点中添加或删除节点时，Kubernetes 也会自动扩展或收缩 Pod 实例。DaemonSet 模型在默认配置下并没有访问主机节点指标的权限，用户需要额外配置参数启动用于主机监控的 Pod，需指定 path.rootfs 参数。该参数必须与主机根目录的 bind-mount 中的路径匹配。node-exporter 将 path.rootfs 用作访问主机文件系统的前缀。

以 DaemonSet 部署 node-exporter 为例，如代码清单 6-2 所示。

代码清单 6-2 DaemonSet 部署 node-exporter 示例

```
apiVersion: extensions/v1beta1
kind: DaemonSet
metadata:
  name: node-exporter
  labels:
```

```yaml
      name: node-exporter
  spec:
    template:
      metadata:
        labels:
          name: node-exporter
      spec:
        hostPID: true
        hostIPC: true
        hostNetwork: true
        containers:
        - name: node-exporter
          image: prom/node-exporter:v0.18.0
          ports:
          - containerPort: 8080
          resources:
            requests:
              cpu: 0.15
          securityContext:
            privileged: true
          args:
          - --path.procfs
          - /host/proc
          - --path.sysfs
          - /host/sys
          - --collector.filesystem.ignored-mount-points
          - '"^/(sys|proc|dev|host|etc)($|/)"'
          volumeMounts:
          - name: dev
            mountPath: /host/dev
          - name: proc
            mountPath: /host/proc
          - name: sys
            mountPath: /host/sys
          - name: rootfs
            mountPath: /rootfs
        volumes:
          - name: proc
            hostPath:
              path: /proc
          - name: dev
            hostPath:
              path: /dev
          - name: sys
            hostPath:
              path: /sys
          - name: rootfs
            hostPath:
              path: /
```

如代码清单 6-2 所示，由于 node-exporter 需要获取主机的监控指标数据，而 node-exporter 运行在容器中，因此需要在 DaemonSet 中配置 Pod 安全策略。示例中添加了 hostPID: true、hostIPC: true、hostNetwork: true 这 3 个策略，用以支撑 DaemonSet 使用主机的 PID、IPC 以及主机网络等权限。

在代码清单 6-2 中，采集的节点数据很多都是通过直接读取主机文件夹下面的配置文件来获取的，因而用户还需要将主机的/dev、/proc、/sys 等目录挂载到容器中。例如，node-exporter 使用 top 命令查看当前主机 CPU 使用情况，指标数据来源于/proc/stat 文件；使用 free 命令查看当前主机内存使用情况，指标数据来源于/proc/meminfo 文件。

DaemonSet 配置文件 node-exporter.yaml 准备就绪后，执行 Kubernetes 命令创建 DaemonSet 实例：

```
[root]# kubectl -n kube-system apply -f node-exporter.yaml
```

如上述命令所示，由于 DaemonSet 已经配置了 hostNetwork=true，因此每个节点都会绑定一个 containerPort: 8080 端口，后续 Prometheus 通过这个端口采集监控指标数据。

DaemonSet 部署完成后，用户需要配置 Prometheus Node 的服务发现模式，该模式只需更改 prometheus.yml 文件中配置的 job 任务：

```
- job_name: 'kubernetes-nodes'
  kubernetes_sd_configs:
  - role: node
  relabel_configs:
  - source_labels: [__address__]
    regex: '(.*):10250'
    replacement: '${1}:8080'
    target_label: __address__
    action: replace
  - action: labelmap
    regex: __meta_kubernetes_node_label_(.+)
```

如上述代码所示，这里的 role: node 配置项表示启用 Node 的服务发现模式，在该模式下，Prometheus 会自动发现节点的 node-exporter 进程并进行采集。这种动态服务发现模式共有 5 种：Node、Pod、Service、Endpoints、Ingress。当然这种模式需要结合 Kubernetes API 使用，不适用只部署 Prometheus 的场景。

6.3.2　第三方厂商提供的 Exporter

也可以使用第三方厂商提供的节点 Exporter 采集主机指标，使用起来更加方便，例如在 CentOS、RHEL、Fedora 系统中使用第三方厂商 Exporter。

如果是 CentOS、RHEL 系统，用户需要执行如下两个步骤安装节点 Exporter。

（1）根据操作系统版本下载对应的 repo 配置文件。在 CentOS 7、RHEL 7 上执行如下 Exporter 下载命令：

```
[root]# curl -Lo /etc/yum.repos.d/_copr_ibotty-prometheus-exporters.repo https://CentOS 仓库网址/coprs/ibotty/prometheus-exporters/repo/epel-7/ ibotty-prometheus-exporters-epel-7.repo
```

在 CentOS 8、RHEL 8 上执行如下 Exporter 下载命令：

```
[root]# curl -Lo /etc/yum.repos.d/_copr_ibotty-prometheus-exporters.repo https://CentOS 仓库网址/coprs/ibotty/prometheus-exporters/repo/epel-8/ibotty-prometheus-exporters-epel-8.repo
```

（2）执行如下命令，安装第三方厂商 Exporter：

```
[root]# yum install node_exporter
```

如果是 Fedora 系统，需要执行如下两个步骤下载和安装节点 Exporter：

```
[root]# dnf copr enable ibotty/prometheus-exporters
```

```
[root]# dnf install node_exporter
```
第三方厂商提供的节点 Exporter，本质上是在节点上直接运行指标采集进程。如果集群新增节点，用户需要新部署 Exporter 或者开发自动化部署脚本。并且，这种运行在主机环境的 Exporter 不受 Kubernetes 各种驱逐策略影响，只需要考虑 CPU 和内存的开销，提前分配好资源并设置上限阈值。

第 7 章

Kubernetes 集群日志管理

当 Kubernetes 集群出现容器崩溃、Pod 被驱逐或节点宕机等问题时,用户仍希望访问应用程序日志,了解其运行情况,若日志未能得到有效管理,将导致用户排查问题非常困难。为解决这个问题,用户应搭建集群级别的日志管理系统,独立于容器、Pod 或节点的存储和生命周期,在集群层面对应用程序日志进行统一收集,并开放检索接口,以便运维人员能够及时查询日志并分析故障原因。

7.1 Kubernetes 集群日志架构

集群级日志架构需要一个独立的后端来存储、分析和查询日志。Kubernetes 并不为日志数据提供原生的存储解决方案。相反,有很多现成的日志方案可以集成到 Kubernetes 中。本节接下来介绍如何在节点上处理和存储日志。

7.1.1 基本日志记录

对于容器化应用程序,最简单且受欢迎的日志记录方法是写入标准输出和标准错误流。下面以 Kubernetes 中的基本日志记录为例,演示将日志数据输出到标准输出流的过程。示例使用一个 Pod 和一个容器,该容器每秒向标准输出写入文本信息,该示例的 counter-pod.yaml 文件如下:

```yaml
apiVersion: v1
kind: Pod
metadata:
  name: counter
spec:
  containers:
  - name: count
    image: busybox
    args: [/bin/sh, -c,
            'i=0; while true; do echo "$i: $(date)"; i=$((i+1)); sleep 1; done']
```

执行如下命令,运行此 Pod:

```
[root]# kubectl -n kube-system apply -f counter-pod.yaml
```

如果用户需要查看记录的日志,可执行 kubectl logs 命令:

```
[root]# kubectl -n kube-system logs -f counter
0: Mon Jan  1 00:00:00 UTC 2001
1: Mon Jan  1 00:00:01 UTC 2001
2: Mon Jan  1 00:00:02 UTC 2001
...
```

在上述代码中，-f 选项表示控制台持续捕获日志标准输出流。采用这种方式获取的日志，相当于容器内部的进程直接把日志输出在控制台上面。当然，如果容器重启，很可能造成日志丢失。如果同一个应用有多个容器实例，用这种方式也很难区分开来。因而，基本日志记录功能只适合开发调试阶段使用。

7.1.2 节点级别日志记录

为了防止因容器重启而导致日志丢失，用户可以引入节点级别日志记录，把日志记录到节点上。容器化应用程序写入的所有日志内容，例如标准输出流、标准错误流，由容器引擎处理并重定向到指定地方。如图 7-1 所示，Docker 容器引擎将这两个流重定向到日志记录驱动程序，该驱动程序在 Kubernetes 中配置为以 JSON 格式写入文件。

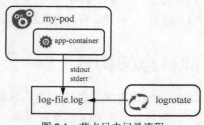

图 7-1 节点日志记录流程

如图 7-1 所示，my-pod 里有一个容器 app-container 在运行业务进程，业务进程通过 stdout 或 stderr 输出日志文件流。这个文件流可以通过 Kubernetes 的 Volume 挂载到宿主机磁盘上，并记录成 log-file.log 日志文件。然后由第三方日志记录驱动程序 logrotate，以定时器的方式周期性地拉取 log-file.log 日志文件并压缩转储，最后删除磁盘上的冗余日志文件。

通过 logrotate 把节点上所有容器的日志统一压缩转储，可以有效防止节点磁盘因日志文件过多导致存储崩溃。logrotate 可能每小时执行一次日志转储，在 logrotate 转储日志之前，每个节点都需要存储自己的日志文件。由于 logrotate 转储的日志文件没有对外暴露日志检索入口，系统管理员无法通过调用 API 查看日志内容。系统管理员需要登录每个节点查询业务进程日志，当节点数量比较多时，查询日志将是一个非常耗时的操作，所以这种 logrotate 周期性转储日志的方式只适合部署节点数量较少的场景。

7.1.3 集群级别日志记录

集群级别日志记录是在节点级别日志记录的基础上，配合日志采集代理程序，把日志转发到日志统一管理系统，由统一管理系统持久化存储和解析日志。日志统一管理系统需要有专门的服务和节点管理集群日志，可以独立于业务集群运行，架构如图 7-2 所示。

如图 7-2 所示，my-pod 里面有一个容器 app-container 在运行业务进程，业务进程通过 stdout 或 stderr 输出日志文件流。这个文件流可以通过 Kubernetes 的 Volume 挂载到宿主机磁盘上，并记录成 log-file.log 日志文件。日志代理 Pod 是 logging-agent-pod，该 Pod 运行 logging-agent 日志代理进程。logging-agent 进程负责周期性采集 log-file.log 日志文件，并把日志文件转发到日志管理系统。Kubernetes 使用 DaemonSet 模型，给集群中每个节点部署一一对应的日志代理 Pod（logging-agent-pod）。

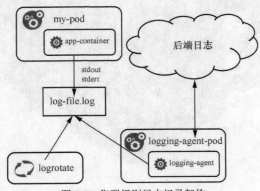

图 7-2 集群级别日志记录架构

图 7-2 中的 logging-agent-pod 日志代理 Pod 也可以使用节点级进程来代替，如在 CentOS 中运行第三方日志采集进程。但节点级日志采集进程脱离 Kubernetes 集群管理，运维人员难以监测到进程状态。因而推荐使用 Kubernetes 的 DaemonSet 模型部署 Pod，纳入统一的 Kubernetes Pod 管理体系。

虽然 Kubernetes 官方没有指定日志采集代理，但在 Kubernetes 发行版中打包了两个可选的日志采集代理，用于 Google Compute Engine（GCE）的 Stackdriver Logging 和 Elastic Stack。企业使用更多的方案是 Elastic Stack 日志采集代理，Elastic Stack 的具体分析参见 7.2 节。

Kubernetes 集群日志架构远不止本节介绍的这两种，Kubernetes 社区有详细的集群日志架构实践方式，例如使用边车（sidecar）容器采集日志。读者可以参考 Kubernetes 官方文档。

7.2 Elastic Stack

Elastic Stack，旧称 ELK，主要包括 Elasticsearch、Logstash 和 Kibana 三大基础组件，在其发展过程中，又加入 Beats 组件，形成了目前的 Elastic Stack，其组件关系如图 7-3 所示。Elasticsearch 作为搜索引擎是必选组件，其他 3 个可选组件分别是 Kibana 前端页面、Beats 采集器和 Logstash 数据采集器。Elastic Stack 擅长文本模糊查询，在日志收集和分析的应用上更具有代表性，同时还支持其他数据搜索、分析和收集的应用场景。本节介绍 Elastic Stack 各组件概念、Elasticsearch 核心关键词、应用场景、安装方式，并分析与 Prometheus 应用场景的区别，帮助读者初识 Elastic Stack。

Elasticsearch 是基于 Apache Lucene 的分布式搜索和数据分析引擎，能够为所有类型的数据提供近乎实时的搜索和分析能力。无论输入源是结构化文本还是非结构化文本，是数字数据还是地理空间数据，Elasticsearch 都能支持快速搜索，有效地对其进行存储和索引。用户不仅可以进行数据检索，还可以对数据汇总进行分析，发现数据中的趋势和挖掘深层信息。用户可以使用 Elasticsearch 提供的数据挖掘插件实现更丰富的数据分析功能。

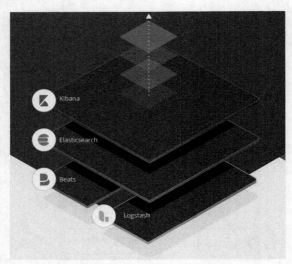

图 7-3　Elastic Stack 组件关系

Logstash 是基于 Java 开发的数据抽取转化工具,能够从多个客户端采集并转发数据,然后由 Logstash 服务端对数据进行过滤、修改再一并发送到 Elasticsearch 中。假如 Logstash 节点发生故障,Logstash 会通过持久化队列来保证至少将运行中的事件送达 Elasticsearch 一次。那些未被正常处理的消息会被 Logstash 送往死信队列(dead-letter queue)以便做进一步处理。由于 Logstash 具备吸收吞吐量的能力,用户无须采用额外的消息队列中间件,就能平稳度过吞吐高峰期,并充分确保采集管道的安全性。

Kibana 是基于 Nods.js 开发的可视化页面工具,能够为 Elasticsearch 和 Logstash 数据进行可视化分析提供友好的 Web 界面。Kibana 为用户提供日志文本检索、跟踪查询负载、分析和汇总数据等功能。

Beats 平台集成了多种用途的数据采集器,是在被监控服务器上以客户端形式运行的数据收集器的统称。用户可通过 Beats 平台采集成千上万台设备的信息,并将数据转发给 Logstash 或 Elasticsearch 组件。

7.2.1　Elasticsearch 概述

在集群日志集中式管理系统中,Elasticsearch 搜索引擎作为日志分析功能的核心组件,能够实现可靠、高效地存储和检索日志文件的功能。本节重点介绍 Elasticsearch 的核心关键词,帮助读者理解、学习 Elasticsearch 基础原理。Elasticsearch 有如下 8 个关键词。

(1)接近实时。Elasticsearch 是一个接近实时的搜索平台。当文档存储在 Elasticsearch 时,Elasticsearch 会每秒刷新一次索引,仅刷新最近 30 s 内已接收到的一个或多个搜索请求的索引,这意味着,从刷新索引一个文档直到这个文档能够被搜索到有一个轻微的延迟,通常是 1 s。

(2)集群。Elasticsearch 集群由一个或多个节点组成,它们共同持有整个文档数据,并一起提供索引和搜索功能。一个 Elasticsearch 集群由一个唯一的名称标识,这个名称默认是 Elasticsearch。

集群名称标识是重要的，因为一个节点只能通过指定某个集群的名称来加入这个集群。

（3）节点。节点是 Elasticsearch 集群中的一个服务实例，作为集群的一部分，它存储 Elasticsearch 的数据，参与集群的索引和搜索功能。一个节点就是一个 Elasticsearch 实例。节点可以通过配置 Elasticsearch 集群名称的方式来加入一个指定的集群。默认情况下，每个节点都会被安排加入一个叫作 Elasticsearch 的集群中，这意味着，如果用户在集群网络中启动了若干个 Elasticsearch 节点，并假定它们能够相互发现彼此，它们将会自动地形成并加入一个叫作 Elasticsearch 的集群中。当集群中增加节点时，Elasticsearch 会自动在所有可用节点之间分配数据和查询负载。

（4）文档。Elasticsearch 是面向文档的，文档是一个可被索引和检索的最小单元，以 JSON 格式来表示。Elasticsearch 通常使用 HTTP 传输 JSON 格式消息。一个 Elasticsearch 文档同时包含字段和字段取值，在物理上存在于一个索引之中，因而必须被索引或赋予一个索引的类型。实际上，一个文档除了包含用户定义的数据，还包含_index、_type 和_id 字段；_index 表示文档属于哪个索引，是一个虚拟字段；_type 用来标注文档属于哪种类型；_id 表示文档的唯一标识。文档还可能是层次型的，例如一个文档中还可能嵌套其他文档。

（5）类型。类型是文档的逻辑容器。每种类型中的字段被定义为映射，例如 name 字段可以映射为字符串。映射类型只是将文档进行逻辑划分，从物理角度上看，同一索引中的文档都是写入磁盘的，不用考虑它们所属的映射类型。Elasticsearch 还具有无模式能力，文档无须显式地指定映射中所定义的字段，Elasticsearch 通过自动检测处理文档，能够动态地将新字段添加到映射中。这种默认自动映射行为使索引和浏览数据变得容易。用户只要开始建立索引文档，Elasticsearch 就会检测布尔值、浮点数、整数、日期和字符串等，并将其映射到适合的数据类型。

（6）索引。Elasticsearch 使用索引和文档类型来存储数据。索引非常像关系数据库，是大量拥有相似特征的文档集合。例如，用户可以设置一个客户数据的索引、一个产品目录的索引、一个订单数据的索引。一个索引由一个名称来标识，索引名称必须全部是小写字母。当用户要对指定索引中的文档进行搜索、更新和删除时，都要用到索引名称。索引类似于关系数据库中 database 的概念。

索引最重要的设置就是分片数量，索引是由一个或多个分片的数据块构成的，这对系统可扩展性非常有利，一个索引的多个分片可以在分布式架构中的多台服务器上部署。

（7）分片。分片的原理本质上是文档数据在物理上的存储方式，分片机制有利于 Elasticsearch 弹性扩展。Elasticsearch 在创建索引时，提供了将索引划分成多份的能力，这些份就叫作分片。每个分片本身也是一个功能完善并且独立的索引，分片可以被放置到集群中的任何节点上。

分片机制有两个核心特性，一是允许用户水平分割或扩展业务容量，二是允许用户在多个节点的分片上进行分布式的、并行的操作，进而提高性能和吞吐量。至于一个分片怎样分布，它的文档怎样聚合搜索请求，是完全由 Elasticsearch 管理的，对用户来说，这些细节无须感知。Elasticsearch 会自动在各节点中迁移分片，使数据均匀分布在集群里，所以相当于一份数据被分成了多份并存储在不同的主机上。用户可以在创建索引时指定分片数量。在创建索引之后，用户不能修改分片数量。

（8）副本。在一个实际网络环境里，Elasticsearch 故障随时都可能发生，例如某个分片或节点处于离线状态。这种情况下，Elasticsearch 强烈需要一个故障转移机制。为此，Elasticsearch 允许用户创建分片的一份或多份副本，即分片复制。分片复制的重要性主要体现在两个方面：在分片或节点故障的情况下，分片复制提供了高可用性，因为分片复制副本不应该与原分片置于同一节点上；分片复制可以增加搜索量或吞吐量，因为搜索任务可以在副本上运行。

每个索引可以被分成多个分片。一个分片也可以被复制多次。一旦复制分片，每个索引就有主分片（作为复制源的原来的分片）和复制分片（主分片的副本）之别。用户可以在创建索引时指定分片数量和复制数量。在创建索引之后，用户可以在任何时候动态地修改复制数量，但是不能修改分片数量。

7.2.2　Elastic Stack 应用场景

Elastic Stack 社区版是基于 Apache 2.0 licensed 协议发布的，支持免费商业用途。Elastic Stack 支持直接在 Kibana 中对日志文件进行 tail 操作。借助 Kibana 集中式视图，用户可以随时了解服务器、虚拟机以及容器记录的全部日志。例如，用户查询 IP 和类型等结构化字段，如图 7-4 所示，可使用 Kibana 中的 Logs 应用实现所有日志的实时展现。

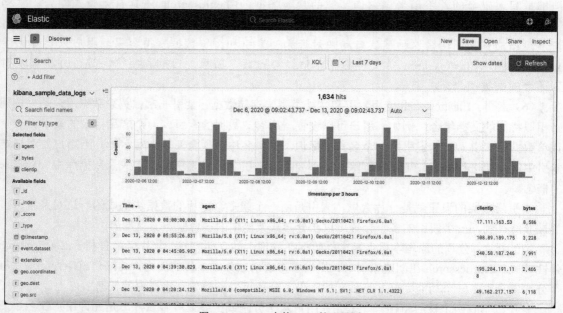

图 7-4　Kibana 中的 Logs 管理界面

Elastic Stack 能够深度适配 Kubernetes 编排环境，并按照主机节点、Pod 或者自定义元数据对 Kubernetes 日志进行筛选。Elastic Stack 自带模板支持显示 Kubernetes 集群节点信息和 Pod 信息，如图 7-5 所示。

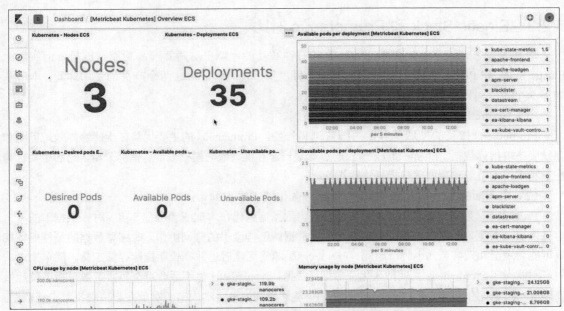

图 7-5　Elastic Stack 展示 Kubernetes 集群日志界面

　　Elastic Stack 支持日志分类分析。用户查看日志列表时，无须滚动鼠标滚轮手动找出相似的日志，使用用户界面中的日志分类视图便可立即查看同类型的日志清单，如图 7-6 所示。用户对已经基于事件格式分组的日志进行分析，可以更快地找到目标信息。

图 7-6　Elastic Stack 日志分析

7.2.3　Elastic Stack 和 Prometheus 对比

对比来看 Elastic Stack 和 Prometheus 的特性和功能，似乎这两款产品功能有重复。但实际上 Elastic Stack 和 Prometheus 可以被认为是两个维度的产品，结合对这两个产品的使用体验，本节从如下 3 个角度对比分析。

（1）Elastic Stack 和 Prometheus 的定位不同。

Prometheus 擅长的领域是容器系统监测和告警。Prometheus 的主要优势在于能够高效地监测和存储服务端指标数据。Elastic Stack 擅长的领域是日志存储、数据模糊查询、指标分析，它的主要优势在于利用搜索引擎和数据库分析日志和指标。

（2）Elastic Stack 和 Prometheus 对数据持久化的需求不同。

Prometheus 采用时序数据库的机制，可以将数据持久化在本地或者远程节点。时序数据库的概念有点像 etcd 数据库，其本身是不会对持久化的数据做倒排索引的分词操作。时序型数据的最佳保留期限可能会短至几天甚至几小时，因此，Prometheus 即使优化后也并非长期指标存储工具。简单来讲，用户不能指望 Prometheus 长期持久化存储指标数据，Prometheus 也不适合对全年数据做分析或统计报表。Prometheus 的优势在于实时性体验比较好，能够周期性地主动向监控对象发起请求拉取指标数据。

而 Elastic Stack 采用相反的方式，被动接收监控节点推送的日志数据。对比 Elastic Stack 和 Prometheus 数据采集的方式，Prometheus 更容易检测到节点异常，因为节点发生异常时，Prometheus 周期性请求会失败，会主动获得异常，而 Elastic Stack 接收不到数据时只能被动感知异常。Elastic Stack 常用分片的方式存储数据，支持大规模的数据存储和检索，支持全年数据模糊查询和当日数据查询等。

（3）Elastic Stack 和 Prometheus 可以配合使用。

用户选择 Prometheus 长期存储方案时，可以选择第三方指标存储工具来存储更长时间内的 Prometheus 指标。例如，用户可以选择 Elastic Stack 作为 Prometheus 第三方指标存储工具，实现 Prometheus 的快速运行，并能够在可扩展的集中型 Elasticsearch 部署中存储指标以及用户的其他运行数据。这意味着既可以利用 Elasticsearch 长期存储数据，还能够增强 Prometheus 指标数据的可观测性。图 7-7 所示是将 Prometheus 与 Elastic Stack 组件集成应用的框架。

如图 7-7 所示，假设有 3 个 Kubernetes 集群，每个 Kubernetes 集群都对应着一套独立的 Prometheus 指标采集服务，分别提供 Exporter 端口给 Prometheus 周期性采集指标数据。3 个 Prometheus 服务端将汇总指标对接 Metricbeat 组件，由 Metricbeat 推送到统一的 Elasticsearch 集群长期存储。再由 Elasticsearch 集群分析指标，最后用户通过 Kibana 前端页面查看图形化指标统计数据。从这里可以看出，Elastic 推出的 Metricbeat 组件是连接 Prometheus 数据和 Elasticsearch 数据的桥梁。

在生产环境中，用户可能管理着多个 Kubernetes 集群。每个集群会运行一个或多个 Prometheus 实例，通过这些实例可以查看节点、Pod、服务的运行状况。尽管一个 Prometheus 实例可以覆盖用户环境中的一个资源子集，但当用户需要跨多个集群查询指标以排查问题时，并不能直接使用 Prometheus 实现此目的。将 Elasticsearch 作为集中存储工具后，能够整合数百个 Prometheus 实例中的数据，并对来自所有资源的数据进行处理。

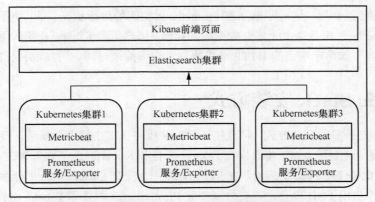

图 7-7　将 Prometheus 与 Elastic Stack 组件集成应用的框架

Metricbeat 能够自动从 Prometheus 实例、Pushgateway、导出工具以及支持 Prometheus 阐释格式的服务中采集指标。用户无须在生产环境中进行任何变更，就能得到纯粹的即插即用型体验。如果用户已在运行 Prometheus 服务端并希望直接对这些指标进行查询，可以把 Metricbeat 连接至 Prometheus 服务端并通过/metrics 端点或者 PrometheusAPI 提取已采集的指标，如图 7-8 所示。

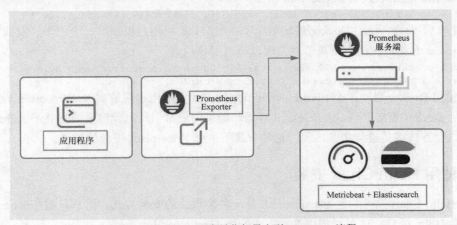

图 7-8　Prometheus 服务端指标导出到 Metricbeat 流程

如果用户服务没有 Prometheus 服务端，或者不介意同时使用多个工具从 Exporter 或 Pushgateway 中采集数据，则用户可以把 Metricbeat 直接连至服务，如图 7-9 所示。

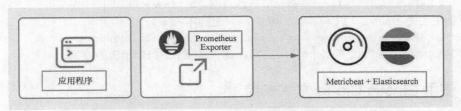

图 7-9　业务 Exporter 指标导出到 Metricbeat 流程

Elastic Stack 还能让用户随时了解所有 Prometheus 实例的运行状况。可以使用 Metricbeat 从环境中的每个 Prometheus 服务端上采集性能指标并存储。用户借助 Kibana 开箱即用的仪表板，可以轻松查看很多内容，如单个端点的 HTTP 请求数量、查询持续时间、所发现目标的数量等。

7.3 Elastic Stack 安装方式

Elastic Stack 支持多种安装方式，可直接下载安装程序在宿主机上面安装，但是这种方式缺乏有效的隔离，安全无法保障。本节将分别在 Docker 平台和 Kubernetes 平台部署 Elastic Stack 服务。Elastic Stack 本质上是使用 JVM 的应用，在 Kubernetes 平台安装 Elastic Stack 时至少需要部署 3 个节点，每个节点至少占用 1 GB 内存，需要分别安装 Elasticsearch 组件和 Kibana 组件。

7.3.1 使用 Docker 安装

使用 Docker 安装 Elasticsearch 本质上就是拉取 Elasticsearch Docker 镜像，然后启动容器。需要注意，Elasticsearch 镜像使用 CentOS 8 作为基础镜像。获取 Docker 的 Elasticsearch 镜像只需要对 Elastic Docker 注册表发出 docker pull 命令：

```
[root]# docker pull docker.elastic.co/elasticsearch/elasticsearch:7.9.1
```

可执行如下命令，使用 Docker 启动单个节点集群。如果用户要启动一个用于开发或测试的单节点 Elasticsearch 集群，请指定单节点发现以绕过引导检查：

```
[root]# docker run -p 9200:9200 -p 9300:9300 -e "discovery.type=single-node"
docker.elastic.co/elasticsearch/elasticsearch:7.9.1
```

用户使用 Docker 启动单个 Elasticsearch 节点的方式实际上已经脱离 Kubernetes 平台的管理，本质上是用 Docker 直接管理 Elasticsearch 容器。如果用户希望日志管理系统独立于 Kubernetes 平台，那么这种方式将是最佳实践，因为这种方式不占用 Kubernetes 平台的资源。

7.3.2 使用 Helm Chart 安装

使用 Helm Chart 插件配置 Elasticsearch 是一种轻量级的安装方式。用户只需在 Kubernetes 平台提前安装 Helm 插件，就可以使用这种方式安装 Elasticsearch。

用户安装 Helm 插件需要提前添加 Helm repository 安装发布版仓库地址：

```
[root]# helm repo add elastic https://helm仓库网址
```

用户执行脚本，安装 Helm 插件，如果使用的是 Helm 3，安装脚本如下：

```
[root]# helm install elasticsearch elastic/elasticsearch
```

如果使用的是 Helm 2（版本大于 2.17.0），安装脚本如下：

```
[root]# helm install -name elasticsearch elastic/elasticsearch
```

目前 Elastic 官方已经废弃 Helm 2 的方案，建议读者使用 Helm 3 的方案。

7.3.3 使用 Elastic Cloud 方式安装

借助 Kubernetes 上的 Elastic Cloud，用户可以快速实现 Elasticsearch 集群部署、保护、升级等

功能。对比之前的两种方式，Elastic Cloud 方式是 Kubernetes 平台上的最佳安装方式。用户使用 Elastic Cloud 方式安装简单、易操作，下载 YAML 或直接执行 kubectl 命令运行安装脚本：

```
[root]# docker pull docker.elastic.co/eck/eck-operator:1.3.0
[root]# kubectl apply -f https://elastic网址/downloads/eck/1.3.0/all-in-one.yaml
```

用户可以看到如下控制台日志：

```
1.3.0: Pulling from eck/eck-operator
4753a4528f5f: Downloading [=====>                  ]  7.355MB/39.38MB
c0194df27eff: Download complete
883e829391d8: Download complete
8a5da2b735d7: Downloading [==================>     ]  9.403MB/22.14MB
40ef5e53df00: Download complete
682d96ac8f41: Download complete
…
namespace/elastic-system created
customresourcedefinition.apiextensions.k8s.io/ apmservers.apm.k8s.elastic.co created
customresourcedefinition.apiextensions.k8s.io/ beats.beat.k8s.elastic.co created
customresourcedefinition.apiextensions.k8s.io/
elasticsearches.elasticsearch.k8s.elastic.co created
customresourcedefinition.apiextensions.k8s.io/
enterprisesearches.enterprisesearch.k8s.elastic.co created
customresourcedefinition.apiextensions.k8s.io/ kibanas.kibana.k8s.elastic.co created
clusterrole.rbac.authorization.k8s.io/ elastic-operator created
clusterrole.rbac.authorization.k8s.io/ elastic-operator-view created
clusterrole.rbac.authorization.k8s.io/ elastic-operator-edit created
clusterrolebinding.rbac.authorization.k8s.io/ elastic-operator created
validatingwebhookconfiguration.admissionregistration.k8s.io/
elastic-webhook.k8s.elastic.co created
```

日志显示控制台开始部署 Elasticsearch、Kibana、APM 服务器、企业搜索和 Beats 等服务。

如上述代码所示，控制台具体安装过程分为如下 4 个步骤。

（1）拉取镜像，如果本地已经存在该镜像会跳过这个步骤。

（2）创建命名空间，Kubernetes 通过 all-in-one.yaml 配置文件创建的 Pod 会归属到名称为 elastic-system 的命名空间下面。如果 elastic-system 不存在就会被自动创建，如果已经存在就直接跳过该步骤。

（3）创建各种默认挂载配置。

（4）启动名称为 elastic-operator-0 的 Pod。

可执行如下命令，查看 Elasticsearch 启动日志，默认是 info 级别的日志：

```
[root]# kubectl -n elastic-system logs -f statefulset.apps/elastic-operator
```

可执行 Kubernetes 命令查看 ElasticsearchPod 状态：

```
[root]# kubectl -n elastic-system get pods
NAME                   READY   STATUS    RESTARTS   AGE
elastic-operator-0     1/1     Running   1          44m
```

接下来用户需要做一定的配置，完成只有一个 Elasticsearch 节点的简单 Elasticsearch 集群部署。注意，单个 Elasticsearch 节点至少需要 2 GB 的可用内存。可执行 Kubernetes 命令配置 Elasticsearch 节点数量：

```
[root]# cat <<EOF | kubectl apply -f -
apiVersion: elasticsearch.k8s.elastic.co/v1
kind: Elasticsearch
```

```
metadata:
  name: quickstart
spec:
  version: 7.9.1
  nodeSets:
  - name: default
    count: 1
    config:
      node.store.allow_mmap: false
EOF
```

可执行 Kubernetes 命令，查询 Pod 状态：

```
[root]# kubectl get pods -selector='elasticsearch.k8s.elastic.co/cluster-name=quickstart'
NAME                       READY   STATUS    RESTARTS   AGE
quickstart-es-default-0    0/1     Pending   0          1m
```

默认情况下，这里的 Pod 会始终处于 Pending 状态。可通过分析日志排查 Pod 异常的原因：

```
[root]# kubectl describe pod quickstart-es-default-0
…
Warning  FailedScheduling  21s (x4 over 3m54s)  default-scheduler  running
"VolumeBinding" filter plugin for pod "quickstart-es-default-0": pod has unbound
immediate PersistentVolumeClaims
```

通过日志可以发现，官网默认启动的 Pod 需要依赖 PV 和 PVC 挂载磁盘空间。例如，登录 Node-1 节点创建磁盘路径/home/chentao/esdata，然后在 Master 上执行 Kubernetes 命令创建 PV 配置：

```
[root]# cat <<EOF | kubectl apply -f -
apiVersion: v1
kind: PersistentVolume
metadata:
  name: data-pv0
  labels:
    type: local
spec:
  storageClassName: manual
  capacity:
    storage: 2Gi
  accessModes:
    - ReadWriteOnce
  persistentVolumeReclaimPolicy: Recycle
  claimRef:
    namespace: default
    name: elasticsearch-data-quickstart-es-default-0
  hostPath:
    path: "/home/chentao/esdata"
EOF
```

在网络不好的情况下，安装脚本有可能拉取不到 Elasticsearch 镜像包。用户可以观察 describe pod 配置的 Elasticsearch 版本，手动执行拉取镜像包操作：

```
[root]# docker pull docker.elastic.co/elasticsearch/elasticsearch:7.9.1
```

最终 Elasticsearch Pod 启动成功，可执行 Kubernetes 命令查看 Elasticsearch Pod 的状态为 Running：

```
[root]# kubectl get pods -selector='elasticsearch.k8s.elastic.co/cluster-name=quickstart'
NAME                       READY   STATUS    RESTARTS   AGE
quickstart-es-default-0    1/1     Running   0          6m24s
```

用户可以执行 Kubernetes 命令，查询服务的 ClusterIP（如 Cluster IP 为 10.107.127.2）：

```
[root]# kubectl get service quickstart-es-http
NAME                   TYPE       CLUSTER-IP      EXTERNAL-IP   PORT(S)    AGE
quickstart-es-http     ClusterIP  10.107.127.2    <none>        9200/TCP   88m
```

默认情况下，Elasticsearch 会使用 Kubernetes 的密码创建一个名为 elastic 的默认用户。用户可执行如下命令，获取默认用户密码：

```
[root]# PASSWORD=$(kubectl get secret quickstart-es-elastic-user -o
go-template='{{.data.elastic | base64decode}}')
[root]# echo $PASSWORD
muc5Kdu2Dw684q4eWqJ4603W
```

用户获取 elastic 默认密码以后，可以执行如下命令，模拟查询操作：

```
[root]# curl -u "elastic:$PASSWORD" -k "https://10.107.127.2:9200"
{
  "name" : "quickstart-es-default-0",
  "cluster_name" : "quickstart",
  "cluster_uuid" : "eLzRRn7nR9CyX8Cc_pzZGw",
  "version" : {
    "number" : "7.9.1",
    "build_flavor" : "default",
    "build_type" : "docker",
    "build_hash" : "083627f112ba94dffc1232e8b42b73492789ef91",
    "build_date" : "2020-09-01T21:22:21.964974Z",
    "build_snapshot" : false,
    "lucene_version" : "8.6.2",
    "minimum_wire_compatibility_version" : "6.8.0",
    "minimum_index_compatibility_version" : "6.0.0-beta1"
  },
  "tagline" : "You Know, for Search"
}
```

由上述代码可知，用户已经可以使用命令行查询 Elasticsearch 日志，接下来还需要安装可视化 UI 模块，实现可视化查询。

7.3.4 创建 Kibana 实例

Kibana 组件能够对 Elasticsearch 数据进行可视化操作。本节演示创建 Kibana 实例，实现可视化 UI 模块。可执行如下命令，创建一个 Kibana 实例：

```
[root]# cat <<EOF | kubectl apply -f -
apiVersion: kibana.k8s.elastic.co/v1
kind: Kibana
metadata:
  name: quickstart
spec:
  version: 7.9.1
  count: 1
  elasticsearchRef:
    name: quickstart
EOF
```

如果上述命令执行后发生错误，错误日志示例如下：

```
{"type":"log","@timestamp":"2020-12-
06T13:26:41Z","tags":["error","elasticsearch","
monitoring"],"pid":6,"message":"Request error, retrying\nGET https://… => getaddrinfo
ENOTFOUND …"}
```

```
FATAL  Error: Setup lifecycle of "monitoring" plugin wasn't completed in 30sec. Consider
disabling the plugin and re-start.
```
此时用户需要检查虚拟机性能配置,尤其是内存以及网络的连通性,因为 Kibana 默认会通过 quickstart-es-http.default.svc:9200 的地址访问 Elasticsearch 服务。如果用户发现地址连接不通,可以给 Deployment 配置 hostNetwork: true,给节点配置主机路由 10.107.127.2 quickstart-es-http.default.svc,临时规避这个问题。

可执行如下命令,查询 Pod 状态:

```
[root]# kubectl get pods
NAME                                READY   STATUS    RESTARTS   AGE
quickstart-es-default-0             1/1     Running   0          31m
quickstart-kb-7c675f5d86-tzrnc      1/1     Running   0          23m
```

可执行如下命令,查询 Kibana 服务状态:

```
[root]# kubectl get kibana
NAME          HEALTH   NODES   VERSION   AGE
quickstart    green    1       7.9.1     24m
```

Kibana 默认端口是 5601,是单向 HTTPS 的,访问 https://192.168.0.131:5601/login 地址打开登录界面,如图 7-10 所示。

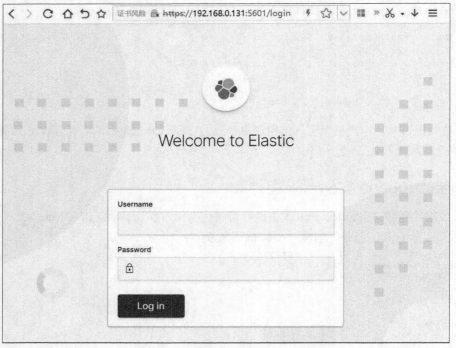

图 7-10　Kibana 登录界面

Kibana 默认用户名是 elastic,密码是之前执行 echo $PASSWORD 命令输出的值。首次登录会有 Demo 演示界面和初始化配置界面。官方提供的这些 Demo 本质上更适用于自定义指标采集的数据挖掘,与日志检索没有太多关系。Demo 示例如图 7-11~图 7-14 所示。

7.3 Elastic Stack 安装方式 223

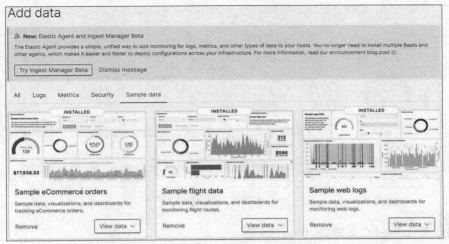

图 7-11　Kibana 官方 Demo 示例 1

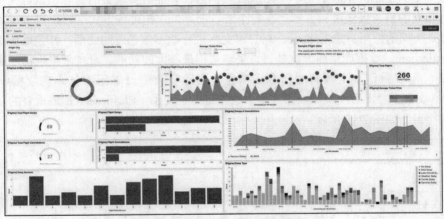

图 7-12　Kibana 官方 Demo 示例 2

图 7-13　Kibana 官方 Demo 示例 3

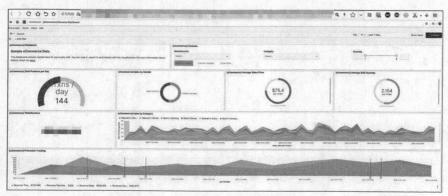

图 7-14　Kibana 官方 Demo 示例 4

7.3.5　使用 Elastic Stack 检索日志

用户成功安装 Elasticsearch 服务和 Kibana 实例后，就能够实现页面日志检索可视化。用户可以开发一个独立的日志采集进程并部署在每个节点上，以守护进程方式运行。日志采集进程周期性地扫描节点上面的应用日志 Volume，对日志文本进行敏感信息过滤处理，打包成压缩包，然后上传到 Elasticsearch 数据库里面。这是日志采集进程最基本的功能。日志采集进程还需要有日志防爆的功能，可以保留指定数量的日志压缩包，删除多余的日志压缩包。当数据成功上传到 Elasticsearch 数据库时，用户就可以在页面中进行日志查询了。Elasticsearch 最重要的功能之一是字符串模糊检索，如图 7-15 所示。

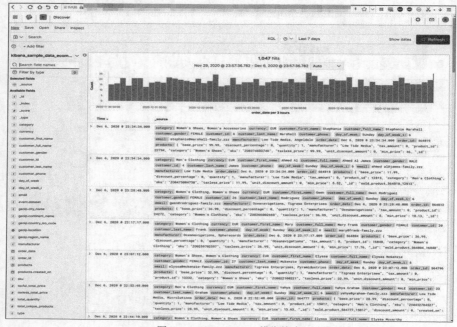

图 7-15　Elasticsearch 模糊检索

此外，Elasticsearch 还支持拼接 SQL 的查询方式，可以让不懂 Elasticsearch 查询语法的运维人员更容易上手。示例如图 7-16 所示。

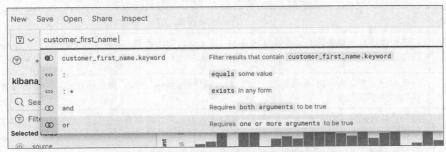

图 7-16　Elasticsearch SQL 查询

7.4　Elastic Beats

在集中式日志管理过程中，数据管理包括 3 个主要阶段：聚合、处理和存储。在传统 ELK 堆栈中，前两个阶段——聚合和处理是 Logstash 的职责，但是 Logstash 是基于 Java 语言开发实现的，内存使用量比较大，Logstash 作为代理模块，占用资源太多会影响业务进程。因此，Elastic Stack 发布了 Beats 系列轻量级采集组件，Beats 采用 Go 语言实现，大幅降低了内存开销。本节将深入浅出地介绍 Elastic Beats 组件的原理与应用。

7.4.1　Beats 组件

Beats 组件可以将数据直接发送到 Elasticsearch 或提交给 Logstash 进行转发，Elasticsearch 在收到数据后进一步解析和增强数据，然后在 Kibana 中进行可视化展示。Beats 组件数据可视化流程如图 7-17 所示。

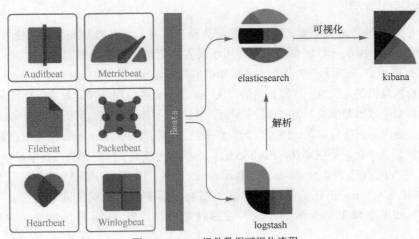

图 7-17　Beats 组件数据可视化流程

图 7-17 展示了 6 种捕获数据的 Beats 组件，实际上常用的 Beats 组件有 8 种，如表 7-1 所示。

表 7-1　Beats 常用的 8 种组件

Beats 组件	描述
Auditbeat	轻量型审计日志采集器。Auditbeat 收集 Linux 审计框架的数据，监控文件完整性。Auditbeat 实时采集这些信息，然后发送到 Elastic Stack 其他模块做进一步分析
Filebeat	轻量型日志采集器。Filebeat 用户提供一种轻量型数据收集方法，用于转发和汇总日志与文件，让简单的事情不再繁杂
Functionbeat	面向云端数据的无服务器采集器。Functionbeat 作为一项功能部署在云服务提供商的功能即服务（FaaS）平台上后，即能收集、传送并监测来自用户的云服务的相关数据
Heartbeat	面向运行状态监测的轻量型采集器。Heartbeat 通过主动探测来监测服务的可用性。Heartbeat 通过给定 URL 列表，仅获取网站运行是否正常的信息。Heartbeat 会将此信息和响应时间发送至 Elastic Stack 其他模块，以进行进一步分析
Journalbeat	系统日志采集器。用户需要在要监视的每个系统上安装 Journalbeat，指定日志文件的位置，Journalbeat 将日志数据解析为字段并将其发送到 Elasticsearch，由 Kibana 展示日志数据
Metricbeat	轻量型指标采集器。Metricbeat 用于从系统和服务收集指标。Metricbeat 能够以一种轻量型的方式传输各种系统和服务统计数据，从 CPU 到内存，从 Redis 到 Nginx，功能强大
Packetbeat	轻量型网络数据采集器。监测网络流量对于获得可观测性至关重要，有助于确保高水平的性能和安全性。Packetbea 能够将主机和容器中的数据发送至 Logstash 或 Elasticsearch
Winlogbeat	轻量型 Windows 操作系统日志采集器。Winlogbeat 用于密切监控基于 Windows 的基础设施上发生的事件。使用 Winlogbeat，可以将 Windows 事件日志流式传输至 Elasticsearch 和 Logstash

如表 7-1 所示，最常用的 Beats 组件是 Filebeat 轻量型日志采集器，它也是日志管理的上报入口。其次是 Metricbeat 轻量型指标采集器，它提供了和 Prometheus 相似的自定义指标采集功能。Filebeat 的运行原理将在 7.4.2 节进行详细分析。

7.4.2　Filebeat 分析

Filebeat 是轻量型日志采集器，无论用户是从安全设备、云、容器还是主机进行数据收集，Filebeat 都能够为用户提供一种轻量型方法，用于转发和汇总日志与文件。

在任何运行环境中，应用程序都无法避免中断的风险，Filebeat 作为 Beats 组件中的日志上报入口，具备良好的中断恢复机制，在应用恢复正常后，从中断前停止的位置继续读取并转发日志行。Filebeat 附带可观测性和安全数据源模块，这些模块简化了常见格式日志的收集、解析和可视化过程。Filebeat 能实现这一点，是因为它将自动默认路径（因操作系统而异）与 Elasticsearch 采集节点管道的定义和 Kibana 仪表盘组合在一起。不仅如此，Filebeat 的一些模块还随附了预配置的机器学习作业。

Filebeat 将数据发送到 Logstash 或 Elasticsearch 时，使用了背压敏感协议，以处理更多的数据量。如果 Logstash 正在忙于处理数据，则会告诉 Filebeat 减慢读取速度。一旦拥堵得到解决，Filebeat 就会恢复到原来的步伐并继续传输数据。Filebeat 背压敏感协议应用流程如图 7-18 所示。

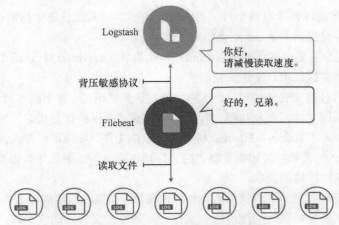

图 7-18 Filebeat 背压敏感协议应用流程

如图 7-19 所示，Filebeat 的具体工作流程包含如下 3 个步骤：

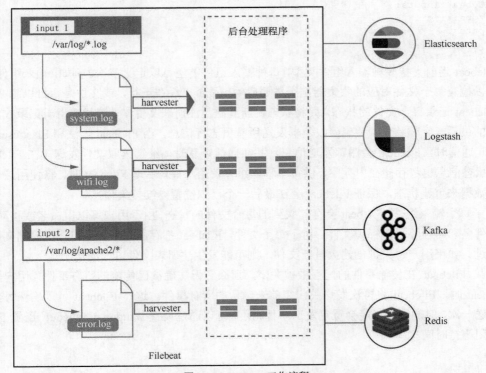

图 7-19 Filebeat 工作流程

（1）启动 Filebeat，此时它将启动一个或多个输入组件，这些组件将在指定的路径中查找日志数据；

（2）对于 Filebeat 找到的每个日志，Filebeat 都会启动收集器处理；

（3）每个收集器监视并读取单个日志以获取新内容，并将新日志数据发送到 libbeat 组件，libbeat 将数据汇总并发送到 Filebeat 配置的输出流中。

Filebeat 包含两个主要组件：输入（input）和收集器（harvester）。这两个组件一起工作，跟踪文件并将事件数据发送到用户指定的输出流。

收集器负责逐行读取文件的内容，然后将内容发送到输出流。每个文件对应启动一个收集器，收集器负责打开和关闭文件。在收集器运行时，文件描述符保持打开状态。如果收集器在收集文件时，用户将文件删除或重命名，Filebeat 将继续读取该文件。如果用户要关闭收集器占用文件描述符，可使用 close_* 配置项。关闭收集器占用文件描述符时，如果收集器仍在读取文件，则可能导致部分新增信息未被收集器获取。

输入组件负责管理收集器并查找所有可读取的资源。如果输入组件类型为 log，则输入组件将查找驱动器上与定义的全局路径匹配的所有文件，并为每个文件启动收集器。每个输入组件都在自己的 Go 进程中运行。

以下示例将 Filebeat 配置为从指定的路径匹配日志文件采集：

```
filebeat.inputs:
- type: log
  paths:
    - /var/log/*.log
    - /var/path2/*.log
```

Filebeat 当前支持多种输入组件类型，每种输入组件类型可以定义多次。例如，输入组件的 log 类型可以检查每个文件对应的收集器是否需要启动、是否已经在运行，或文件是否可以忽略采集。

Filebeat 记录每个文件的状态，并将状态刷新到磁盘注册表文件中。该状态用于记录收集器正在读取的最后一个偏移量，并确保收集器发送所有日志行信息。当 Filebeat 无法和 Elasticsearch 或 Logstash 通信时，Filebeat 会跟踪发送信息，并在通信恢复时，继续读取文件发送。在 Filebeat 运行时，状态信息也将存储在内存中，供每个输入组件使用。重新启动 Filebeat 时，将使用注册表文件中的数据来重建状态，保证 Filebeat 会在最后一个已知位置继续搜集信息。

对于每个输入组件，Filebeat 会存储找到的每个文件的状态。由于用户可以重命名或移动文件，因此文件名和路径不足以标识文件。对于每个文件，Filebeat 都存储唯一标识符，以检测文件是否被采集过。如果用户每天都创建大量新文件，则可能发生注册表文件过大的情况。

如果 Filebeat 在传输事件的过程中被关闭，那么它无法确认已传输的所有事件。用户重新启动 Filebeat 时，Filebeat 将再次发送关闭之前未确认的所有事件。这样 Filebeat 可以确保每个事件至少发送一次，但是最终可能会重复发送事件。用户可以通过设置 shutdown_timeout，配置 Filebeat 延迟关闭等待时间。

第 8 章

Istio 服务治理

云原生容器技术的发展和应用推动了人们对服务间通信管理的需求。随着越来越多的容器应用的开发和部署,一个企业可能有成百上千个容器在运行,怎样管理这些容器间的通信成为云原生技术面临的巨大挑战,以 Istio 为代表的服务治理技术应运而生。Istio 是由谷歌、IBM 与 Lyft 共同开发的开源项目,旨在提供统一化的服务连接、安全保障、管理与监控方式。Istio 能够为服务间访问提供安全、高可靠和高性能的通信机制,同时也为实现其他增值功能(包括安全性、监控、路由、连接管理与策略等)创造了基础。

8.1 Istio 概念

Istio 使用功能强大的 Envog 服务代理扩展了 Kubernetes,建立了一个可编程的、可感知的应用程序网络。Istio 与 Kubernetes 和传统工作负载一起使用,为复杂的部署带来了标准的通用流量管理、遥测和安全性。

8.1.1 Istio 是什么

在云原生时代,随着各种服务剧增,应用间的访问拓扑更加复杂,治理需求也越来越多。Istio 是基于 Kubernetes 构建的适用于云原生场景的服务治理平台。Istio 解决了开发人员和运维人员面临的从单体应用向分布式微服务架构转变的问题,它有助于降低微服务部署的复杂性,并减轻开发团队的压力。它是一个完全开源的服务网格,可作为网络代理层接入现有的分布式应用程序。Istio 多样化的特性使用户能够成功且高效地运行分布式微服务架构,并提供保护、连接和监控微服务的统一方法。

Istio 官网特性介绍如图 8-1 所示。

服务网格是一种处理服务间通信的基础设施层,能够在云原生场景下帮助应用程序实现可靠的信息交互。随着服务网格的规模和复杂性不断增长,应用程序间的访问将会变得越来越难以理解和管理。服务网格的需求包括服务发现、负载均衡、故障恢复、度量和监控等。在实际应用中,服务网格一般是通过一组轻量级网络代理来执行治理逻辑的。

Istio 提供了对整个服务网格的行为洞察和操作控制的功能,以及一个完整的满足微服务应用各种需求的解决方案。通过负载均衡、服务间的身份验证、监控等方法,Istio 能够轻松地为应用程序创建一个已经部署的服务网络,而应用程序本身的代码只需很少的更改甚至无须更改。Istio

通过在整个环境中部署一个特殊的 sidecar 代理为服务添加治理功能，代理会拦截微服务之间的所有网络通信，然后使用其控制平面的功能来配置和管理 Istio，sidecar 代理包括如下 5 个特性。

（1）为 HTTP、gRPC、WebSocket 和 TCP 流量自动负载均衡。

（2）通过丰富的路由规则、重试、故障转移和故障注入对流量行为进行细粒度控制。

（3）可插拔的策略层和配置 API，支持访问控制、速率限制和配额。

（4）集群内（包括集群的入口和出口）所有流量的自动化度量、日志记录和追踪。

（5）在具有强大的基于身份验证和授权的集群中实现安全的服务间通信。

图 8-1　Istio 官网特性介绍

　　Istio 通过拦截和配置网状网络流量来实现可扩展性，并能够满足多种部署需求。Istio 提供了跨服务网络的多个关键功能。用户可以通过 Istio 规则配置和流量路由限制来控制服务之间的流量和 API 调用过程。Istio 简化了服务级属性（如熔断器、超时和重试）的配置，并且让它可以轻而易举地执行重要的任务，如 A/B 测试、金丝雀发布和按流量百分比划分的分阶段发布等。有了对流量的可视性和开箱即用的故障恢复特性，用户就可以在问题产生之前捕获它们，无论面对什么情况都可以使调用更可靠、网络更健壮。

　　Istio 的安全特性解放了开发人员，使其只需要专注于应用程序级别的安全。Istio 提供了底层的安全通信通道，并为大规模的服务通信管理认证、授权和加密。服务通信在默认情况下受 Istio 保护，Istio 可以让用户在跨不同协议和运行时的情况下实施一致的策略，而所有这些都只需要很少甚至不需要修改应用程序。Istio 是独立于平台的，可以与 Kubernetes 的网络策略一起使用，它补齐了 Kubernetes 的治理功能，能够在网络和应用层面保护 Pod 到 Pod 或者服务到服务之间的通信，实现了端到端的服务运行治理功能。

Istio 健壮的追踪、监控和日志特性方便用户深入了解服务网格部署。通过 Istio 的监控功能，可以真正地了解服务的性能瓶颈是哪个环节；Istio 的 Dashboard 提供了可视化所有服务性能的功能，并让用户看到它如何影响其他进程。Istio 的 Mixer 组件负责策略控制和遥测数据收集，Mixer 组件提供了后端抽象和中介，将一部分 Istio 与后端的基础设施实现细节隔离开来，并为运维人员提供了对网格与后端基础设施之间交互的细粒度控制。所有这些特性都使用户能够更有效地设置和监控服务。当然，底线是用户可以快速有效地检测并修复出现的问题。

Istio 独立于平台，被设计为可以在各种环境中运行，包括跨云、内部环境、Kubernetes、Mesos 等。用户可以在 Kubernetes 或者装有 Consul 的 Nomad 环境上部署 Istio。Istio 目前支持在 Kubernetes 上的服务部署、基于 Consul 的服务注册以及运行在独立虚拟机上的服务。Istio 的策略实施组件可以扩展和定制，与现有的 ACL、日志、监控、配额、审查等解决方案集成。

8.1.2　Istio 核心组件

Istio 服务网格从工作机制上分为数据平面和控制平面。数据平面由一组智能代理程序 Envoy 组成，Envoy 被部署为 sidecar。这些代理程序负责协调和控制微服务之间的所有网络通信，同时它们可以用来收集和报告所有网格流量的遥测数据。控制平面主要包括 Pilot、Mixer、Citadel 等服务组件，图 8-2 展示了 Istio 服务网格不同平面的组件构成。

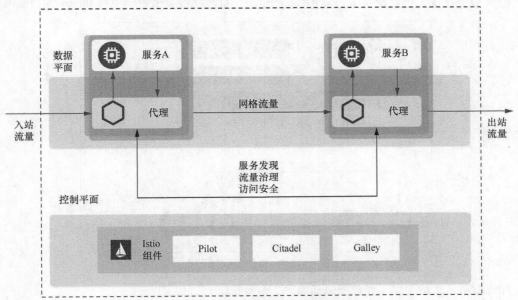

图 8-2　Istio 服务网格的组件构成

Istio 中的流量分为数据平面流量和控制平面流量。数据平面流量是指工作负载的业务逻辑发送和接收的消息。控制平面流量是指在 Istio 组件之间发送的配置和控制消息，这些消息用来编排网格的行为。Istio 中的流量管理特指数据平面流量管理。

Istio 数据平面使用代理程序 Envoy 协调服务网格中所有服务的入站流量和出站流量。Istio 代理程序 Envoy 是数据平面流量交互的唯一组件。Envoy 被部署为服务的 sidecar，在逻辑上为服务增加了 Envoy 的许多内置特性，如动态服务发现、负载均衡、TLS 终端、HTTP/2 与 gRPC 代理、熔断器、健康检查、基于百分比流量划分的分阶段发布、故障注入等。

sidecar 代理模型允许 Istio 提取大量与流量行为相关的信号作为属性，能够使用这些属性来实施策略决策，并将其发送到监视系统以提供有关整个网格行为的信息。同时，sidecar 代理模型还允许用户向现有的部署环境添加 Istio 功能，而不需要重新设计架构或重写代码。

Envoy 启用 Istio 的功能和任务主要包括如下 4 个方面。

（1）流量控制功能：通过丰富的 HTTP、gRPC、WebSocket 和 TCP 流量路由规则来执行细粒度的流量控制。

（2）网络弹性特性：重试设置、故障转移、熔断器和故障注入。

（3）安全性和身份验证特性：执行安全性策略以及通过配置 API 定义的访问控制和速率限制。

（4）基于 WebAssembly 的可插拔扩展模型，允许通过自定义策略实施和生成网格流量的遥测。

控制平面 Pilot 组件是 Istio 的控制中枢，为 Envoy 提供服务发现和流量管理等功能。Pilot 将控制流量行为的高级路由规则转换为特定于环境的配置，并在运行时将配置信息发送到 Envoy。Pilot 将服务发现机制抽象出来，并将服务发现接口暴露为 Envoy API 这种标准格式，为外部提供访问的入口。

Pilot 服务发现工作流程如图 8-3 所示，展示了平台适配器、抽象模型和 Envoy 如何交互。

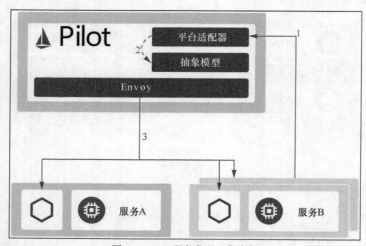

图 8-3　Pilot 服务发现工作流程

Pilot 服务发现的主要工作流程包括如下 3 个步骤。

（1）底层平台（如 Kubernetes、Consul 或 Nomad）启动一个服务的新实例，该实例通知其平台适配器。

（2）底层平台适配器使用 Pilot 抽象模型注册实例。

（3）Pilot 将流量规则和配置派发给 Envoy 来传达此次更改。

这种松耦合的工作机制允许 Istio 在 Kubernetes、Consul 或 Nomad 等多种环境中运行，同时维护相同的关系运算符接口来进行流量管理。读者可以使用 Istio 的流量管理 API 来指示 Pilot 优化 Envoy 配置，以便对服务网格中的流量进行更细粒度的控制。

控制平面 Citadel 服务是 Istio 的核心安全组件，通过内置的身份和证书管理，提供服务到服务以及最终用户的身份验证功能。用户可以使用 Citadel 来升级服务网格中的未加密流量。使用 Citadel、关系运算符可以执行基于服务身份的策略，而不是相对不稳定的 3 层或 4 层网络标识。从 Istio0.5 开始，用户可以使用 Istio 的授权特性来控制谁可以访问业务服务。

控制平面的 Galley 组件是 Istio 中负责配置管理的组件，能够进行配置验证、提取、分发，将验证正确的配置信息转发给管理面的 Pilot 服务使用。这种工作机制可以将管理面的组件与底层平台解耦，不需要从底层平台（如 Kubernetes）获取用户配置的细节。

Istio 架构设计包含如下 4 个设计目标，这些目标的实现使得系统能够大规模和高性能地处理服务请求。

（1）透明度最大化：为了尽可能减少运维人员或开发人员使用 Istio 时所需要的工作量，Istio 可以自动将自己注入服务之间的所有网络路径中。Istio 使用 sidecar 代理来捕获流量，并在不更改已部署的应用程序代码的情况下，自动对网络层进行配置，以通过这些代理来转发流量。在 Kubernetes 中，代理被注入 Pod 中，通过编写 iptables 规则来捕获流量。一旦 sidecar 代理被注入以及流量路由被程序控制，Istio 就可以协调所有的流量。

（2）可扩展性：运维人员和开发人员越来越依赖 Istio 提供的功能，系统性能必须随着他们的需求而增长。添加新特性时，最大的需求是扩展策略系统的能力、与其他策略和控制源的集成，以及将关于网格行为的信号传播到其他系统进行分析的能力。策略运行时支持用于接入其他服务的标准扩展机制。此外，Istio 允许扩展词汇表，允许根据网格生成的新信号执行策略。

（3）可移植性：使用 Istio 的生态系统在许多方面都有所不同，Istio 必须在任何云环境或本地环境中通过简单的部署操作配置就能运行起来。同时，将基于 Istio 的服务移植到新环境的任务必须是容易实现的。例如，可以通过在多个云上部署来实现冗余。

（4）策略一致性：将策略应用于服务之间的 API 调用提供了对网格行为的大量控制。然而，将策略应用在区别于 API 层上的资源也同样重要。例如，在机器学习训练任务消耗的 CPU 数量上应用配额比在发起任务的请求调用上应用配额更有用。为此，Istio 使用自己的 API 将策略系统维护为一个独立的服务，而不是将策略系统集成到 sidecar 代理中，从而允许服务根据需要直接与之集成。

8.2 环境准备：在 Kubernetes 上安装 Istio

Istio 支持在 Kubernetes、Consul 或 Nomad 等多种环境中运行安装，本书以 Kubernetes 平台为示例，讲解如何在集群中安装 Istio。在安装 Istio 之前，需要一个运行着 Kubernetes 的兼容版本的集群。

本节介绍使用 demo 配置文件快速安装 Istio 的方法，包括安装官方在线书店应用示例。如果用户已经熟悉 Istio，或者对安装其他配置文件或更高级的 Deployment 模型感兴趣，则可遵循使用 istioctl 的安装说明文档。

8.2.1 下载 Istio

Istio 下载内容将包含安装文件、示例和 istioctl 命令行工具。

访问 Istio release 页面下载与用户操作系统对应的安装文件。在 macOS 或 Linux 操作系统中，也可以通过如下命令下载最新版本的 Istio：

```
$ curl -L https://istio官网/downloadIstio| sh -
```

切换到 Istio 包所在目录下。例如，Istio 包名为 istio-1.9.0，执行如下命令：

```
$ cd istio-1.9.0
```

Istio 的安装目录说明如下。

- install/kubernetes 目录下包含 Kubernetes 平台上的 YAML 资源文件和安装文件。
- /samples 目录下提供了各种应用示例程序，可帮助读者理解和使用 Istio。
- /bin 目录下包含 istioctl 的客户端文件，istioctl 工具可用于手动注入 Envoy 代理。

将 istioctl 客户端路径添加到 PATH 环境变量中，macOS 或 Linux 操作系统的增加方式如下：

```
$ export PATH=$PWD/bin:$PATH
```

在使用 bash 或 Zsh 控制台时，可以选择启动 auto-completion 选项。

8.2.2 安装 Istio

读者可以按照如下 3 个步骤在所选的平台上使用 demo 配置文件安装 Istio。

（1）使用 demo 配置安装 Istio：

```
$ istioctl manifest install -set profile=demo
```

（2）验证是否安装成功，需要先确保以下 Kubernetes 服务正确部署，然后验证除 jaeger-agent 服务外的其他服务是否均有正确的 CLUSTER-IP。查询 Kubernetes 集群所有 Istio 服务的命令如下：

```
$ kubectl get svc -n istio-system
NAME                     TYPE          CLUSTER-IP EXTERNAL-IP PORT(S) AGE

grafana                  ClusterIP     172.21……
……istio-citadel           ClusterIP     172.21……
istio-egressgateway      ClusterIP     172.21……
istio-galley             ClusterIP     172.21……
istio-ingressgateway     LoadBalancer  172.21……
istio-pilot              ClusterIP     172.21……
istio-policy             ClusterIP     172.21……
istio-sidecar-injector   ClusterIP     172.21……
istio-telemetry          ClusterIP     172.21……
jaeger-agent             ClusterIP     None
jaeger-collector         ClusterIP     172.21……
jaeger-query             ClusterIP     172.21……
kiali                    ClusterIP     172.21……
rometheus                ClusterIP     172.21……
tracing                  ClusterIP     172.21……
zipkin                   ClusterIP     172.21……
```

如果集群运行在不支持外部负载均衡器的环境中（如 minikube），istio-ingress 的 EXTERNAL-IP 将显示为 Pending 状态。此时，可使用服务的 NodePort 或端口转发来访问网关。

（3）确保关联的 Kubernetes Pod 已经部署，并且 STATUS 为 Running。查询 Kubernetes 集群所

有 Istio Pod 的命令如下：

```
$ kubectl get pods -n istio-system
NAME                                         READY  STATUS   RESTARTS  AGE
grafana-f8467cc6-rbjlg                       1/1    Running  0         1m
istio-citadel-78df5b548f-g5cpw               1/1    Running  0         1m
istio-egressgateway-78569df5c4-zwtb5         1/1    Running  0         1m
istio-galley-74d5f764fc-q7nrk                1/1    Running  0         1m
istio-ingressgateway-7ddcfd665c-dmtqz        1/1    Running  0         1m
istio-pilot-f479bbf5c-qwr28                  1/1    Running  0         1m
istio-policy-6fccc5c868-xhblv                1/1    Running  2         1m
istio-sidecar-injector-78499d85b8-x44m6      1/1    Running  0         1m
istio-telemetry-78b96c6cb6-ldm9q             1/1    Running  2         1m
istio-tracing-69b5f778b7-s2zvw               1/1    Running  0         1m
kiali-99f7467dc-6rvwp                        1/1    Running  0         1m
prometheus-67cdb66cbb-9w2hm                  1/1    Running  0         1m
276rometheus-67cdb66cbb-9w2hm                1/1    Running  0         1m
```

安装 Istio 后，就可以部署自己的服务，或部署安装程序中系统的任意一个示例应用。应用程序必须使用 HTTP/1.1 或 HTTP/2.0 协议用于 HTTP 通信，HTTP/1.0 不支持。

当使用 kubectl apply 来部署应用时，如果 Pod 启动在标有 istio-injection=enabled 的命名空间中，那么 Istio sidecar 注入器将自动注入 Envoy 容器到应用的 Pod 中：

```
$ kubectl label namespace <namespace> istio-injection=enabled
$ kubectl create -n <namespace> -f <your-app-spec>.yaml
```

在没有 istio-injection 标记的命名空间中，在部署前可以使用 istioctl kube-inject 命令将 Envoy 容器手动注入应用的 pod 中：

```
$ istioctl kube-inject -f <your-app-spec>.yaml | kubectl apply -f -
```

读者可以先部署 Bookinfo 示例，了解 Istio 的流量路由、故障注入、速率限制等功能，然后根据个人的兴趣浏览其他的 Istio 任务。

Istio 卸载命令如下：

```
$ istioctl manifest generate --set profile=demo | kubectl delete -f -
```

卸载程序将删除 RBAC 权限、istio-system 命名空间和所有相关资源。可以忽略那些不存在的资源的报错，因为它们可能已经被删除。

8.2.3 部署 Bookinfo 示例

Bookinfo 是一个在线书店应用示例，可显示一本书的信息。购书详情页会显示全书描述、书的 ISBN、页数等信息，以及关于这本书的一些评论。Bookinfo 共包含 4 个微服务：Productpage、Details、Reviews 和 Ratings。

- Productpage：产品页面服务，会调用 Details 和 Reviews 两个微服务，用来生成应用页面，使用 Python 开发。
- Details：书籍信息服务，返回书籍详细信息，使用 Ruby 开发。
- Reviews：书籍评价信息服务，返回书籍评价信息，会调用 Ratings 微服务，使用 Java 开发。
- Ratings：书籍评级服务，返回书籍的评级信息，使用 Node.js 开发。

Reviews 微服务有 3 个版本。

（1）v1 版本不会调用 Ratings 微服务。
（2）v2 版本会调用 Ratings 微服务，并使用 1~5 个星形图标来显示评分信息。
（3）v3 版本会调用 Ratings 微服务，并使用 1~5 个星形图标来显示评分信息。

图 8-4 展示了 Bookinfo 应用中各个微服务之间的调用关系。

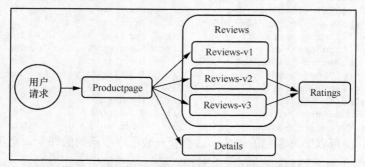

图 8-4　Bookinfo 应用中各个微服务之间的调用关系

Bookinfo 应用中的几个微服务是由不同的语言编写的。这些微服务对 Istio 并无依赖，但是构成了一个有代表性的服务网格的实例，它由多个微服务、多种语言构成，并且 Reviews 微服务具有多个版本。

8.2.4　部署 Bookinfo 步骤

读者只需简单地在 Istio 环境中对各个微服务进行配置和运行，具体操作就是把 Envoy 注入每个微服务。最终的部署结果如图 8-5 所示。

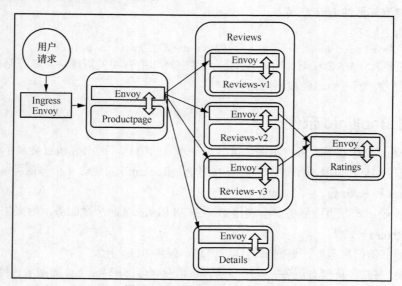

图 8-5　Bookinfo 应用集成 Envoy

所有的微服务都和 Envoy 集成在一起，被集成微服务的所有出入流量都被 sidecar 劫持，这为外部控制准备了所需的 Hook，然后就可以利用 Istio 控制平面为应用提供服务路由、遥测数据收集以及策略实施等功能。

Bookinfo 应用部署的流程如下。

（1）启动 Bookinfo 应用，进入 Istio 安装目录。

（2）Istio 默认自动注入 sidecar，为 default 命名空间打上标签 istio-injection=enabled：

```
$ kubectl label namespace default istio-injection=enabled
```

（3）使用 kubectl 部署 Bookinfo 应用：

```
$ kubectl apply -f samples/bookinfo/platform/kube/bookinfo.yaml
```

如果读者在安装过程中禁用了 sidecar 自动注入功能而选择手动注入 sidecar，请在部署应用之前执行 istioctl kube-inject 命令修改 bookinfo.yaml 文件：

```
$ kubectl apply -f <(istioctl kube-inject -f samples/bookinfo/platform/kube/bookinfo.yaml)
```

执行上面的命令会启动全部的微服务，其中也包括 Reviews 微服务的 3 个版本（v1、v2 以及 v3）。在实际部署中，微服务版本的启动过程需要持续一段时间，并不是同时完成的。

（4）确认所有的微服务和 Pod 都已经正确地定义和启动：

```
$ kubectl get services
NAME          CLUSTER-IP     EXTERNAL-IP   PORT(S)    AGE
details       10.0.0.31      <none>        9080/TCP   6m
kubernetes    10.0.0.1       <none>        443/TCP    7d
productpage   10.0.0.120     <none>        9080/TCP   6m
ratings       10.0.0.15      <none>        9080/TCP   6m
reviews       10.0.0.170     <none>        9080/TCP   6m
```

还有：

```
$ kubectl get pods
NAME                              READY   STATUS    RESTARTS   AGE
details-v1-1520924117-48z17       2/2     Running   0          6m
productpage-v1-560495357-jk1lz    2/2     Running   0          6m
ratings-v1-734492171-rnr51        2/2     Running   0          6m
reviews-v1-874083890-f0qf0        2/2     Running   0          6m
reviews-v2-1343845940-b34q5       2/2     Running   0          6m
reviews-v3-1813607990-8ch52       2/2     Running   0          6m
```

（5）确认 Bookinfo 应用是否正在运行，可在某个 Pod 中执行 curl 命令对应用发送请求：

```
$ kubectl exec -it $(kubectl get pod -l app=ratings -o jsonpath='{.items[0].metadata.name}') -c ratings -- curl productpage:9080/productpage | grep -o "<title>.*</title>"
<title>Simple Bookstore App</title>
```

（6）配置 Bookinfo 示例，确定 Ingress 的 IP 地址和端口。Bookinfo 服务启动并运行后，读者需要使应用程序可以从外部访问 Kubernetes 集群，例如使用浏览器。可以用 Istio Gateway 来实现这个目标。

为应用程序定义 Ingress 网关：

```
$ kubectl apply -f samples/bookinfo/networking/bookinfo-gateway.yaml
```

确认网关创建完成：

```
$ kubectl get gateway
NAME               AGE
bookinfo-gateway   32s
```

根据文档设置访问网关的 INGRESS_HOST 和 INGRESS_PORT 变量。设置 GATEWAY_URL

如下:
```
$ export GATEWAY_URL=$INGRESS_HOST:$INGRESS_PORT
```
(7)确认可从集群外部访问应用,执行 curl 命令来确认是否能够从集群外部访问 Bookinfo 应用程序:
```
$ curl -s http://${GATEWAY_URL}/productpage | grep -o "<title>.*</title>"
<title>Simple Bookstore App</title>
```
或用浏览器打开网址 http://$GATEWAY_URL/productpage 来浏览应用的 Web 页面。刷新几次应用的页面,就会看到 productpage 页面中随机展示 Reviews 微服务的不同版本的效果(红色、黑色的星形或者没有显示)。Reviews 微服务出现这种情况,是因为还没有使用 Istio 来控制版本的路由。

(8)应用默认目标规则,在使用 Istio 控制 Bookinfo 版本路由之前,读者需要在目标规则中定义好可用的版本,命名为 subsets。执行相关命令为 Bookinfo 服务创建默认的目标规则。

如果没有启用双向 TLS,执行如下命令:
```
$ kubectl apply -f samples/bookinfo/networking/destination-rule-all.yaml
```
如果启用了双向 TLS,执行如下命令:
```
$ kubectl apply -f samples/bookinfo/networking/destination-rule-all-mtls.yaml
```
等待几秒,以使目标规则生效。读者可执行如下命令,查看目标规则:
```
$ kubectl get destinationrules -o yaml
```
至此,完成了 Bookinfo 应用的安装过程,读者可以体验 Istio 的特性,其中包括流量路由、错误注入、速率限制等。此外,读者可以根据个人爱好阅读和演练 Istio 其他实例。

结束对 Bookinfo 示例应用的体验之后,可执行相关命令来完成应用的删除和清理。

(1)删除路由规则,并销毁应用的 Pod:
```
$ samples/bookinfo/platform/kube/cleanup.sh
```
(2)确认应用已经关停。